Versuche mit elektrischem Betrieb

auf Schwedischen Staats-Eisenbahnen

———

Versuche mit Elektrischem Betrieb auf Schwedischen Staats-Eisenbahnen

AUSGEFÜHRT WÄHREND DER JAHRE 1905/07

VON

Robert Dahlander

DIREKTOR DER STÄDT. GAS- UND ELEKTRIZITÄTSWERKE IN STOCKHOLM
FRÜHER BUREAU-DIREKTOR DER SCHWEDISCHEN STAATS-EISENBAHNEN

AUTORISIERTE VERKÜRZTE ÜBERSETZUNG DES BERICHTES
AN DIE KÖNIGL. GENERALDIREKTION DER STAATSBAHNEN

MIT ZAHLREICHEN ABBILDUNGEN

MÜNCHEN UND BERLIN 1908
DRUCK UND VERLAG VON R. OLDENBOURG

Vorwort zur deutschen Auflage.

Da es nunmehr durch Entgegenkommen des Verlegers möglich geworden ist, daß eine deutsche Auflage meines Berichtes über die Versuche mit elektrischem Eisenbahnbetrieb mittels Einphasenstromes, die von der Generaldirektion der schwedischen Staatseisenbahnen unter meiner Leitung ausgeführt worden sind, vor der Fachwelt erscheint, so möchte ich die Hoffnung ausdrücken, daß dieses Buch in Anbetracht des lebhaften Interesses, das eben diesem Gebiete der Technik jetzt gewidmet wird, als ein wenn auch geringer Beitrag zum Studium dieser Frage eine wohlwollende Aufnahme finden wird.

Bei der deutschen Auflage sind wesentliche Kürzungen vorgenommen worden, und es sind sämtliche im schwedischen Original vorkommenden theoretischen Anlagen ausgeschlossen worden, damit der Umfang nicht abschreckend groß werde.

Herr Professor Dr. REICHEL hat gütigst den deutschen Text einer Durchsicht und Überredaktion unterzogen, wofür ich an dieser Stelle meinen verbindlichsten Dank ausspreche.

Stockholm, im Juni 1908.

Rob. Dahlander,
Bureau-Direktor der Schwedischen Staatseisenbahnen.

Inhaltsübersicht.

Geschichtliche Übersicht.

Nachdem auf der Grundlage der Fortschritte der Wechselstromtechnik durch Vorberechnungen gezeigt worden war, daß elektrischer Betrieb für die langen Linien der schwedischen Staatsbahnen wirtschaftlich denkbar wäre, so ist für Schweden die Frage des elektrischen Betriebes der Eisenbahnen aktuell geworden, da es aus verschiedenen Gründen sehr wünschenswert erscheint, die importierten Steinkohlen durch die Kraft der Wasserfälle und der Torfmoore für den Eisenbahnbetrieb zu ersetzen. Die geeignetste Art und Weise, auf diesem neuen technischen Gebiet die zur Aufstellung genauer Kostenberechnungen und zur Durcharbeitung der Einzelkonstruktionen erforderlichen Erfahrungen zu sammeln, schien darin zu bestehen, eigene Versuche mit elektrischem Eisenbahnbetrieb unter sachverständiger Leitung auszuführen. Einsehend, daß nur hierdurch eigene Erfahrung und gründliche Sachkenntnis auf diesem weiten Gebiet zu gewinnen wäre, schlug die Generaldirektion der schwedischen Staatsbahnen in einem Schreiben vom 10. Dezember 1903 der Regierung vor, Versuche mit elektrischem Eisenbahnbetrieb auf zwei kurzen Bahnstrecken in der Nähe von Stockholm, nämlich sowohl die Värtanbahn als auch die Strecke Stockholm—Järfva, mit einphasigem Wechselstrom durchzuführen und dabei die Betriebskraft von einer provisorischen Dampfzentrale bei Tomteboda zu nehmen. Dem Antrage der Regierung an den Reichstag, eine Summe von 425 000 Kronen für diesen Zweck zur Verfügung zu stellen, wurde vom Reichstag im Jahre 1904 ohne Diskussion zugestimmt.

Es mag von einem gewissen Interesse sein, sich den damaligen Standpunkt der Technik, den der Verfasser dieses auf seiner Reise in Europa und Amerika durch Besichtigung von Anlagen und durch Besuch der elektrotechnischen Gesellschaften kennen lernte, ins Gedächtnis zurückzurufen. Die Notwendigkeit, hochgespannten Wechselstrom in der Fahrdrahtleitung direkt zu verwenden, war schon lange erkannt. Einige Ingenieure und Gesellschaften meinten, daß der Drehstom am besten für diesen Zweck geeignet wäre und verwiesen auf die Ausführungen der Burgdorf-Thun-Bahn in der Schweiz (750 Volt 45 Perioden), die 107 km lange Veltlinbahn (3000 Volt 15 Perioden) und die Schnellbahnversuche Marienfelde—Zossen (12000 Volt 45 Perioden) 1901—1903. Andere meinten die Lösung in dem einphasigen Wechselstrom zu finden, bei dem nur ein Fahrdraht benötigt und höhere Spannung als bei Drehstrom angewendet wird. Bevor die heute allgemein verwendeten Einphasen-kommutatormotoren eingeführt wurden, die bereits im Jahre 1891 von Görges (Siemens & Halske) auf der Frankfurter Ausstellung gezeigt wurden, die aber als praktisch verwendbare Motoren erst vom Jahre 1902 an bekannt geworden sind (zuerst durch Lamme, Westinghouse), begegnete die Verwendung von Einphasenstrom für Eisenbahnbetrieb großen Schwierig-keiten. Der erste Versuch dazu bestand im Bau von Umformerlokomotiven (Ward, Leonard, Haber, Arnold) und zeitigte komplizierte Einrichtungen.

Sodann wurde diese Anordnung durch das Erscheinen des dem Gleichstromserienmotor ähnlichen Wechselstromkommutatormotors der Westinghouse-Gesellschaft in den Schatten gestellt. Derselbe war ein Serienmotor mit lamelliertem Eisen im Stator und mit einer besonderen Kompensationswickelung gegen die Ankerrückwirkung. Um das Funken zu verhindern, war er mit besonderen Verbindungsdrähten von großem Widerstand zwischen der Ankerwickelung und den Kommutatorlamellen versehen.

Da die Schwierigkeiten, eine tadellose Kommutierung, insbesondere bei Anlauf, zu erhalten, wie bei allen Motorarten bedeutend mit der Perioden-zahl wachsen, so war dieser Motortypus anfangs für eine Frequenz von nur $16\frac{2}{3}$ Perioden gebaut. Um keine zu große Drehzahl zu erhalten, bekommt der Motor eine größere Polzahl, sechs bis acht oder mehr, und um schädliche Funkenbildung zu vermeiden, wird für den Anker Stab-wickelung und eine möglichst große Anzahl Kommutatorlamellen verlangt.

Daher wird der Anker, wie auch bei den später erschienenen anderen Motorarten, meistens für niedrige Spannungen gebaut werden müssen, in der Regel nicht mehr als 300 Volt. Das Anlassen und die Geschwindigkeits-regelung wurden bei dem Motor sehr einfach ausgeführt ohne unnötigen Energieverlust durch Zuführung verschiedener Spannungen von einem Transformator (bei den ersten Konstruktionen der Westinghouse-Gesell-schaft von einem Induktionsregler).

Die Firma, welche nach der Westinghouse-Gesellschaft mit einem ganzen System an die Öffentlichkeit trat, war die Union-Elektrizitäts-Gesellschaft in Berlin. Die Einphasenmotoren derselben waren auf ge-wisse Erfindungen der Herren Winter und Dr. Eichberg gegründet, von welchen der letztere die weitere Ausarbeitung und die Vervollkommnung des Systems geleitet hat. Dieser Motor, der „kompensierte Repulsionsmotor", besitzt hauptsächlich die charakteristischen Eigenschaften des Serienmotors, hat aber keine leitende Verbindung zwischen dem Stator und dem Anker. Daher kann der Stator für höhere Spannungen gebaut werden als der Anker, welcher ebenfalls mit Niederspannung betrieben werden muß.

Um eine gewisse Regelung der Geschwindigkeit und der Phasenverschiebung zu erzielen, gibt es bei diesem Motortypus, außer den Kurzschlußbürsten eine zweite Gruppe von Kommutatorbürsten, welche dem Rotor Wechselstrom von veränderlicher Spannung von einem besonderen Serientransformator zuführen. Dieser Motor verhält sich beim Anlauf hinsichtlich Frequenz genau so ungünstig wie alle anderen Motorarten, für den Lauf etwas günstiger und kann dem Vernehmen nach äußerstenfalls auch für höhere Frequenzen von 40 bis 50 Perioden gebaut werden. Die Schwierigkeiten wachsen aber hier auch mit der Frequenz, und der Wert 25 mag wohl für diesen Motortypus der vorteilhafteste sein. Da die Kommutierung bei Synchronismus am vorteilhaftesten ist, bekommt der Motor eine niedrigere Polzahl als der Serienmotor, und vier oder sechs Pole werden in der Regel verwendet. Dank der Unterstützung der preußischen Staatsbahnenverwaltung bekam die Union - Gesellschaft die Gelegenheit, ihr System auf die 4 km lange Strecke Nieder-Schöneweide—Spindlersfeld bei Berlin vorübergehend praktisch zu versuchen.

Kurze Zeit nach den Westinghouse- und Union-Gesellschaften haben auch andere Firmen später Einphasenmotoren für Eisenbahnbetrieb ausgearbeitet. Unter diesen mögen in erster Linie die Siemens-Schuckert-Werke in Berlin, Maschinenfabrik Oerlikon in der Schweiz und General-Electric-Company in den Vereinigten Staaten genannt werden.

Zu der Zeit, als die Generaldirektion der schwedischen Staatsbahnen die Wahl eines Systems für die Versuche mit elektrischem Eisenbahnbetrieb treffen wollte, lagen wohl Erfahrungen bezüglich Drehstrombahnen vor, dagegen war das Einphasensystem noch in dem Versuchsstadium. Daher war zunächst ein Vergleich zwischen dem Einphasen- und Drehstromsystem nötig. Ein solcher muß die Verhältnisse sowohl beim Kraftwerk als auch bei den Leitungen und den Motoranordnungen umfassen.

Was zuerst das Kraftwerk betrifft, so ist bei derselben Leistung ein Drehstromgenerator leichter und billiger als ein Einphasengenerator. Der Unterschied beträgt rund 20 %. Hinsichtlich der Transformatoren gibt es keinen Unterschied zwischen den beiden Systemen; die Schaltanordnungen werden aber bei dem Einphasensystem etwas einfacher und billiger. Im ganzen gesehen, sind die Vorteile etwas auf der Seite des Drehstromsystems.

Bezüglich der Leitungen hat man zwischen der Fahrdrahtleitung und der eine höhere Spannung führenden Speiseleitung zu unterscheiden.

Die Fahrdrahtleitung für Einphasenstrom kann für wesentlich höhere Spannung ausgeführt werden als für Drehstrom, und sowohl dadurch als auch infolge der einfacheren Anordnungen können die Kosten per Kilometer bedeutend heruntergebracht werden. Bei Drehstrom hat man für reguläre Betriebe höhere Spannung als 3000 Volt in der Fahrdrahtleitung bisher nicht zu benützen gewagt, weil die volle Spannung zwischen den beiden Fahrdrahtleitungen insbesondere an Weichen herrscht und dieselben, infolge des beschränkten Raumes in Tunnels, bei Brücken, Bahnhöfen usw., keinen großen Abstand zwischeneinander haben können. Daß bei der Versuchsanordnung auf der Drehstrombahn Marienfelde—Zossen bei drei übereinander liegenden Leitungen eine Spannung in der Fahrdrahtleitung von 10 000—14 000 Volt benutzt wurde, ist als Ausnahme anzusehen, die im allgemeinen nicht verwendbar ist. Da man bei Drehstrom also mit gewöhnlichen Verhältnissen jedenfalls nicht viel höher als bis 3000 Volt gehen kann, ist man aber bei Einphasenstrom unverhindert, mit 6000, 10 000 oder möglicherweise auch 20 000 Volt zu betreiben. Selbst eine so verhältnismäßig niedrige Spannung wie 6000 Volt Einphasenstrom wird die Abstände zwischen den Transformatorstationen größer gestalten und bzw. bedeutend kleineres Kupfergewicht und kleinere Anlagekosten notwendig machen, wie 3000 Volt Drehstrom, gleiche prozentuelle Verluste vorausgesetzt. Ferner fordert eine Fahrdrahtleitung für Einphasenstrom eine kleinere Anzahl Isolatoren und Tragdrähte, also auch leichtere Anordnung der Masten. In Bezug auf die Hochspannungs-Speiseleitungen wird sehr oft behauptet, daß Einphasenstrom für dieselbe Spannung ein um 33 % größeres Kupfergewicht als Drehstrom fordern sollte. Wenn man aber von der in diesem Fall richtigen Annahme ausgeht und mit derselben Spannung zwischen den Leitungen der Systeme und ihrem mit der Erde verbundenen Nullpunkt in beiden Fällen rechnet, bekommt man bei gleichen Verhältnissen genau dasselbe Kupfergewicht sowohl bei Einphasen- als bei Drehstrom. Die geringere Anzahl Leitungen bei Einphasenstrom macht, daß die Kosten der Isolatoren und der Montage kleiner als bei Drehstrom werden. Dazu kommt, daß die Betriebssicherheit mit nur zwei Drähten und Isolatoren unzweifelhaft größer wird, als wenn drei verwendet werden. Also wird das Einphasensystem bezüglich der Speiseleitung ein wenig vorteilhafter als das Drehstromsystem. Man kann also behaupten, daß das Einphasensystem hinsichtlich der Fahrdraht- und Speiseleitungen entschieden und bedeutend vorteilhafter ist als das Drehstromsystem.

Gehen wir jetzt zu den Motorenanordnungen über, so haben wir bei einem Vergleich zwischen den Einphasen- und Drehstromsystemen einerseits den Kommutatormotor, anderseits den Induktionsmotor zu setzen, zwei Motortypen mit grundwesentlich verschiedenen Eigenschaften.

Den Kommutatormotor betreffend mögen folgende Vorteile angeführt werden: Wie der Gleichstromserienmotor besitzt er die Eigenschaft der selbsttätigen Geschwindigkeitsregelung insofern, als die Geschwindigkeit zunimmt, wenn die Belastung abnimmt, und umgekehrt. Außerdem kann eine gewünschte Regelung der Geschwindigkeit von Null bis zum Maximalwert ohne Verlust dadurch erhalten werden, daß man dem Motor Strom verschiedener Spannungen von einem Transformator zuführt. Hinsichtlich Geschwindigkeitsregelung ist also der Kommutatormotor den Dampflokomotiven ungefähr gleichgestellt.

Zwei oder mehrere Motoren mit ungefähr übereinstimmender Geschwindigkeitskurve können ohne Schwierigkeit in parallel getrieben werden, wobei sie die Belastung im Verhältnis der Leistung teilen, für welche jeder Motor konstruiert ist.

Ein Kommutatormotor arbeitet auch mit Gleichstrom, eine Eigenschaft, die in der Zukunft vielleicht von Nutzen werden kann, wenn die Akkumulatoren eine höhere Entwicklung erreicht haben. Man könnte dann auf der Lokomotive eine kleine Batterie mitnehmen, die bei Talfahrt von den Motoren geladen würde und welche bei einem eventuellen Defekt der Leitung den Zug bis zu der nächsten Station ziehen könnte.

Gegen die Kommutatormotoren sprechen folgende Umstände:

Der Kommutator mit seinen Bürsten ist ohne Zweifel ein verhältnismäßig empfindlicher Teil, der Aufsicht und Instandhaltung fordert.

Zwar wechselt das Drehmoment mit den Stromwechseln, aber das Verhältnis zwischen den mittleren und maximalen Momenten ist wegen der Trägheit der Massen usw. ohne praktische Bedeutung.

Der Umstand, daß nur ein Teil von dem Ankerumfang des Motors an der Erzeugung des Drehmomentes teilnimmt, sowie auch die Notwendigkeit von Kommutatoren, verursacht, daß ein Einphasenmotor schwerer und teurer als ein Drehstrommotor derselben Leistung wird.

Aus dem Gesagten gehen schon folgende Vorteile des Drehstrommotors hervor: Eine einfache und, der Abwesenheit des Kommutators zufolge, wenig empfindliche Konstruktion, verhältnismäßig kleines Gewicht und niedrige Kosten. Dazu kommt noch der Umstand, daß eine Drehstromlokomotive bei der Talfahrt Energie abgeben kann, wenn andere Züge in demselben Speisebezirk auf der Bergfahrt begriffen sind. Dieser Umstand kann bei Bergbahnen von großer Bedeutung sein, aber bei den Steigungen, die auf den schwedischen Eisenbahnen in der Regel vorkommen, ist der Wert davon nicht bedeutend. Durch ein wenig mehr komplizierte Anordnungen können die Kommutatormotoren auch dieselbe Eigenschaft bekommen.

Die Unannehmlichkeiten des Drehstrommotors sind die folgenden: Der Motor ist seiner Natur nach ein Motor mit konstanter Geschwindigkeit.

Um unter gewöhnlichen Verhältnissen niedrigere Geschwindigkeit als die normale zu erhalten, muß eine Einschaltung von Widerständen benützt werden, was gleichermaßen den Wirkungsgrad herabdrückt. Durch die Ausführung von Kaskaden- oder Polumschaltung können zwei, drei oder höchstens vier Geschwindigkeiten bekommen werden; aber je weiter man in dieser Hinsicht geht, desto mehr verliert der Drehstrommotor seine Überlegenheit bezüglich der Einfachheit, Leichtheit und Billigkeit.

Wenn zwei oder mehrere Motoren derselben Konstruktion je eine Triebradachse einer Lokomotive treiben, und die Räder dieser Achsen wegen ungleichmäßiger Abnutzung einen etwas verschiedenen Durchmesser haben, muß der Motor, welcher die größeren Räder treibt sich mit niedrigerer Tourenzahl drehen — also mit größerer Schlüpfung und Belastung — als der Motor, welcher die kleineren Räder treibt. Dieser Unterschied kann so groß sein, daß der erste Motor nicht nur die ganze Last, sondern auch den anderen Motor als Generator ziehen muß.

Für Motoren einer und derselben Lokomotive kann der Fehler dadurch überwunden werden, daß man die Achsen mittels Kuppelstangen vereinigt, so daß sie zwangläufig dieselbe Drehzahl erhalten. Wenn zwei Drehstromlokomotiven zusammengekuppelt werden müssen, um einen Zug zu treiben, hat man die Schwierigkeiten dadurch überwunden, daß man extra einen Widerstand in die Rotorwickelung des Motors einschaltet, was den Wirkungsgrad in bedeutendem Maße verschlechtert.

Das größte Drehmoment, das ein Drehstrommotor abgeben kann, wird mit der Spannung quadratisch verkleinert. Bei den ausgeführten Drehstrombahnen sind die Motoren für die Spannung der Fahrdrahtleitung gewickelt und wird also kein Transformator auf der Lokomotive gebraucht, was ja vorteilhaft sein kann, da die Fahrdrahtspannung — aus schon erwähnten Gründen — nicht sehr hoch gewählt werden kann. Infolge des abnehmenden Drehmomentes kann man bei solchen Drehstrombahnen so großen prozentuellen Spannungsverlust nicht gestatten wie bei Einphasenbahnen, bei welchen man, wegen der höheren Leitungsspannung, sowieso Transformatoren auf den Lokomotiven verwendet und also imstande ist, jedesmal den Motoren die vorteilhafteste Spannung zuzuführen.

Hieraus geht hervor, daß es bezüglich der Motoranordnungen Vorteile und Nachteile auf beiden Seiten gibt. Für das Kraftwerk ist das Drehstromsystem besser, wogegen das Einphasensystem hinsichtlich der Leitungen sehr bedeutende Vorteile bietet. Um alle Vorteile und Nachteile gegeneinander aufzuwägen, muß auf irgendeiner Weise ihr Wert geschätzt werden. Wenn man, um einen Anhaltspunkt zu bekommen, auf dem ganzen schwedischen Staatsbahnennetz schätzungsweise rechnet, wird man finden, daß das Leitungsnetz für Drehstrom bei einer Spannung in der Fahrdrahtleitung von 3000 Volt nach ausgeführten Berechnungen wenigstens 55 Mill. Kronen mehr kostet als für Einphasenstrom mit 15 000 Volt. Der Kostenunterschied für Kraftwerke und Lokomotiven zugunsten des Drehstromsystems dürfte dagegen auf nicht mehr als höchstens 15 Mill. Kronen geschätzt werden können. Könnte man eine so hohe Spannung wie 5000 Volt beim Drehstromsystem verwenden, was doch unwahrscheinlich erscheint, würde der Kostenunterschied für Leitungen natürlich wesentlich verringert. Der Unterschied der Anlagekosten bei Drehstrom gegen Einphasenstrom wird jedenfalls doch 25 Mill. Kronen überschreiten. Hieraus scheint deutlich hervorzugehen, daß, wenn nur die Unannehmlichkeiten der Einphasenmotoren nicht derart sind, daß die Betriebssicherheit dadurch gefährdet wird oder die Unterhaltungskosten wesentlich höher werden als bei Drehstrom, der Vorzug wegen der so bedeutend niedrigeren Anlagekosten unbestritten dem Einphasensystem zuerkannt werden muß.

Trotzdem, daß die Einphasenkommutatormotoren Ende 1903 im Anfang ihrer Entwicklung standen und man sicher auf Verbesserungen ihrer Konstruktion rechnen konnte, schien es doch, infolge der vorteilhaften Resultate, welche die Versuche in Amerika und Deutschland gezeigt hatten, schon damals mehr als wahrscheinlich, daß die Nachteile dieser Motoren, auf welche die für das Drehstromsystem besonders interessierten Firmen natürlich nicht versäumten, gehörig die Aufmerksamkeit zu lenken, nicht derart waren, daß die Betriebssicherheit und die Betriebskosten dadurch wesentliche Einwirkung erfuhren. Was den Kommutator betrifft, schien er nicht nennenswert größere Schwierigkeiten als der Kommutator der Gleichstrommotoren zu bieten, welche sich doch sehr gut für Bahnbetrieb eignen. Das größere Gewicht und der niedrigere Wirkungsgrad verursachen gewiß einen größeren Energieverbrauch. Anderseits ist aber die maximale Leistung, die für ein gewisses Gewicht des Zuges und eine gewisse mittlere Geschwindigkeit erforderlich ist, bei Einphasenstrom nicht unbedeutend kleiner als bei Drehstrom wegen der Geschwindigkeitsregelung. Sucht man mittels Kaskaden- oder Polumschaltung bei Drehstrommotoren einigermaßen entsprechende Vorteile zu erreichen, so verliert man größtenteils oder ganz die schon erwähnten Vorteile von niedrigerem Gewicht und höherem Wirkungsgrad. Es schien also für das Drehstromsystem kein Vorteil von größerer Bedeutung gegen das Einphasensystem vorhanden zu sein.

Infolge dieser Schlüsse, zu welchen der Verfasser durch Studium ausgeführter Anlagen und Versuche mit beiden Systemen und annähernden Berechnungen bezüglich ihrer Anwendung auf den Verhältnissen der schwedischen Staatsbahnen gekommen war, gewann er die Überzeugung, daß die Versuche mit elektrischem Eisenbahnbetrieb auf den schwedischen

Staatsbahnen nur das Einphasensystem umfassen sollten, und daß der Drehstrom nur für den Fall in Frage kommen könnte, daß die Versuche zeigten, daß die Nachteile der Einphasenmotoren weit ernsterer Natur wären, als man zu vermuten Anlaß hatte.

Die Generaldirektion der schwedischen Staatsbahnen teilte diese Ansicht, und der Plan für die Ausführung der Versuche wurde in folgender Weise aufgestellt:

Die Energie sollte von einem provisorischen Kraftwerk bei Tomteboda geschaffen werden, und die Versuche sollten teils auf der Värtanbahn,

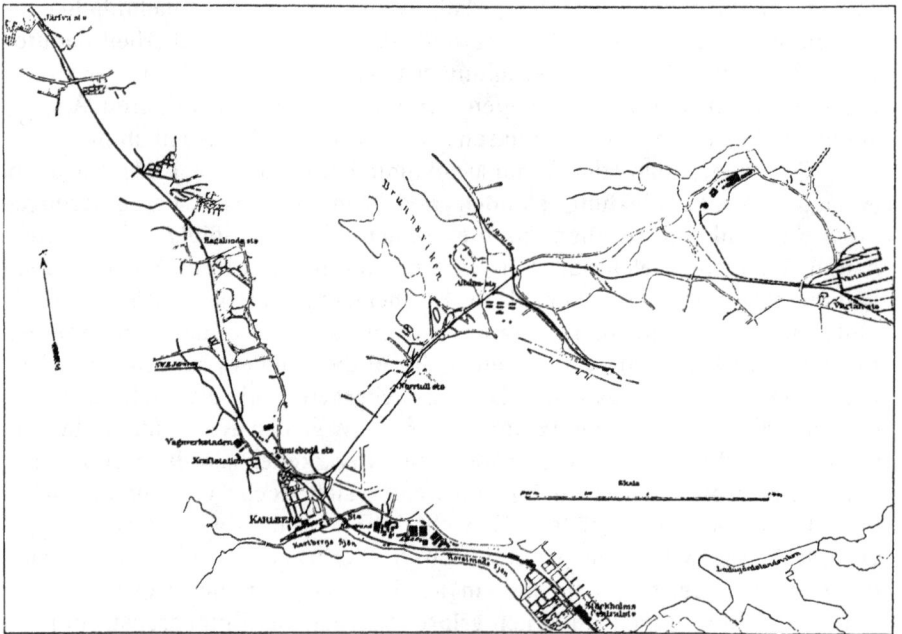

Fig. 1. Plankarte der Versuchsstrecken.

teils auf der Strecke Stockholm—Järfva (Fig. 1) betrieben werden. In dem ersten Ausbau würde der Versuchsbetrieb zwischen Värtan und Albano, bzw. Norrtull, stattfinden, auf welcher Strecke die Verhältnisse für ein ungestörtes Experimentieren besonders vorteilhaft sind. Der nächste Schritt sollte sein, das elektrische Rollmaterial im regelmäßigen Betrieb zwischen Stockholm und Järfva in dem Maße zu probieren, wozu die Versuchsresultate berechtigten und die Arbeiten mit der damals stattfindenden Erweiterung des Stockholmer Hauptbahnhofs dies gestatteten. In dem provisorischen Kraftwerk bei Tomteboda sollte einphasiger Wechselstrom mit zwischen gewissen Grenzen veränderlicher Spannung und Frequenz erzeugt werden.

Für die Versuche sollten erforderliche elektrische Lokomotiven und Motorwagen angeschafft und ausgerüstet und die erforderlichen Leitungen in
dem Maße allmählich ausgeführt werden, wie die Erfahrungen von den
ersten Versuchen berechtigten. Eventuell sollten verschiedene Strecken der
Versuchsbahn mit in verschiedener Weise angeordneter Fahrdrahtleitung
versehen werden, um vergleichende Erfahrung zu gewinnen.

Nachdem die Regierung diesen Plan gutgeheißen und der Reichstag
die nötigen Mittel bewilligt hatte, erteilte die Regierung, auf Verlangen der
Generaldirektion der Staatsbahnen, Befreiung von gewissen geltenden Sicher-
heitsvorschriften für elektrische Leitungen und beauftragte zwei sachver-
ständige Personen: den staatlichen Starkstrominspektor Herrn Ingenieur
E. C. Ericson und den Telegrapheningenieur Herrn Dr. H. Pleijel, an den
Versuchen teilzunehmen. Außer diesen zwei Herren haben im Auftrage
der Generaldirektion der Herr A. Lindström, Professor der Elektrotechnik an der Technischen Hochschule zu Stockholm, und der Herr
Telegraphendirektor E. J. Billing an der Versuchsarbeit teilgenommen.
Diese vier Herren und der Verfasser haben zusammen eine Kommission
gebildet.

Als Betriebsingenieur für die Versuche wurde der Herr J. Öfverholm
angestellt, der in dieser Stellung eine sehr verdienstvolle Tätigkeit ent-
wickelt hat.

Die wichtigsten Teile der Versuchsanlage wurden in folgender Ord-
nung von der Generaldirektion bestellt:

Von „Aktiebolaget de Lavals Ångturbin", Stockholm, 2 Dampfturbinen zu 270 PS;

Von „Allmänna Svenska Elektriska Aktiebolaget", Västerås,
2 Wechselstromgeneratoren zu je 270 PS mit Transformatoren;

Von den „Siemens-Schuckert-Werken", Berlin, 1 elektrische Lokomotive mit 3 Motoren zu 100 PS;

Von der „Allgemeinen Elektrizitäts-Gesellschaft", Berlin, elektrische Ausrüstung für vier Drehgestellwagen, von welchen zwei
als Motorwagen;

Von „The British Westinghouse Electric & Mfg. Co.", London,
1 elektrische Lokomotive mit zwei Motoren zu 150 PS;

Von „Allmänna Svenska Elektriska Aktiebolaget", Västerås, die
elektrischen Leitungen Tomteboda—Värtan, Tomteboda—Järfva und
die Montage der Leitung Tomteboda—Stockholm Zentralbahnhof.

Von der „Maschinenfabrik Oerlikon", Zürich, das Material zur
letztgenannten Leitung.

Von den „Siemens-Schuckert-Werken" funkenregistrierende Meßinstrumente.

Die erste Probe mit den Maschinen wurde am 6. März 1905 ausgeführt. Während der Monate März, April und Mai wurden die ersten Proben mit der Kraftleitung und mit der Fahrdrahtleitung zwischen Tomteboda und Värtan gemacht. Dabei wurden auch die ersten Untersuchungen auf Fernsprecher- und Telegraphenstörungen angestellt. Die zweiachsige Lokomotive von der Westinghouse-Gesellschaft wurde zum erstenmal geprobt, die Motorwagen der A. E. G. Ende September und die dreiachsige Lokomotive von den Siemens - Schuckert - Werken am 3. Oktober.

Die Steuervorrichtungen der Westinghouse-Lokomotive wurden anfangs 1906 in der Weise geändert, daß der Induktionsregler gegen ein System von Hüpfschaltern vertauscht wurde, welche Strom verschiedener Spannung von den Ausführungen des Transformators einschalteten. Das neue Material wurde kostenfrei von der Gesellschaft geliefert, aber der Austausch wurde von dem Personal der Versuchsanlage an der Eisenbahnwerkstatt in Tomteboda gemacht. Von den Siemens-Schuckert-Werken wurden Mitte 1906 auf der von dieser Firma gelieferten Lokomotive Verbesserungsarbeiten der Stromabnehmer ausgeführt und der Funkenlöscher gegen einen solchen von besserer Konstruktion ausgewechselt. Neue Motoren von der Allgemeinen Elektrizitäts-Gesellschaft wurden Mitte 1906 eingebaut, wobei einige andere wichtige Änderungen der gelieferten Motorwagenausrüstungen auch gemacht wurden.

Nachdem die Leitung an dem Hauptbahnhof fertig war, welche Arbeit durch die Erweiterungsarbeiten des Bahnhofes verspätet wurde, und die ganze Strecke eingehend geprüft und besichtigt worden war, wurde mit elektrischem Betrieb einiger Personenzüge zwischen Stockholm und Järfva am 23. Februar 1907 angefangen. Hierfür wurden zwei Züge benützt, der eine aus dem schon erwähnten Motorwagenzug bestehend und der andere aus sieben zweiachsigen Wagen, die von der Westinghouselokomotive gezogen wurden. Diese elektrischen Personenzüge fuhren ohne Betriebsstörungen bis zum 29. Juni. Daß sie seit dieser Zeit eingestellt sind, hängt sowohl von der Notwendigkeit ab, andere wichtige Versuche auszuführen, als auch von dem Wunsche, eine größere Wegstrecke pro Tag zurückzulegen, als der verwendete Fahrplan der Järfvabahn gestattet. Die späteren Versuche haben hauptsächlich auf der Värtanbahn stattgefunden, wo der geringe Verkehr einen lebhafteren Betrieb der Versuchszüge zuläßt.

Außer dem schon erwähnten Rollmaterial ist ein Motorwagen mit elektrischer Ausrüstung von der „Allmänna Svenska Elektriska Aktiebolaget" geprüft worden. Dieser zweiachsige Wagen hat zwei Motoren zu 20 PS und hat zum Ziehen von Zügen nicht Verwendung finden können.

Trotz dem verhältnismäßig kleinen Maßstab, nach welchem die Versuche der Kosten wegen betrieben werden mußten, hat die Fachwelt denselben immer ein großes Interesse entgegengebracht. Was diese Versuche besonders interessant gemacht haben dürfte, ist der Umstand, daß sie nicht mit Hilfe einer einzigen Firma, deren Hauptzweck es sein muß, ihren eigenen ökonomischen Interessen Rechnung zu tragen, sondern von einer unparteiischen Eisenbahnverwaltung betrieben sind, die hier Gelegenheit gehabt hat, Fabrikate und Einzelanordnungen von den verschiedensten Arten gründlich zu studieren und zu vergleichen.

Das Kraftwerk.

Die provisorische Natur der Versuchsanlage machte es wünschenswert, für das Kraftwerk solche Anordnungen zu wählen, welche einerseits möglichst geringe Anschaffungskosten bedingten und anderseits, um auch den Bau billig zu bekommen, so wenig Platz wie möglich in Anspruch nahmen. Die Betriebskosten kamen für die kurze Zeit, um welche es sich hier handelte, natürlich erst in zweiter Linie in Frage. Dagegen mußten gewisse spezielle Forderungen aufgestellt werden bezüglich der Möglichkeit, verschiedene Frequenzen und Spannungen des auslaufenden Stromes zu benutzen, um in diesen Beziehungen die Versuche so umfassend wie möglich zu machen.

Da keine Wasserkraft zugänglich war, wurden zwei Dampfturbinen der „Aktiebolaget de Lavals Ångturbin" aufgestellt, von je normal 225 PS bei 750 Umdrehungen pro Minute an der Zahnradwelle, aber fähig für eine kurze Zeit 270 PS zu leisten.

Durch Auswechselung der Regulatoren sollten die Turbinen auch mit 600 oder 450 Umdrehungen an der Zahnradwelle arbeiten können, dabei maximal je 240 bezw. 210 PS entwickelnd. Die drei verschiedenen Geschwindigkeiten, welche sich auf diese Weise erhalten ließen, erboten die Möglichkeit, mit vierpoligen Generatoren Wechselstrom von einer Periodenzahl von je 25, 20 und 15 zu erhalten. Um die Anlagekosten kleiner zu halten, wurde keine Kondensationsanlage ausgeführt. Ein Teil des Ablaßdampfes aus den Turbinen wurde zur Erwärmung des Kesselspeisewassers und zur Vermehrung des Zuges in dem provisorischen Blechschornsteine verwendet.

Von den Abbildungen zeigt Fig. 2 eine Grundrißskizze des Kraftwerkes, Fig. 3 die Ansicht von außen und Fig. 4 das Innere desselben.

Dem provisorischen Charakter der Anlage gemäß, wurde das Haus aus Holz, aber mit festem Betonfundament, hergestellt. Im Kesselraum

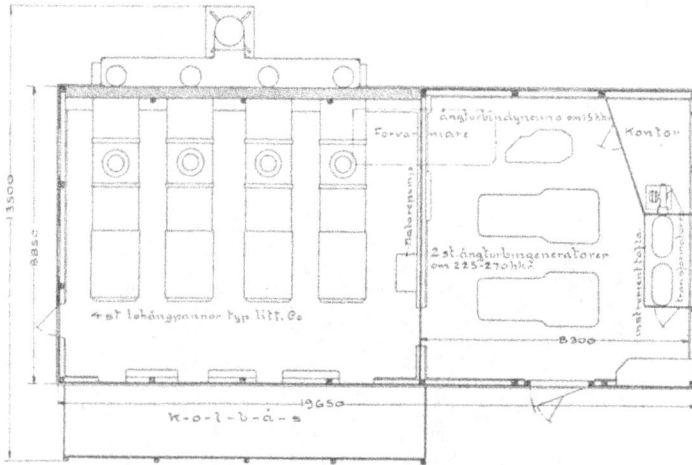

Fig. 2. Plan des Kraftwerkes.

Fig. 3. Ansicht des Kraftwerkes.

wurden 4 St. Lokomotivenkessel für 11 Atmosphären aufgestellt, mit Wärme-
isolation und erforderlicher Speisevorrichtung etc. versehen. Von den
Kesseln haben in der Regel nur zwei gleichzeitig arbeiten müssen. Im
Maschinenraum sind außer den beiden erwähnten Dampfturbinen, welche
Wechselstromgeneratoren von entsprechender Leistung treiben, auch eine

Fig. 4. Das Innere des Kraftwerkes.

kleinere Dampfturbine von 15 PS, welche einen Gleichstromdynamo für
die Felderregung und die Beleuchtung des Kraftwerkes treibt, sowie Transformatoren mit Umschaltvorrichtung und Schalttafel aufgestellt.

Die hohen Umdrehungszahlen, welche für de Lavals Dampfturbinen
bezeichnend sind, machen bekanntlich eine Zahnradübersetzung zwischen
der Turbine und den elektrischen Doppelmaschinen notwendig. Die Ge-
neratorachsen sind vermittelst Lederkupplungen an die sekundären Achsen

der Turbine gekuppelt worden. Die elektrischen Maschinen und Transformatoren sowie der größere Teil der Instrumentierung sind von der Allmänna Svenska Elektriska Aktiebolaget in Västerås geliefert und aufgestellt.

Die mit Dreiphasenwickelung ausgeführten Wechselstromgeneratoren erzeugen in Einphasenschaltung die Spannung von 1050 Volt bei voller Belastung und cos $\varphi = 0,8$ bei 25 Perioden. Die Spannungssteigerung von normaler Vollast (225 PS) mit einem cos $\varphi = 0,8$ bis zum Leerlauf mit unveränderter Felderregung ist etwa 15%.

Die Felderregerspannung der Generatoren beträgt 30 bis 35 Volt. Der Anker des Felderregers wurde so ausgeführt, daß er zur doppelten Spannung umgeschaltet werden konnte, welche Möglichkeit später, nach der Einführung von selbsttätiger Spannungsregelung, zur Anwendung gekommen ist.

Die beiden im Kraftwerk aufgestellten Transformatoren sind mit einer Niederspannungswicklung für 1050 Volt versehen, während die Hochspannungswicklung mit umschaltbaren Spulen ausgeführt ist, so daß Spannungen von 3150, 6300, 9450, 12,600, 15,750 und 18,900 erhalten werden können. Durch Erhöhung der Generatorspannung ergibt sich auch die Möglichkeit, zwischenliegende und höhere Spannungen zu erhalten. Bei Spannungsproben kann die Spannung durch Umschaltung bis auf 37 000 Volt erhöht werden. Der Spannungsabfall ist bei Vollast und cos $\varphi = 0,8$ etwa 5%.

Die Schalttafel enthält außer den notwendigen Meßinstrumenten einen Handschalter für die Generatoren und einen selbsttätigen Höchstausschalter.

Ein statischer Spannungszeiger, mit welchem die Spannung zwischen Fahrdraht und Erde direkt abgelesen werden sollte, zeigte sich indessen für den Zweck unbrauchbar, was offenbar auf den großen Feuchtigkeitsgrad der Luft in dem Maschinenraum beruhte. In der elektrischen Abteilung der Materialprüfungsanstalt der Technischen Hochschule zu Stockholm gab das Instrument richtige Ausschläge, in dem Kraftwerk aber waren alle Bemühungen erfolglos, dasselbe anwendbar zu bekommen, u. a. durch sein Einschließen in eine vor Feuchtigkeit schützende Kappe.

Als ebenso wenig zuverlässig hat sich der KW-Stundenmesser erwiesen, was auf die großen Schwankungen in der Belastung, für welche er nicht geeignet gewesen war, beruhen dürfte.

Die beim Versuchsbetrieb am häufigsten vorkommenden Spannungen sind 6000, 12 000, 15 000, 18 000 und 20 000 Volt gewesen. Ausnahmsweise sind auch 3000, 5000 und 7500 Volt angewendet worden. Fig. 5 stellt das Schaltungsschema des Kraftwerks, wie es nach vorgenommenen Änderungen ist, dar.

Es wurde bei der Abnahmeprüfung befunden, daß die Generatoren und Transformatoren die garantierten Werte in Bezug auf Wirkungsgrad und Regelung erfüllten. Nur trat bei ungefähr 15 Perioden mechanische Resonanz auf, so daß bei größerer Belastung mit 16 Perioden gefahren

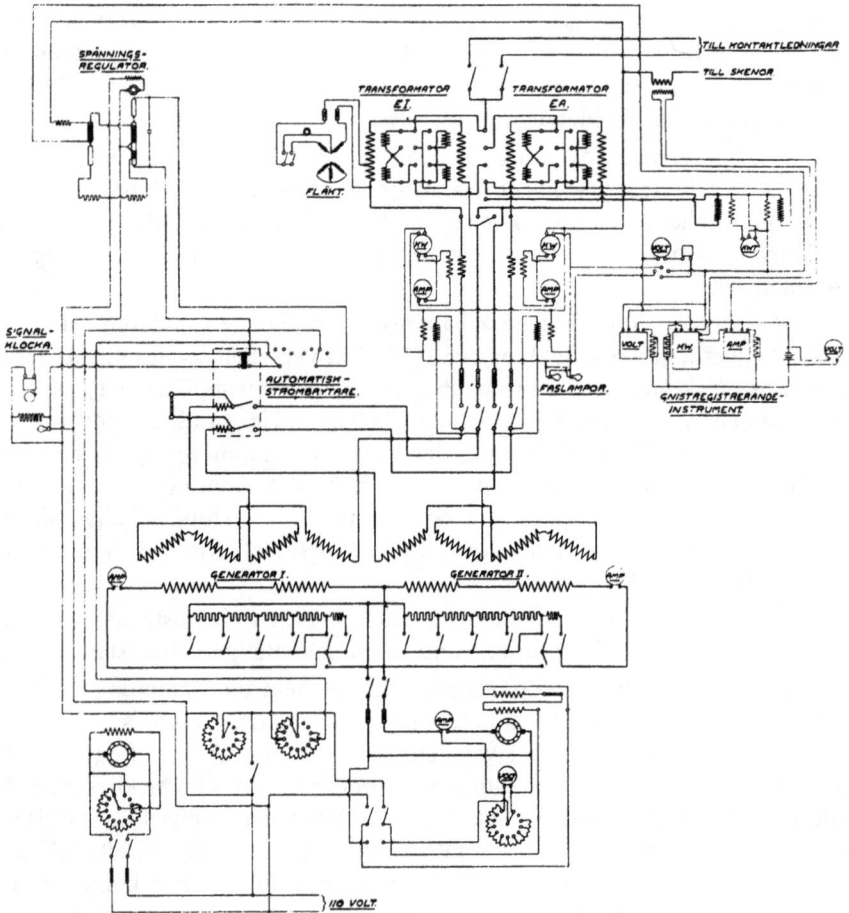

Fig. 5. Schaltbild des Kraftwerkes.

werden mußte. Messungen bei geringer Leistungsentnahme konnten auch bei 15 Perioden unbehindert gemacht werden.

Überschläge in den Generatoren traten im ersten Beginn der Versuche ein, als die Speiseleitung mit einer Spannung von 37 000 Volt geprüft wurde.

Um den Überschlägen in den Generatoren vorzubeugen, wurden Überspannungsschutzapparate, einerseits einer auf jedem Generator und anderseits einer für die ausgehende Leitung, angebracht. Dieselben waren von dem Blitzableitertypus der General Electric Co. Diese Schutzapparate schienen jedoch keine Wirkung zu haben, sondern Überschläge traten ebenso unbehindert wie vorher auf. Es wurde deswegen zur mechanischen Versteifung der Statorwicklungen der Generatoren durch Einsetzen besonders starker Isolierungen geschritten, um zu verhindern, daß die Spulen beim Kurzschluß gegeneinander gebogen wurden. Dies erwies sich auch als das Heilmittel. Seitdem sind bei dem Versuchsbetrieb viele sehr schwere Kurzschlüsse vorgekommen, die jedoch kein einziges Mal Überschläge in den Wicklungen der Generatoren zur Folge hatten, trotzdem die oben erwähnten Überspannungsapparate zum Schutze der Generatoren entfernt worden waren.

Anfangs gab es für das ganze Kraftwerk nur einen Schmelzsicherungsapparat, der in die abgehende Hochspannungsleitung eingesetzt war. Dieser erwies sich jedoch schon bei der ersten Probe als ganz unzweckmäßig, und darum ist später keine Sicherung auf der Hochspannungsseite angewandt worden. Statt dessen wurden für den Generatorstromkreis zwei Höchststromölschalter der Maschinenfabrik Oerlikon, einer für jeden Generator angeschafft, welche auch bei den schwersten Kurzschlüssen ausgezeichnet funktioniert haben. Seitdem der oben erwähnte selbsttätige Hauptunterbrecher in Gebrauch gekommen ist, haben diese Höchststromausschalter, die nunmehr bloß als Reserve eingeschaltet sind, nicht ein einziges Mal den Strom unterbrechen müssen.

Bei den Abnahmeproben erwies sich die Geschwindigkeitsregelung der Turbinen bei 750 Umdrehungen, entsprechend 25 Perioden, als zufriedenstellend. Beim Übergang von voller Belastung zum Leerlauf entstand eine maximale momentane Geschwindigkeitssteigerung von 3,5 %.

Die Regelung der Spannung war augenscheinlich sehr schwer, da die Belastung jeden Augenblick von voller Belastung bis Leerlauf schwanken kann und auch der Leistungsfaktor zwischen 0,25 und 1,0 variiert.

Indessen war verschiedene Male die Frage aufgeworfen, einen selbsttätigen Spannungsregler anzuschaffen, und es war auch bei hervorragenden Firmen angefragt worden, ohne daß eine vollkommen geeignete Vorrichtung angeboten werden konnte. Von bekannten Reglerkonstruktionen schien derjenige von Tirril, wegen seiner Schnelligkeit und Leichtbeweglichkeit, die besten Aussichten auf Erreichung eines guten Resultates zu bieten. Da aber voraussichtlich von der „standard type" hätte abgewichen werden müssen, so wurde es für angebracht gehalten, für diesen speziellen Fall einen Regler, hauptsächlich nach Tirrils Prinzip, selber zu konstruieren und verfertigen, und die Ausführung desselben wurde dem Ingenieur Öfverholm übertragen.

Das Spannungsrelais des von der General Electric Co. verfertigten Reglers ist mit einem Ölkatarakt versehen. Anfangs versuchte man, das Spannungsrelais des Reglers ohne solche Dämpfungsvorrichtung zu machen, dies aber erwies sich unmöglich. Die Spannung wurde dabei niemals konstant, sondern war die ganze Zeit im Pendeln. Anderseits war es klar, daß, wenn ein Ölkatarakt zum Dämpfen mitgenommen wäre, dieser die Regelungsgeschwindigkeit bedeutend herabgesetzt haben würde. Ein anderer Ausweg wurde deswegen gesucht, indem nämlich das Spannungsrelais so ausgeführt wurde, daß der bewegliche Eisenkern desselben Kontakt gegen einen anderen, in gleicher Weise beweglichen Eisenkern von demselben Gewicht und mit denselben Federn machen mußte. Hierdurch war die Einwirkung von den eigenen Schwingungen des Apparates aufgehoben und dadurch alles Pendeln in einer Weise beseitigt, die die Regelungsgeschwindigkeit nicht beeinträchtigte. Das Spannungsrelais unterbricht und schließt mittelst seines Kontaktes einen Strom, der den Kurzschlußkontakt beeinflußt. Letzterer wird mittelst zweier kombinierter Solenoidspulen gesteuert, deren eine kleiner ist und einen kleinen konstanten Strom führt, während die andere ungefähr doppelt so groß ist und durch den Kontakt des Spannungsrelais Strom erhält. In diesen Solenoiden, welche direkt übereinander angeordnet sind, ist ein Eisenkern, der von der kleinen Spule herunter und von der großen hinaufgezogen wird, angebracht. Dieser Eisenkern hat ebenfalls gleiches Gewicht und gleiche Federung wie der Eisenkern des Spannungsrelais. Der Eisenkern in den Solenoiden beeinflußt direkt den Kurzschlußkontakt. Durch die Anordnung von zwei Solenoiden erhält man eine sehr schnelle Bewegung des Eisenkerns des Kurzschlußkontaktes, der dabei mittelst Magnetismus hinauf und hernieder gerückt wird. Der eigentliche Kurzschlußkontakt, der bei diesem, gleichwie bei dem Tirrilsregulator, mit einem Kondensator von geeigneter Kapazität parallelgeschaltet ist, ist der Teil, welcher die größte Schwierigkeit bereitet hat. Anfangs wurde der Kontakt schnell durch Brandwunden beschädigt, und oft entstanden Lichtbogen, die nicht von selber erloschen. Da dies der starken Sättigung des Feldes des Felderregers zugeschrieben wurde, die die Arbeit des Reglers erschwerte, beschloß man, den Anker des Felderregers auf die doppelte Spannung umzuschalten, was leicht vor sich ging, da der Anker mit besonderer Berücksichtigung der Möglichkeit einer solchen Umschaltung bestellt war. Nachdem diese Umschaltung ausgeführt worden war, konnte der Regler seine Arbeit etwas besser besorgen. Nun entstanden nicht Lichtbogen bei anderen Gelegenheiten, als da Kontakte aus Kohlen oder Bronzekohlen versucht wurden. Als Material für den Kontakt wurden außerdem Kupfer, Messing, Eisen, Silber und Platina versucht. Bei der Anwendung dieser Materiale entstanden allerdings keine Lichtbogen, wohl aber eine andere Schwierigkeit, indem die Kontakte zusammenbrannten, nachdem sie durch das Arbeiten warm geworden waren, und außerdem zeigte es sich, daß alle Metallkontakte, außer denen aus Platina, nach kürzerer Arbeit mit einer isolierenden Oxydhaut bedeckt wurden. Hieraus wurde es klar, daß eine Vorrichtung, welche die Kontakte auf mechanischem Wege rein hielt, angeschafft werden mußte. Zu diesem Zwecke wurde der eine der Kurzschlußkontakte mittelst eines kleinen elektrischen Motors in Drehung versetzt, wodurch ein Abschleifen der Kontakte erzielt wurde. Hierbei entstanden jedoch neue Schwierigkeiten. Nachdem die Kontaktflächen eine Weile gearbeitet hatten, wurden sie nämlich gerillt, wodurch die ganze Vorrichtung ins Schütteln kam.

Nachdem eine ganze Reihe denkbarer Kombinationen probiert worden waren, wurden Kontakte aus glashartem Stahl als für den Zweck am geeignetsten befunden und hat es sich erwiesen, daß zwei solche kleine Kontakte etwa 70 Stunden arbeiten können, ehe ein Umtausch stattzufinden braucht. Während der Arbeitszeit müssen indessen die Kontakte, etwa einmal jede 10. Stunde, der Abnutzung entsprechend zusammengeschraubt werden. Dieses kann aber während des Arbeitens des Apparates geschehen. Das Aussehen dieses selbsttätigen Spannungsreglers geht aus der Fig. 6 hervor und die Schaltung desselben ist auf dem Schema Fig. 5 zu sehen.

Fig. 6.
Selbsttätiger Spannungsregler.

Nachdem die Allgemeine Elektrizitäts-Gesellschaft im Oktober 1906 ihre Ausrüstungen so geändert hatte, daß nicht mehr als 400 K.V.A. bei $\cos \varphi = 0,3$ zum Anlassen des Motorwagenzuges erforderlich waren, ist noch eine Spule für je einen Schenkel der Hochspannungswickelung der Transformatoren in Gebrauch genommen worden. Hierdurch ist die Erregerstromstärke pro Generator im Leerlauf bis zu etwa 72 Ampère heruntergebracht. Die Stromstärke in den Erregerspulen des Felderregers schwankt zwischen 0,5 und 4,6 Ampère. Diese Spulen haben einen Widerstand von 12 Ohm und sind mit einem in Reihe geschalteten Widerstand von gleichfalls 12 Ohm versehen. Der Widerstand, welcher von dem Kurzschlußkontakt des Reglers kurzgeschlossen wird, ist etwa 190 Ohm. Die Kurven auf Fig. 7 zeigen die Spannungsschwankungen im Kraftwerk, wenn sich ein Zug unter sonst gleichen Verhältnissen, aber bei verschiedenen Methoden der Spannungsregelung, nämlich teils bei konstanter Felderregung von 110 Ampère, teils Handregelung und teils bei Benutzung des selbsttätigen Regulators, auf der Strecke bewegt.

Außer den auf der Schalttafel angebrachten Meßinstrumenten wurden für genaue Messungen des ausgehenden Stromes von den Siemens-Schuckert-Werken ein Voltmeter, ein Ampèremeter und ein Kilowattmeter nebst den nötigen Spannungs- und Stromtransformatoren angeschafft. Außer dem Geschwindigkeitsmesser auf den Wagen, wurden die Instrumente in dem Kraftwerk auf einer besonderen Tafel montiert und durch mehrere Personen direkt gleichzeitig abgelesen. Mit diesen Instrumenten sind für eine große Anzahl Versuchsfahrten, anfangs jede 10. und später jede 5. Sekunde, Ablesungen genommen. Diese Ablesungen sind in

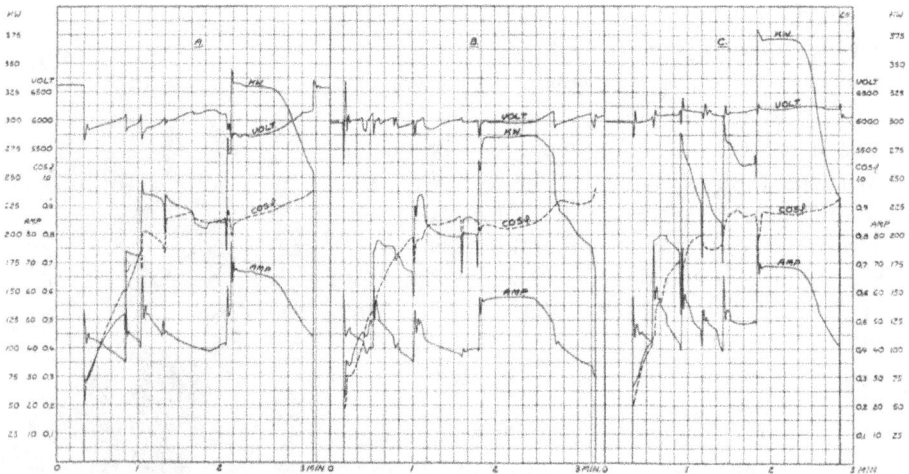

Fig. 7. Schaulinien bei verschiedener Spannungsregelung.
A. Felderregung durch 110 Ampère ohne Regelung. — B. Handregelung der Spannung.
C. Selbsttätige Regelung.

Kurven aufgetragen worden, und im allgemeinen hat durch Vergleich zwischen diesen Kurven gute Kontrolle gewonnen werden können, was beweist, daß die Ablesefehler von keiner nennenswerten Bedeutung gewesen waren. Indessen war das direkte Ablesen durch mehrere Personen eine zeitraubende Arbeit, weshalb das Anschaffen selbstregistrierender Meßinstrumente natürlich von Anfang an ein Wunsch gewesen war. So lange es jedoch nur solche des älteren Typus gab, bei denen die Reibung zwischen Feder und Papier nicht unbedeutend die Genauigkeit herabsetzt, hielt man es für besser, direkt abzulesen. Anders stellte sich die Sache, seitdem die Siemens-Schuckert-Werke einen neuen Typus ausgebildet und auf den Markt gebracht hatten, bei welchem das Registrieren mit Hilfe von Funken aus Induktionsapparaten, die das Registrierpapier durchbrennen, geschieht. Wie in der geschichtlichen Übersicht erwähnt worden ist, wurden Instrumente dieser

Art im September 1906 bestellt und sind dieselben bei einer großen Anzahl Versuchsfahrten im Jahre 1907 mit sehr gutem Resultat benutzt worden. Da diese Instrumente eine Anzahl sehr empfindlicher Teile haben, müssen sie mit besonders großer Sorgfalt behandelt werden und gilt dies besonders dem Uhrwerk und den Kontakten des Funkenapparates. Das Registrierpapier dieser Apparate läuft mit einer Geschwindigkeit von 2 mm pro Sekunde. Da man für jede Sekunde eine große Anzahl Registrierfunken erhält, so ist es klar, daß man vermittelst dieser Instrumente ein ganz besonders gutes Bild von dem Verlauf der Versuchsfahrten erhält. Diese sämtlichen Instrumente, sowohl die selbstregistrierenden wie diejenigen für direkte Ablesung, sind von Zeit zu Zeit mit Normalinstrumenten verglichen worden.

Der Geschwindigkeitsmesser besteht aus einer kleinen Dynamo mit permanenten Stahlmagneten, welche Strom zu einem Voltmeter liefert. Dieser Apparat gab anfangs sehr schlechte Resultate, so lange die mit dem Dynamo gelieferten Kohlenbürsten verwendet wurden. Nachher wurden Versuche mit Kupferbürsten gemacht, aber dieses gelang ebensowenig, weil die Abnutzung des Kommutators dann unzulässig groß wurde. Mit Bronzekohlen gelang es indessen, alle Schwierigkeiten zu überwinden, so daß der Apparat nun unter allen Verhältnissen einen völlig ruhigen Ausschlag gibt, und er hat bei allen Kontrollproben jede wünschenswerte Genauigkeit gegeben.

Ein anderer Apparat für denselben Zweck, nämlich ein Geschwindigkeitsmesser nach Frahms System, ist auch probiert worden. Dieser besteht aus schwingenden Zungen, welche von einem Magnet, der von einem kleinen, von einer Wagenachse getriebenen Wechselstromgenerator Strom erhält, in Bewegung gesetzt werden. Die Zungen sind für verschiedene Schwingungszahlen abgestimmt, und die Zunge, deren Schwingungszahl mit derjenigen des Wechselstroms übereinstimmt, kommt in Bewegung und gibt dadurch die Geschwindigkeit auf einer gradierten Skala an. Dieses Instrument, das natürlich nach sorgfältiger Aichung sehr zuverlässig ist, hat sich zur Kontrolle anderer Geschwindigkeitsmesser und zur Leitung für den Lokomotivenführer als sehr gut erwiesen, ist aber für schnelles Ablesen in kurzen Zeitzwischenräumen weniger geeignet.

Die Fahrdrahtleitung.

Von den Versuchsbahnen wurde die 6 km lange Strecke Tomteboda—Värtan zuerst elektrisch ausgerüstet. Bevor es entschieden wurde, wie die Kontaktleitung auf dieser Strecke ausgeführt werden sollte, wurden die Methoden zur Aufhängung des Fahrdrahtes, die auf vorhandenen Wechselstrombahnen verwendet waren, eingehend studiert, und zwar dabei hauptsächlich die Veltlinerbahn und die Versuchsstrecken bei Spindlersfeld und Oerlikon. Die Oerlikonleitung wurde vorderhand außer Acht gelassen, und es wurde beschlossen, die Kontaktleitung auf verschiedenen Teilen der Strecke in verschiedener Weise aufzuhängen, um vergleichende Erfahrung zu bekommen, und zwar sollte der Fahrdraht sowohl in einen als in zwei Tragdrähten (Kettenaufhängung) aufgehängt werden und teilweise auch ohne Tragdraht (direkte Aufhängung) gespannt werden. Es wurde ein detailliertes Programm ausgearbeitet und die Allmänna Svenska Elektriska Aktiebolaget in Vesterås beauftragt, auf Grund dieses Programmes den Leitungsbau auszuführen.

Der Fahrdraht, der einen runden Querschnitt von 8 mm Durchmesser besitzt, ist auf freier Strecke in einer Höhe von wenigstens 5,2 m und höchstens 6,2 m über der Schienenoberkante geführt. Unter kreuzenden Wegebrücken geht die Höhe doch bis zu 4,8 m herunter. Die seitliche Abweichung des Drahtes von der Mitte des Geleises ist höchstens 500 mm nach jeder Seite.

Die verschiedenen Anordnungen sind aus den Fig. 8—19 ersichtlich. Die Ausleger auf den Fig. 8, 9, 14, 17 und 18 bestehen aus Zores-Eisen Nr. 7½, diejenigen auf den Fig. 10 und 12 aus I-Eisen Nr. 10. Auf der Fig. 20 und auf allen folgenden bestehen die Ausleger aus Gasrohren, von Stahldrähten getragen.

Bei der Montierung und der Prüfung der Leitungen der Värtabahn wurden viele Erfahrungen gewonnen, die beim Bauen der Leitung zwischen Tomteboda und Järfva zunutze kamen. Für diese Leitung suchte man so leichte Aufhängeanordnungen wie möglich instand zu bringen, um die

Fig. 8. Tragdrahtaufhängung auf Profileisenausleger.

Fig. 9. Doppelte Tragdrahtaufhängung.

Fig. 10. Tragdrahtaufhängung mit Erdschließer.

Fig. 11. Bild einer Strecke mit Querdrahtaufhängung, später umgeändert.

Isolatoren nicht unnötig zu belasten. Weiter wurde jede Steifheit der Aufhängepunkte in der Linienrichtung dadurch beseitigt, daß die Ausleger bei dem Tragmaste drehbar gemacht wurden, und die Fahrdrahtleitung bei dem Aufhängepunkt in horizontaler Richtung verankert wurde. Hierdurch wurden verschiedene Vorteile erreicht, unter welchen der erwähnt werden mag, daß die Zugspannung im Draht nach der Montierung reguliert werden konnte und auch daß ein eventueller Bruch des Fahrdrahtes weit geringeren Schaden und geringere Beanspruchungen der Isolatoren als bei fester Aufhängung verursachen würde. Für die Järfvalinie wurde eine Tragdrahtaufhängung mit einem Tragdraht und einer Konstruktion, die in der Hauptsache mit der bei diesen Aufhängepunkten benutzten übereinstimmte, verwendet. Die Spannweite war auf der Värtanstrecke höchstens 50 m für einfache Tragdrahtaufhängung, wurde aber bei der Järfvastrecke bis zu 75 m vergrößert. Außerdem wurde die Fahrdrahtleitung ein wenig gesenkt. Da die höchste Höhe über dem oberen

Fig. 12. Betonmast.

Rande des Geleises auf der Värtanstrecke 5,7 m war, wurde dieses Maß bis zu 5,35 m für die Järfvastrecke verkleinert, um einen besseren Lauf des Stromabnehmers zu erhalten. Weiter wurde auf der Järfvastrecke ausschließlich eine doppelte Isolation mit zwei in Reihe geschalteten Isolatoren verschiedener Art benutzt, wobei der bessere Isolator dem Fahrdraht zunächst war.

An der Tomtebodastation und auf der Strecke von Tomteboda bis zu der Chausseebrücke, gleich südlich von der Järfvastation, wurde die Fahrdrahtleitung von der „Allmänna Svenska Elektriska Aktiebolaget" ausgeführt. Die Konstruktion der Aufhängepunkte ergibt sich aus den Fig. 20 bis 22. Die Fahrdrahtleitung an der Järfvastation wurde, wie aus dem Folgenden hervorgeht, später in einer ganz anderen Weise ausgeführt.

Die Järfvaleitung wurde mit sehr kleiner Zugspannung, um eine große mechanische Sicherheit zu erhalten, und im Winter aufgehängt. Wenn beim Anfang des Sommers starke Wärme auftrat, zeigte es sich ganz unmöglich, mit dem Stromabnehmer über den dann schlaff hängenden Draht zu fahren. Dieser mußte straff nachgespannt werden und dann mit nicht weniger Zugspannung, als es bei gewöhnlicher direkter Aufhängung des Fahrdrahtes gebräuchlich ist.

Die Leitung zwischen Albano und Värtan hat jedes Jahr von neuem gespannt werden müssen. Dagegen ist die Leitung zwischen Tomteboda und Albano, die indirekte Aufhängung hat, nicht ein einziges Mal umgespannt, da dieses sich nicht notwendig erwiesen hat, was darauf beruhte, daß sie im Sommer, und zwar mit grösserer Zugspannung als vorgeschrieben war, aufgehängt wurde, weil man gleich bemerkte, daß der

Fig. 13. Streckentrenner beim Bahnhof Albano.

hartgezogene Draht andernfalls nicht genügend gerade geworden wäre. Die kürzeren Spannweiten auf dieser Strecke sind auch teilweise die Ursache des in dieser Beziehung besseren Erfolges. In allen übrigen Beziehungen zeigte sich die Järfvaleitung, wie natürlich, weit besser als die Värtanleitung.

In Zusammenhang mit theoretischen Berechnungen wurde beschlossen, einen Versuch zu machen, den Fahrdraht durch Federn oder Gewichte gleichmäßig straff gespannt zu halten. Es zeigte sich nämlich sonst unmöglich, die Schwankungen der Zugspannung mit der Temperatur zwischen genügend engen Grenzen zu halten. Von den zu diesem Zweck vorgeschlagenen Anordnungen erwies sich die Weise, den Draht durch Gewichte abzuspannen, als die aus allen Gesichtspunkten am besten geeignete. Solche Gewichtsabspannungen wurden anfangs versuchsweise in eine Leitung eingesetzt, die von dem Personal der Versuchsanlage an dem Tomteboda-Bahnhof ausgeführt wurde. Diese ungefähr 2 km lange Leitung war mit direkter Aufhängung und drehbarem Ausleger ausgeführt und die Konstruktion derselben ergibt sich aus den Fig. 23 u. 24.

Da sich diese Anordnungen als sehr zufriedenstellend erwiesen, kamen sie mit kleineren Veränderungen auf den später von der „Allmänna Svenska Elektriska Aktiebolaget" ausgeführten Leitungen an der Järfvastation zur Anwendung. Die Fig. 25 u. 26 zeigen, wie die Aufhängepunkte und Gewichtsabspannung hier ausgeführt sind. Bei dieser Aufhängeanordnung gibt es, wie dies Fig. 26 zeigt, eine extra Sicherheitsvorrichtung, die aus einem über dem Rohrausleger geführten kurzen Stahldraht besteht, welcher zwei an dem Fahrdraht zu jeder Seite des Aufhängungshalters befestigte Drahthalter verbindet. Diese Vorrichtung bezweckt, den Fahrdraht zu verhindern, auf die Bahn herunterzufallen, wenn er aus irgend einer Ursache von dem tragenden Arm loslassen sollte.

Fig. 14. Schutzanordnung bei einer Brücke.

Ein Spanngewicht ist auch gleich südlich von der Järfvabrücke eingesetzt. Dieses spannt den Fahrdraht zwischen dieser Brücke und Hagalund, wo, wie schon erwähnt, Tragdrahtaufhängung verwendet ist, und diese Vorrichtung hat sich auch hier sehr nützlich erwiesen.

Nachdem die Leitung an der Järfvastation ausgeführt war, gab es nur noch ein Fahrdrahtleitungssystem, nämlich das oben erwähnte Oerlikonsystem, das für Versuche in Erwägung kommen konnte. Mit der Maschinenfabrik Oerlikon geführte Verhandlungen betreffs Ausführung der Leitung zwischen Tomteboda und dem Stockholmer Zentralbahnhof nach diesem System resultierten darin, daß erforderliches spezielles Leitungsmaterial von dieser Firma offeriert und von ihr eingekauft wurde. Die Montierung dieser Leitung wurde teilweise von der „Allmänna Svenska Elektriska Aktiebolaget" und teilweise von dem Personal der Versuchsbahn ausgeführt.

Die Detailanordnungen der Oerlikonleitung ergeben sich aus den Fig. 27—33.

Mit der Ausführung dieser Leitungen war das für die Versuchsbahnen projektierte Leitungsnetz vollendet. Später ist doch die Leitung zwischen Albano und Värtan umgebaut worden, wobei die Isolation so verstärkt worden ist, daß diese Strecke, die aus Gründen, die an späterer Stelle angeführt werden sollen, vorher nicht für höhere Spannung als für 6000 Volt als betriebssicher betrachtet werden konnte, nunmehr auch für die höchste Lokomotivenspannung von 20000 Volt verwendet worden ist. Weiter ist die frühere schwere Anordnung bei direkter Konsoleaufhängung, die in Fig. 11 gezeigt ist, gegen die leichtere und bessere Anordnung vertauscht, die an der Järfvastation verwendet und in Fig. 25 gezeigt ist. Auf einem Teil dieser Strecke ist weiter eine Aufhängeanordnung montiert, die ein Zwischending zwischen direkter und Tragdrahtaufhängung ist, und welche Anordnung in den Fig. 34 u. 35 gezeigt ist. Diese Anordnung, die auf einem Teil der Strecke an dem Kraftwerk zur Verwendung gekommen ist, ist dadurch gekennzeichnet, daß ein Tragdraht schief über dem Geleise zwischen den zu beiden Seiten dieses gestellten Masten gespannt ist. Dieser Tragdraht trägt den Fahrdraht in einem Punkte in der Mitte zwischen den Masten in der Weise, daß die freie Bewegung des Fahrdrahtes in der Längsrichtung nicht verhindert wird, sondern das Spanngewicht

Fig. 15. Schutzanordnung bei einer Brücke (Hagalund)

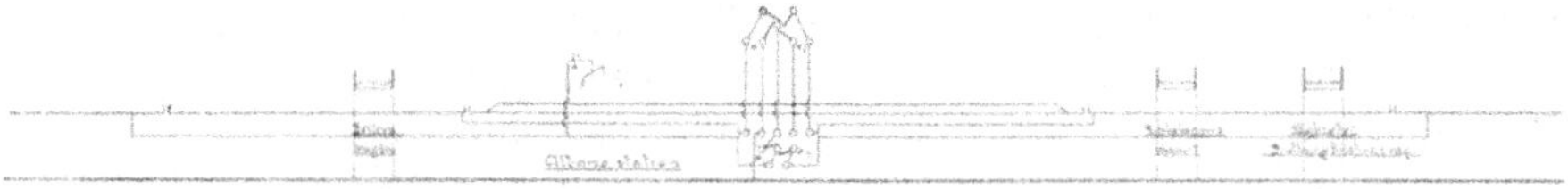

Fig. 16. Schaltbild der Leitungen beim Bahnhof Albano.

Fig. 17. Bahnhof Albano.

Fig. 18. Schaltmast am Bahnhof Albano.

unbehindert arbeiten kann. Der Tragdraht wird an dem Maste von dem oberen der für das Tragen des Rohrauslegers vorhandenen Isolatoren getragen. Nach dieser allgemeinen Übersicht über die Entstehung und Anordnung der Fahrdrahtleitung, sollen im Folgenden die wichtigsten Einzelanordnungen derselben und die daraus gewonnenen Erfahrungen kurz beschrieben werden.

Fig. 19. Leitungstrenner und Trennschalter.

Die Isolatoren.

Die Fig. 36 zeigt die verschiedenen Isolatortypen, die benützt worden sind, um die Leitungen der Versuchsbahn zu tragen. Die Typen A, B und C wurden von Anfang an für die Värtanlinie verwendet. Die Isolatoren des Typus A wurden deswegen angewendet, weil die Staatsbahnen eine große Anzahl davon vorrätig hatten. Diese Isolatoren wurden vor dem Einbau nur in trockenem Zustande geprüft, wobei sie eine Spannung von 40 000 Volt zwischen Leitung und Isolatorbolzen ertragen konnten. Dies hielt man, in Betracht ihres provisorischen Charakters und des Wünschenswerten, einige Isolatoren eben auf der Grenze ihrer Überschlagsspannung zu prüfen, für genügend, um die Isolatoren für diese Leitungen anwenden zu können, da man davon lehrreiche Erfahrungen erwarten konnte. Es zeigte sich jedoch, daß die Überschlagsspannung dieser Isolatoren bei Regen nur 18000 Volt erreichte und daß die Isolatoren auf den Stellen, wo sie dem Lokomotivrauch stark ausgesetzt gewesen waren, zwischen den Mänteln von Ruß vollständig gefüllt wurden, wodurch ihr Isolations-Vermögen höchst wesentlich verringert wurde. Eine ganze Menge von Isolatoren dieses Typus sind auch bei dem Einschnitt des Halses zersprengt, wo es offenbar einen in mechanischer Beziehung schwachen Punkt gibt. Diese Isolatoren sind später gegen solche der Typen E und F auf allen Stellen, wo sie als einfache Isolation der Leitung vorkamen und unter Brücken, vertauscht worden. Als zweite Isolation haben sie dagegen gute Dienste geleistet und konnten in solchen Plätzen beibehalten werden.

Fig. 20. Ein Teil der Leitung Tomteboda—Järfva.

Die Typen B und C wurden von der Porzellanfabrik Rörstrand bezogen. Diese konnten auch im voraus nur in trockenem Zustande, in Ermangelung eines für Regenprobe geeigneten Apparates, geprüft werden. Bei dieser Prüfung zeigte sich, daß beide 40000 Volt aushalten können. Typus B zeigte später eine Überschlagsspannung im Regen bei zirka 18000 Volt an. Nachdem die Isolatoren dieses Typus aber ein wenig rußbedeckt geworden waren, waren sie schwerlich bei 6000 Volt betriebssicher. Sie sind deswegen an mehreren Stellen vertauscht worden, und für die Järfvalinie wurde ein größerer Typus D ausgearbeitet, wenn auch hier überall doppelte Isolation angewendet war. Beide Abspann-

isolatoren, Typen B und D, haben doch den gemeinsamen Fehler, daß
Wasser möglicherweise in das Loch zwischen dem Bolzen und dem Porzellan hereinkommen und dort bleiben kann. Dieses ist nur in vereinzelten
Fällen vorgekommen und mag vielleicht ungeeigneter Konstruktion von
Haltervorrichtungen zugeschrieben werden. Fig. 37 zeigt verschiedene
bei den Versuchen benützte Anordnungen mit zwei in Reihe geschalteten Spannisolatoren des Typus D, von welchen die mit d bezeichnete

Fig. 21. Tragdrahtaufhängung mit seitlicher Verankerung des Fahrdrahtes.

Konstruktion mit be-
sonderer Rücksicht
auf die Vermeidung
von Wassersammlung
in dem Loch des Iso-
lators zustande ge-
kommen ist. Es ist
übrigens klar, daß ein
mit durchgehenden
Bolzen versehener
Abspannisolator, auf
welchem die ganze
elektrische Spannung
zwischen der Mitte
und den Enden des
Isolators ist, mit der-
selben Größe und
demselben Gewicht
bedeutend schlechter
als ein gewöhnlicher
Tragisolator sein muß,
dem die ganze Länge
zur Aufnahme der-
selben Spannung zur
Verfügung steht. Bei
Abspannungen kann
deswegen anstatt Spannisolatoren eine Vorrichtung mit zwei mittels eines
Eisens vereinigten Tragisolatoren angewendet werden, wobei es doch eine
gewisse Schwierigkeit bietet, genügende mechanische Festigkeit zu erhalten.

Die Typen B und C erwiesen sich als ziemlich zerbrechlich und
wurden ausgetauscht. Dieses gilt besonders den Isolatoren des Typus C,
was doch zum Teil von der ungeeigneten Konstruktion des Loches des
Isolators und des darin angebrachten Bolzens abhängt. Diese Isolatoren
haben außerdem denselben Fehler wie der Typus A, daß sie zwischen
den Mänteln leicht mit Ruß gefüllt werden.

Für die Järfvalinie wurde deswegen ein neuer Typus E von Tragisolatoren anstatt des Typus C konstruiert. Dieser wurde mit vollständig
rundem Loch ausgeführt, und seine Mäntel wurden ein wenig glockenförmig
ausgeführt, um größere Festigkeit zu erzielen. Dieser Isolator hat sich auch
als sehr dauerhaft
erwiesen. Von den
mehr als 200 dieser
Typen, die zur An-
wendung gekommen
sind, sind bis heute
vier zerbrochen und
zwar zwei, die auf
Ausschaltern mon-
tiert waren, und zwei,
die beim Umbau der
Värtanlinie und der
Linie am Tomteboda-
Bahnhof aufgestellt
waren. Die auf den
Ausschaltern mon-
tierten Isolatoren wa-
ren starken Stoßbe-
anspruchungen aus-
gesetzt gewesen, und
die anderen zwei hat-
ten nur zwei Tage
Strom gehabt, als
sie durchgeschlagen
wurden. Wahrschein-
lich hatten sie einen
kleinen Riß, der nicht
vor der Montierung
entdeckt war.

Fig. 22. Leitungstrenner und Trennschalter bei Järfva.

Die Isolatoren vom Typus E sind konstruiert, um mit Eisenkappe
für Befestigung der Leitungsvorrichtungen versehen zu werden. An den
Stellen, wo solche Kappe nicht erforderlich ist, wird der Typus F verwendet, der dem Typus E sonst in der Hauptsache gleich, aber mit einem
gewöhnlichen Oberteil versehen ist. Dieser Isolator hat sich auch als sehr
gut erwiesen. Von den etwa 370 Stück, die verwendet worden sind, ist nur
einer fehlerhaft geworden, indem er in der Spur bei dem Hals zerbrach.
Dieser Isolator tat als Verankerungsisolator für eine Leitung Dienst und
war deswegen einer außergewöhnlich großen Beanspruchung ausgesetzt.

Die Isolatoren von Typus G sind für Isolierung von Kurvenstützen für die Fahrdrahtleitung benützt. Von den montierten Isolatoren dieses Typus ist keiner zerbrochen worden. Sie haben sich dagegen bei der Montierung als sehr zerbrechlich gezeigt. Sie sind mit horizontaler Achse montiert und werden bei Schneewetter vollständig mit Schnee gefüllt.

Der Isolatortypus J ist als eine Verbesserung des Typus E zustande gekommen, um einen Typus mit größerer Sicherheit gegen Überschlag zu erhalten. Er ist unter Brücken und auf anderen dem Ruß ausgesetzten Stellen zur Anwendung gekommen. Dieser Typus ist auch in Rörstrand fabriziert, und seine Überschlagsspannung ist in Regendusche 40000 Volt.

Die ersten Isolatoren der Versuchsbahn waren weiß; ferner wurden Tafeln mit der Kundgebung angebracht, daß gegen Beschädigung der Leitung gesetzlich eingeschritten werden sollte. Diese Warnung verhinderte jedoch nicht das Steinwerfen, und viele Isolatoren auf der Värtanbahn wurden in dieser Weise zerschlagen, weshalb später auf den am meisten ausgesetzten Stellen Schutzschirme angebracht wurden. Später

Fig. 23. Leitungstrenner auf Bahnhof Tomteboda.

ausgeführte Isolatoren haben braune Farbe erhalten, wodurch sie weniger in die Augen stachen, was ein gutes Resultat ergeben hat. Auf der Strecke Tomteboda-Järfva, wo diese braunglasierten Isolatoren erst verwendet wurden, ist kein einziger durch Steinwerfen zerschlagen worden, trotzdem die Bahn auf dieser Strecke sehr freigestellt ist. Bemerkenswert ist, daß die Fernsprechleitung der Versuchsbahn, die auf dieser Strecke auf Masten an der Seite der Bahn auf weißen Isolatoren gezogen ist, mehrmals wegen Isolatoren, die durch Steine zerschlagen waren, dienstunbrauchbar gewesen ist. Bei allen bisher besprochenen Isolatortypen, außer den Typen B und D, sind die Bolzen, wie auch die Kappen, an dem Isolator durch Glyzerinzement befestigt worden, was sich als ein sehr geeignetes Material für diesen Zweck erwiesen hat. Die Dicke dieses Bindemittels hat zwischen 3 und 5 mm geschwankt. Zum Vergleich mag hier erwähnt werden, daß bei einer neulich in Schweden in Gang gesetzten Kraftübertragungsanlage, in deren Isolatoren man für das Glyzerinzement nur ein wenig mehr als 1 mm gelassen hatte, eine große Menge Isolatoren durch die Temperaturausdehnung der Bolzen zersprengt worden sein sollen.

Proben mit Glyzerinzement.

Um die Zweckmäßigkeit der Verwendung von Glyzerinzement für die Befestigung von Porzellanisolatoren an Eisenbolzen zu ermitteln, ist eine Reihe von Versuchen sowohl an der Versuchsabteilung der Staatsbahnen als an der Materialprüfungsanstalt der Kgl. Technischen Hochschule zu Stockholm ausgeführt worden.

Erst wurde eine Untersuchung von Probestangen vorgenommen, und zwar: 2 Stück Probestangen aus dem Porzellan, das von der Porzellanfabrik Rörstrand für Hochspannungs-Isolatoren verwendet wird; 2 Stück Probestangen, aus 90 % Portlandzement und 10 %

Fig. 24. Fahrdrahtspanngewicht.

feinem Sand gegossen und 2 Monate gelagert, bevor sie geprüft wurden; 3 Stück Probestangen aus Hartgummi von der Sorte, die von Dr. Heinr. Traun & Söhne, Hamburg, zur Umpressung von Isolatorbolzen (z. B. für Isolatorbolzen für die Oerlikonleitung der Versuchsanlage) verwendet wird;

3*

2 Stück Probestangen aus Glyzerinzement, aus 13% Glyzerin und 87%
Bleiglätte bestehend, ungefähr 11,5% wasserfreiem Glyzerin und 88,5%
Bleiglätte entsprechend oder derselben Zusammensetzung, welche für die
Befestigung der Isolatoren der Versuchsanlage verwendet worden ist.

An diesen Probestangen wurden Untersuchungen für die Bestimmung
von Druckfestigkeit, Elastizität und Wärmeausdehnung gemacht, deren
Resultate aus der nachstehenden Tabelle zu ersehen sind.

	Porzellan	Portland-zement	Hartgummi	Glyzerinzement
Die Länge der Proben-stange	78,0 mm	100,0 mm	40,0 mm	30,0 mm
Der Durchmesser der Probenstange . . .	23,6 „	31,0 „	25,7 „	25,0 „
Druckfläche	437,6 qmm	754,8 qmm	518,7 qmm	490,0 „
Proportionalitätsgrenze	20,6 kg pro qmm	1,92 kg pro qmm	4,6 kg pro qmm	2,12 kg pro qmm
Flußgrenze	21,7 „	2,77 „	8,7 „	— „
Bruchgrenze	21,7 „	2,77 „	10,0 „	2,45 „
Elastizitätsmodul . . .	7200,0 „	1050,00 „	472,0 „	250,00 „
Längen - Ausdehnungs-koeffizient.	zwischen 30° u.+50° C = 0,000 003	0,000 013	zwischen 30° u. 0° C = 0,000 055 0° u. +25° C = 0,000 062 +25° u.+50° C = 0,000 078	zwischen +5° u.+50° C = 0,000 032

Aus der Tabelle geht hervor, daß das Glyzerinzement elastischer
als Portlandzement sowohl wie Hartgummi ist und sich außerdem weniger
als Hartgummi bei Temperaturerhöhung ausdehnt. In diesen Beziehungen
hat das Glyzerinzement also günstigere Eigenschaften.

Als das Glyzerinzement bezüglich des Wasserabsorbierens geprüft
wurde, zeigte es sich indessen, daß es nach 6 tägiger Lagerung im Wasser
5% Wasser, doch ohne jede Veränderung der Abmessungen, aufgenommen hatte.

Um den Einfluß des Wassergehaltes auf die Festigkeit zu untersuchen, wurden einige Prüfungen vorgenommen, wobei Untersuchungen
in bezug auf die Einwirkung von Erwärmung und Frieren gemacht wurden.

Bei der chemischen Untersuchung zeigte es sich, daß die Materialien
folgendes enthalten:

Bleiglätte:

Wasser 0,22%
Kohlensäure 0,21%
Kalk . . . . nicht anwesend.

Die Probe enthielt außerdem gewöhnliche Verunreinigungen, wie Kieselsäure, Eisenoxyd usw., war aber von absichtlichen Zusätzen frei.

Glyzerin:

Spezifisches Gewicht bei 15° C : 1,2356, was einem Glyzeringehalt von 88,4 % entspricht.

Aus diesen Materialien wurden Probestangen in vertikal gestellten Röhren mit wasserfreiem Glyzerin von ungefähr 12,5 bis zu ungefähr 30 %

Fig. 25. Die Fahrdrahtleitung auf dem Bahnhof Järfva.

gegossen. Weiter wurden auch einige Probestangen mit Glyzerin von einem Wassergehalt von 25 % gegossen. Bei Mischung von Bleiglätte und Glyzerin wird eine neue chemische Verbindung gebildet, wobei Wärmeentwicklung entsteht. Der Wassergehalt scheint jedoch, wenn das Umrühren des Materials nur sorgfältig ausgeführt wird, keine schädliche Einwirkung zu haben.

Von den Probestangen wurden einerseits Proben von dem oberen Teil (in der nachstehenden Tabelle mit A bezeichnet) und anderseits von dem unteren Teil (in der Tabelle mit B bezeichnet) genommen. Von einigen Stangen, die zu kurz waren, wurden nur Proben von der Mitte der Stange (in der Tabelle mit M bezeichnet) genommen.

Alle Probestangen wurden, bevor sie den Druckfestigkeitsprüfungen unterzogen wurden, 30 Tage bei gewöhnlicher Zimmertemperatur aufbewahrt. Die Probestangen, welche nach dem Hartwerden untersucht wurden, sind in der Tabelle mit I bezeichnet. Mit II werden die Probestangen bezeichnet, welche nach der Erhärtung für weiteres Trocknen 2 Tage bis zu 100° C erwärmt gehalten wurden, und mit III die Proben, welche nach Erhärtung und Erwärmung Gefrierproben unterzogen wurden. Diese Gefrierproben wurden so ausgeführt, daß die Probestücke im Laufe von 12 Tagen

Fig. 26. Fahrdrahtspanngewicht und Sicherheitsdrahthalter.

25 mal bis zu — 15° C mit danach folgendem Auftauen in lauem Wasser gefroren wurden. In der nachfolgenden Tabelle sind die Ergebnisse dieser Versuche zusammengestellt.

Zeichen der Probestange	Bestandteile der Probestange in Prozent				Druckfestigkeit in kg pro qmm für die Prüfungsserien						
	Bleiglätte	Glyzerin	Wasser	Wasserfreies Glyzerin	I A	I B	II A	II M	II B	III A	III B
1	68,2	28,10	3,70	29,2	0,267	0,489	—	0,693	—	0,467	0,633
2	72,6	24,20	3,20	25,0	0,767	1,533	—	2,336	—	1,122	1,200
3	78,0	19,50	2,50	20,0	2,056	2,211	—	2,702	—	—	1,411
4	75,0	18,75	6,25	20,0	0,811	1,122	—	1,678	—	—	0,922
5	80,6	17,15	2,25	17,5	2,632	2,662	3,059	—	2,800	1,596	1,672
6	83,3	14,70	2,00	15,0	2,400	2,956	—	2,914	—	—	1,711
7	86,1	12,30	1,60	12,5	2,768	2,155	3,069	—	2,730	1,449	1,408

Die in dieser Tabelle aufgenommene Ko-
lonne „wasserfreies Glyzerin" gibt an, wie viel
Prozent der Mischung aus Glyzerin besteht,
wenn der Wassergehalt nicht in Rechnung gezogen wird. Aus der Tabelle geht hervor, daß
die Festigkeit des Glyzerinzements bei größerem
Wassergehalt kleiner ist und daß es also von
Wichtigkeit ist, beim Gießen so wasserfreie
Materialien wie möglich zu verwenden. Weiter
ist ersichtlich, daß die größte Festigkeit bei ungefähr 15% Glyzerin (wasserfreies) erhalten wird.
Die Tabelle zeigt weiter, daß die Festigkeit des
unteren Teils der Probestange größer ist als die
des oberen. Dieser Unterschied wird aber kleiner
bei geringerem Wassergehalt und niedrigerem
Prozentsatz Glyzerin. Durch Gefrieren wird offenbar auch die Festigkeit des Materials vermindert.

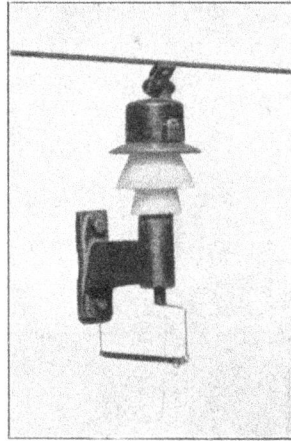

Fig. 27. Isolator der Oerlikonleitung mit „Defektanzeiger".

Um zu untersuchen, ob irgend eine Gefahr für Sprengung von Isolatoren durch ihre Befestigung an Eisenbolzen mittels Glyzerinzements
entstehen würde, sind Prüfungen ausgeführt worden. Dabei sind anstatt

Fig. 28. Leitungstrenner bei der Oerlikonleitung.

gewöhnlicher Porzellanisolatoren Zylinder verwandt worden, welche von der Porzellanfabrik Röhrstrand aus Porzellan derselben Art, wie dort für Hochspannungsisolatoren verwendet wird, ausgeführt sind. Diese Zylinder, von welchen zwei in üblicher Weise auswendig glasiert waren, hatten eine Länge von 110 mm und einen Durchmesser von 75 mm. Sie waren mit einem unglasierten Loch für den Isolatorbolzen von einer Tiefe von 90 mm und einem Durchmesser von 35 mm versehen. Diese Zylinder hatten also dieselbe Dicke wie die Isolatoren der Typen C, E und J (siehe Fig. 37).

Prüfungen wurden mit fünf solchen Zylindern, in welchen Eisenbolzen mit einem Durchmesser von 28 mm für Nr. 1 u. 2 und 25 mm für die übrigen drei Proben festgegossen wurden, ausgeführt. Die Befestigung wurde mit einem aus 83 °/₀ Bleiglätte, 15 °/₀ Glyzerin und 2 °/₀ Wasser bestehenden Glyzerinzement ausgeführt.

Fig. 29. Die Oerlikonleitung mit Stromabnahme von oben.

Nachdem sämtliche Proben bei gewöhnlicher Zimmertemperatur ungefähr 45 Tage getrocknet hatten, wurden die Proben Nr. 2, 4 und 5 in einem Trockenschrank 20 Stunden einer Temperatur von 100° C und danach 12 Stunden von 120° C ausgesetzt. Während der Erwärmung wurde aus der Probe Nr. 4 der Boden gesprengt, offenbar weil der Eisenbolzen zu nahe an dem Boden eingekittet war. Danach wurden die Proben Nr. 1, 2, 3 u. 4 in einem Gefrierschrank einer Temperatur von — 25° C ausgesetzt, und wurden nachher bis zu + 70° C erwärmt. Dieses Verfahren wurde zehnmal wiederholt, wonach untersucht wurde, wie große Kraft erforderlich war, um die Eisenbolzen aus den Porzellanköpfen loszuziehen.

Die Resultate gehen aus der nachstehenden Tabelle hervor.

Probe Nr.	Bolzen-durchmesser in mm	Erforderliche Zugkraft in kg	Anmerkungen.
1	28	2610	Zehnmal gefroren.
2	28	3150	Bis zu 120° erwärmt und zehnmal gefroren.
3	25	1380	Zehnmal gefroren.
4	25	1840	Bis zu 120° erwärmt und zehnmal gefroren.
5	25	2760	Bis zu 120° erwärmt, aber nicht gefroren.

Bei sämtlichen Proben wurden die Porzellanzylinder zersprengt, wenn der Bolzen herausgezogen wurde. Wie aus der Tabelle ersichtlich ist, wird die Stärke des Zements durch Erwärmung vergrößert, bei Gefrieren aber vermindert. Weiter ist ersichtlich, daß die Festigkeit vergrößert wird, wenn die Dicke des Zements vermindert wird. Geringere Gußdicke des Zementlagers als ungefähr 3 mm darf jedoch, nach der Erfahrung von der Versuchsanlage, nicht verwendet werden, weil man dann Zersprengung des Isolators riskiert. Mit einer Dicke des Zementlagers von 3,5 mm kann offenbar jede wünschenswerte Sicherheit in dieser Beziehung erhalten werden. Es scheint ratsam zu sein, vor der Prüfung mit Hochspannung angegossene Isolatoren bis zu ungefähr 100° C zu erwärmen, weil dadurch einerseits offenbar die Festigkeit des Zements vergrößert wird und anderseits die Isolatoren auf Zersprengung geprüft

Fig. 30. Die Oerlikonleitung mit Stromabnahme von der Seite.

werden. Weiter scheint es nützlich zu sein, über den Isolatorbolzen in dem Loch eine ungefähr 3 mm dicke Scheibe aus Leder oder einem anderen geeigneten Material zu legen, um Absprengung des Kopfes des Isolators zu verhindern.

Aus diesen Prüfungen scheint offenbar hervorzugehen, daß das Glyzerinzement, unter Voraussetzung von richtigen Verhältnissen und richtiger Behandlung, ein geeignetes Material für diesen Zweck ist.

Fig. 31. Die Oerlikonleitung mit Stromabnahme von unten.

Andere Isolatortypen.

Der Isolatortypus H wurde von der Maschinenfabrik Oerlikon bezogen. Dieser Isolator ist mit geschnittenem Loch versehen, in welches der Isolatorbolzen, der mit einer umpreßten Hülse aus Hartgummi versehen ist, hineingeschoben wird. Diese Isolatoren sind weißglasiert und sind deswegen mehrmals durch Steinwürfe zerschlagen worden. Sie stehen elektrisch wie auch mechanisch hinter dem Typus E zurück, und die Oerlikonleitung hat sich, seitdem sie mit Ruß überzogen worden ist, für 15000 Volt, für welche Spannung sie beabsichtigt war, nicht als betriebssicher erwiesen. Diese Leitung ist auch aus anderen Gründen nur ausnahmsweise für höhere Spannung als 6000 Volt benutzt worden.

Außer den jetzt besprochenen Porzellanisolatoren sind auch solche aus Ambroin und Eisengummi geprüft worden. Ein solcher Ambroinisolator mit Oberteil aus Porzellan wird in Fig. 38 gezeigt. Das Material Ambroin hat eine ein wenig ölige Oberfläche, weshalb Überschlag bei der Regenprobe intermittent geschah. Aus vollzogenen Prüfungen scheint hervorzugehen, daß Ambroinisolatoren unter gleichen Verhältnissen, wenn sie neu sind, eine größere Überschlagsspannung als Isolatoren aus Porzellan haben, ein Vorteil, der jedoch mit der Zeit verringert wird, weil ein Ambroinisolator, nachdem er der Luft ausgesetzt ist, während einiger Monate einen grauen Farbenton anstatt des ursprünglich schwarzen bekommt und gleichzeitig seinen Isolationswert etwas erniedrigt. Die Durchschlagsspannung zeigte sich für Ambroin bedeutend niedriger als für Porzellan. Weiter ist zu bemerken, daß Ambroin brennbar ist, welche Eigenschaft es weniger geeignet für

Fig. 32. Leitungsmaste von Schienen.

hier in Frage stehende Zwecke macht, weil es von den bei eventuellen Überschlägen entstehenden Lichtbogen verbrannt werden kann. Ebenso müssen sie durch den Überleitungsstrom, der längs der Oberfläche gehen muß, um diese von Ruß reinzuhalten, mit der Zeit beschädigt werden. Im übrigen ist Ambroin mechanisch stärker und widerstandsfähiger als Porzellan. Den Preis betreffend sind Isolatoren aus Ambroin, nach bisher erhaltenen Angaben, 50 bis 100% teurer als solche aus Porzellan.

Isolatoren aus Eisengummi von dem Fabrikat der Allgemeinen Elektrizitäts-Gesellschaft sind, um die Stromabnehmer zu tragen, auf dem Dach der Motorwagen verwendet worden. Ein Durchschlag ist einmal an einem solchen Isolator vorgekommen, und alle sind durch die

Einwirkung der Luft mit einer dünnen Schicht von weißem Pulver bedeckt worden, welches Feuchtigkeit derart angezogen hat, daß Stromübergang mit mitfolgender Lichterscheinung hat konstatiert werden können. Dabei ist ein starker Geruch von gebranntem Gummi in der Nähe der Wagen wahrgenommen worden. Um diesen Belag von den Isolatoren wegzuschaffen, mußten dieselben mit Sandpapier gereinigt werden, was mit

Fig. 33. Zusammengesetzter Schienenmast.

Fig. 34. Vereinfachte Tragdrahtaufhängung.

Berücksichtigung des Bestandes der Isolatoren natürlich sehr unzweckmäßig ist. Fig. 39 zeigt diese Isolatoren. Der Name Eisengummi ist dadurch veranlaßt, daß die Gummiisolierung über einen Körper aus Eisen gepreßt ist, das dem Ganzen Stärke und Festigkeit gibt. Aus den erhaltenen Preisangaben geht hervor, daß Isolatoren dieser Art einen bedeutend höheren Preis als solche aus Porzellan bedingen.

Doppelte Isolation.

Die Värtanleitung wurde, wie im vorigen erwähnt ist, sowohl mit einfacher wie mit doppelter Isolation ausgeführt. Die Aufhängung ohne

Tragdraht auf Doppelmaste und Konsolen sollte mit einfacher Isolation ausgeführt werden, indem der Fahrdraht an den Masten durch Querdrähte aus Stahl mit unisolierten Drahthaltern, an Spannisolatoren des Typus B (Fig. 36) befestigt, getragen werden sollte. Der Lieferant schlug jedoch vor, anstatt unisolierter Drahthalter gewöhnliche Straßenbahndrahtklemmen mit isolierten Bolzen zu verwenden, die im trockenen Zustande eine Überschlagsspannung von etwa 6000 Volt hatten. Man meinte, daß dieses die Isolation vergrößern und daß eine zweite Isolation hierdurch erhalten werden sollte. Die Leitung wurde auch auf diese Weise ausgeführt. Als die Linie geprüft wurde und die Spannung der Fahrdrahtleitung bis zu

Fig. 35. Vereinfachte Tragdrahtaufhängung.

20000 Volt gesteigert wurde, erschien rings um die meisten Bolzen der Straßenbahnisolatoren eine kleine Sonne von Lichtbogen. Im Kraftwerk war kein Überleitungsstrom der Leitung zu bemerken. Die Entladung mußte also auf Kapazitätserscheinungen beruhen. Um die Lichtbogen von der Leitung zu entfernen, mußte man alle Straßenbahnisolatoren kurzschließen, wodurch wieder nur eine einfache Isolation erhalten wurde. Bei einer Prüfung, die hierauf ausgeführt wurde, konnte kein bemerkbarer Überleitungsstrom auf der Leitung in dem Kraftwerk wahrgenommen werden.

Im Anfange traten auf der Värtanbahn verschiedene Fehler auf den doppelt isolierten Leitungen auf, was gewissermaßen verursachte, daß der Wert der doppelten Isolation als zweifelhaft betrachtet zu werden begann. Auf der Järfvaleitung, wo, wie vorher erwähnt ist, ein vorzüglicher Isolator über der Spurmitte mit einem ein wenig schwächeren in Reihe geschaltet ist, ist dagegen kein Fehler eingetroffen, trotzdem daß besonders die ersterwähnten Isolatoren bald rußig geworden sind. Auf der Värtanleitung sind sicher wenigstens zwei Kurzschlüsse vorgekommen, als nur die eine Isolation fehlerhaft war. Die zweite Isolation brauchte nur von Ruß und Schmutz reingewaschen zu werden, um Dienst tun zu können. Weiter hat es sich erwiesen, daß auf spannungslosen Isolatoren unter Brücken sich Ruß in Schichten bis zu 10 mm Dicke hat anhäufen können, wogegen Isolatoren, die stromführend, aber eben so vielem Lokomotivenrauch ausgesetzt gewesen sind, sich ziemlich rein gehalten haben. Außer-

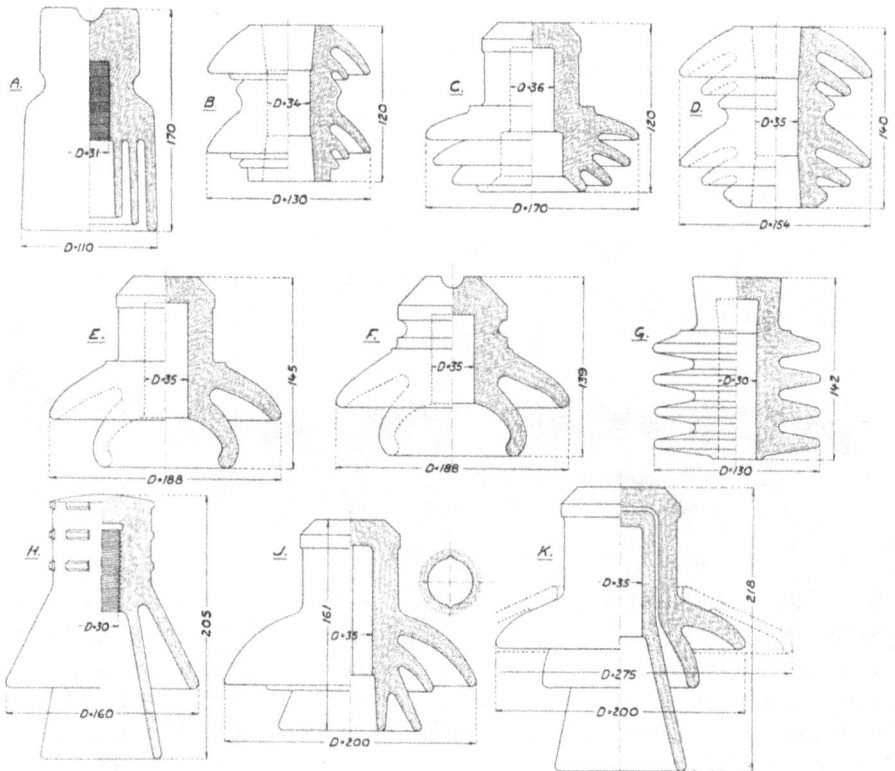

Fig. 36. Porzellanisolatoren.

dem ist die Beobachtung gemacht, daß die Oerlikonisolatoren, mit ihren gummiüberzogenen Bolzen, bedeutend rußiger als andere Isolatoren mit unisolierten Bolzen unter gleichen Verhältnissen werden.

Hieraus scheint hervorzugehen, daß auf einem gewöhnliche Hochspannung führenden Isolator immer ein, wenn auch ganz unbedeutender Strom von der Leitung über die Oberfläche des Isolators zu dem Bolzen passiert. Dieser Strom, der natürlich um so stärker ist, je mehr der Isolator mit Schmutz bedeckt ist, ist insofern nützlich, weil er den Isolator in der Weise relativ rein hält, daß, wenn der Belag eine gewisse Dicke erreicht hat, dieser wieder von dem Strom allmählich verzehrt wird. Hierfür ist offenbar erforderlich, daß der Belag aus brennbaren Stoffen besteht, wie es hier der Fall ist, wo er hauptsächlich aus Steinkohlenrauch besteht. Schaltet man jetzt zwei Isolatoren hintereinander, so kann es vorkommen, wenn der eine Isolator besser als der andere und dem Ruß weniger ausgesetzt ist, daß dieser Isolator nicht genügenden Strom durchläßt, damit sich der schwächere Isolator rein hielt. Dieser Isolator wird in diesem Falle mehr und mehr mit Ruß bedeckt und geht allmählich vom Isolator zum Leiter über. So hat es sich bei der Värtanleitung verhalten. Bei

der Järfvaleitung dagegen hat der zunächst der Erde plazierte Isolator vom Typus A keine größere Isolationsfähigkeit gehabt, als daß er einem für den anderen Isolator genügenden Reinigungsstrom zu passieren gestattet hat und haben sich hier beide Isolatoren deswegen ganz rein gehalten.

Bei den auf den Värtan- und Järfvaleitungen angewendeten Aufhängeanordnungen mit doppelter Isolation ist wenigstens einer der beiden Isolatoren über der Mitte des Geleises plaziert und also direkt dem Lokomotivenrauch ausgesetzt. Zwei andere Arten von Aufhängeanordnungen

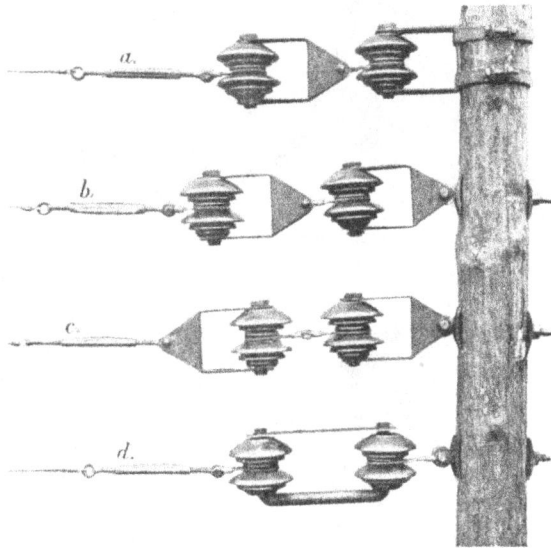

Fig. 37. Abspannisolatoren.

wurden auch versuchsweise ausgeführt. Diese Anordnungen gleichen übrigens der auf dem Järfva-Bahnhof verwendeten, haben aber doppelte Isolatoren, die alle dem Mast so nahe wie möglich plaziert sind, wie Fig. 41 zeigt. Da diese Konstruktionen jedoch ungeeignet hohe Anforderungen an die mechanische Festigkeit der Isolatoren stellen, sind sie schon aus diesem Grund nicht zu empfehlen. Der Gebrauch von doppelter Isolation bezweckt ersichtlich vergrößerte Betriebssicherheit. Um dieses Ziel zu erreichen, ist es jedoch notwendig, daß man in irgend einer Weise Kenntnis davon erhält, wenn der eine der zwei nacheinander geschalteten Isolatoren beschädigt und tatsächlich nur einfache Isolation vorhanden ist. Wäre es möglich, daß eine große Anzahl von Isolatoren fehlerhaft sein kann, ohne daß man davon Kenntnis haben kann, so ist der Vorteil der doppelten Isolation natürlich ganz illusorisch. Diese Frage ist bei den Versuchen natürlich der Gegenstand großer Aufmerksamkeit gewesen, und viele Methoden für die Entdeckung solcher fehlerhaften Isolatoren sind vorgeschlagen worden.

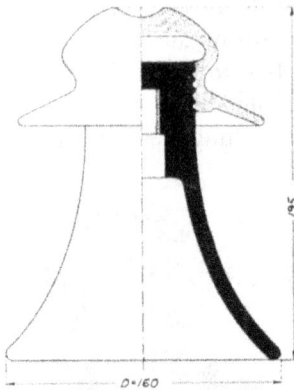

Fig. 38. Ambroinisolator.

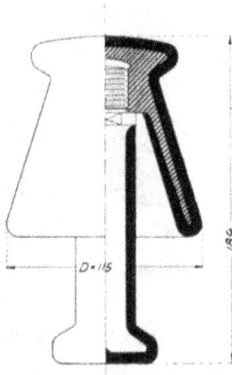

Fig. 39. Eisengummiisolator.

So ist z. B. die Verwendung zweier in Reihe geschalteter Isolatoren vorgeschlagen worden, von welchen der eine durch eine Sicherung normal kurz geschlossen sein sollte, die beim Fehlen der anderen Isolatoren zerspringen und den Reserveisolator einschalten sollen. Diese Anordnung wird jedoch auf Grund der vorher erwähnten Erfahrung, wenigstens bei Eisenbahnen, die auch von Dampflokomotiven befahren sind, ungeeignet, da der kurzgeschlossene Reserveisolator nicht genügend Strom für Reinigung bekommt und es deswegen vorkommen kann, daß er, wenn er zur Anwendung kommen soll, infolge angehäuften Rußes und Schmutzes kein genügendes Isolationsvermögen besitzt. Eine andere Anordnung, die vorgeschlagen ist, besteht darin, daß man das leitende Gerippe zwischen den reihengeschalteten Isolatoren auf den verschiedenen Aufhängepunkten mit einer isolierten Leitung verbindet und von einem Transformator dann und wann eine geeignete Prüfspannung auf diese Leitung sendet. Diese Weise zieht indessen den Nachteil von vergrößerten Kosten für diese speziellen Leitungen nach sich, ohne daß man doch ganz sicher sein kann, den beabsichtigten Erfolg zu bekommen. Es kann nämlich eintreffen, daß, wenn man mittels dieser Leitung bisweilen mit der vollen Spannung prüft, ein etwas fehlerhafter Isolator nicht während der Prüfung, sondern erst nachher zerplatzt. So ist es bei der Versuchsanlage mehrmals eingetroffen, und bei anderen Hochspannungsanlagen sind ähnliche Erfahrungen konstatiert worden.

Als eine mögliche Erklärung dieser Erscheinung könnte man sich denken, daß, wenn ein Isolator einen Riß hat, durch die Anziehung, die bei der Prüfung infolge der elektrischen Ladung auf möglichenfalls vorhandene kleine Partikel einwirken kann, diese nach und nach in den Riß eindringen müßten, bis eine Überleitung mit folgendem Kurzschluß entsteht. Kleinpartikel, die sich bei normaler Spannung wegen zu geringer Anziehung nicht bewegen können, sollten durch eine Prüfung mit höherer Spannung in Bewegung gesetzt werden können, aber vielleicht keine Zeit haben, Überleitung während der Prüfungszeit zu bewirken. Nachdem sie in Gang gekommen sind, ist es wahrscheinlich, daß sie auch bei normaler Spannung ihre Bewegung fortsetzen können, bis daß Überleitung entstanden ist. Daß eine solche Bewegung entsteht, scheint wahrscheinlich, da es sonst schwierig wird, die allbekannte Tatsache zu erklären, daß Überschlag auf einem Isolator, auf welchem ein unbedeutender Riß vorhanden ist, nicht zugleich, sondern erst nachdem die Prüfspannung eine Zeit gedauert hat, eintrifft.

Eine dritte Anordnung, die in Frage kommen könnte, um Fehler auf Isolatoren zu entdecken, besteht darin, die schon erwähnte Erfahrung zu benutzen, daß ein Isolator, der einer gewissen Spannung

Fig. 40. Aufhängung mit doppelter Isolation.

über der für den Isolator normalen ausgesetzt wird, einen summenden Laut von sich gibt. Es sollte da so angeordnet sein, daß, wenn der eine der zwei reihengeschalteten Isolatoren fehlerhaft wird, der andere vorläufig die ganze Spannung aufnimmt oder unter Abgeben solchen Lautes, daß ein passierender Bahnwärter oder Leitungsinspektor gleich feststellen könnte, daß ein Isolationsfehler vorhanden ist und Austausch also bei erster möglichen Gelegenheit stattfinden kann. Es scheint wahrscheinlich, daß man mit solcher Anordnung und sorgfältiger Inspektion einen hohen

Grad von Betriebssicherheit erreichen könnte. Um möglichst einfache mechanische Anordnungen hervorzubringen, wäre es natürlich wünschenswert, eine einzige zusammengedrängte Isolatorkonstruktion zu bekommen, die die Vorteile der doppelten Isolation in sich vereinigt. Versuche mit einem solchen Doppelisolator, dessen Aussehen aus *K* in Fig. 36 hervorgeht, haben sehr zufriedenstellende Resultate gegeben. Um vergleichende Resultate zu gewinnen, ist dieser Isolator in gewissen Fällen auch mit einem größeren losen Schirm (Regenschirm), der versuchsweise sowohl aus Fayence wie Eisen ausgeführt ist, versehen worden. Dieser Schirm, der in der Figur punktiert ist, wird natürlich den Hauptisolator schirmen und wird seinen Isolationswert bei Regenwetter in gewissem Grade vergrößern.

Bei Regenproben hat es auch sich gezeigt, daß dieser Isolator ohne Schirm eine Überschlagsspannung von 55000 Volt und mit Schirm 67000 Volt hat. Doch wenn die Dusche anstatt vertikal in einem Winkel von 45⁰ angebracht wurde, wurde die Überschlagsspannung dieselbe, ob der Schirm dabei war oder nicht, und betrug auch dann 55000 Volt. Dieselben Resultate wurden erhalten, einerlei ob der Schirm aus Fayence oder Eisen ausgeführt war.

Wenn bei einfacher Isolation ein Durchschlag eintrifft, so wird entweder Überleitung oder direkter Kurzschluß entstehen, davon abhängig, ob die Isolatorbolzen mit der Erde verbunden sind oder nicht. Es ist natürlich von größter Wichtigkeit, so schnell wie möglich zu entdecken, wo dieser Fehler sich befindet. Es ist jedoch eine allgemeine Klage, daß es bei Kraftanlagen mit Holzmasten, auch mit so hoher Spannung wie 20000 Volt, schwierig ist, fehlerhafte Isolatoren zu finden. Man kann wohl sehen, daß man einen Fehler hat und wünscht ihn gern fortzubringen, damit der Überleitungsstrom keinen Schaden machen soll, aber meistens kann man den Fehler nicht finden, ehe der Isolatorbolzen aus dem Mast losgebrannt ist.

Bei den Versuchen zeigten sich auch anfangs Schwierigkeiten, die Isolatorfehler zu finden. Vor jedem Fahren auf der Strecke wurde die Leitung mit Spannung geprüft. Um durch eventuell eintreffende Kurzschlüsse den Generatoren nicht unnötigerweise zu schaden, wurde ein Widerstand in dem Generatorstromkreis verwendet, um den Kurzschlußstrom zu begrenzen. Dieser Widerstand verursachte, daß, wenn ein Durchschlag eintraf, nicht genügender Strom zu der fehlerhaften Stelle erhalten wurde, um den Isolator zu zersplittern, weshalb dieser mit Strom von niedriger Spannung später verbrannt werden mußte. Hierzu waren gewöhnlich 25 Ampère erforderlich. In den Fällen, wo Fehler während des Betriebes und an Isolatoren mit erdverbundenen Bolzen entstanden sind, war es niemals schwierig, festzustellen, wo der Fehler war. Wer in der Nähe gewesen ist, hat etwas einem Schuß ähnliches gehört und eine Lichterscheinung gesehen, wobei der fehlerhafte Isolator zersplittert worden ist.

Auf der Oerlikonleitung wurde ein „Defektanzeiger" besonderer Art benutzt, um zerbrochene Isolatoren zu entdecken. Es ist nämlich der Isolatorbolzen von dem Porzellanisolator und der tragenden Eisenkonstruktion mittels einer um den Bolzen gepreßten Gummischicht isoliert.

Fig. 41. Vereinfachte Fahrdrahtaufhängung unter einer Brücke.

Zwischen dem Bolzen und dem Trageisen, das mit der Erde verbunden ist, ist eine Sicherung eingeschaltet (siehe Fig. 27), zu dem Zwecke, zu zerspringen, wenn der Isolator fehlerhaft wird. Es hat sich jedoch gezeigt, daß dieser Apparat, wenn die Mäntel des Isolators durch Steinwerfen zerschlagen werden, nicht wirkt, sondern nur bei einem Durchschlag von der Kappe des Isolators. Dagegen ist es eingetroffen, daß Sicherungen durch Steinwerfen zerbrochen sind. Da man also nicht unbedingt auf diese Sicherheitsvorrichtung vertrauen kann und natürlich doch effektive Inspektion haben muß, scheint der praktische Wert dieser Vorrichtung zweifelhaft. In Zusammenhang hiermit mag darauf hingewiesen werden, daß das Gummi der Isolatorbolzen, wenn es den Überleitungsstrom vorbei lassen soll, der nach dem Vorigen für die Reinigung des Hauptisolators erforderlich ist, selbst auf die Dauer von dem Strom angegriffen und nach und nach verbrannt wird. Bei den Oerlikonisolatoren der Versuchsbahn könnte dieser Überleitungsstrom über den Isolatorbolzen nicht vorkommen, weil die Entladung bei 15000 Volt und darüber in der Form von Lichtbogen zwischen dem unteren Mantel und dem Trageisen eintraf.

Die elektrischen Lokomotiven sind während der Versuche mit Spannungen zwischen 5000 und 20000 Volt betrieben worden und ist die am meisten benutzte Spannung, 12000 bis 13000 Volt, auf etwa 12000 Lokomotivenkilometer vorgekommen. Spannungen von 18000 bis 20000 Volt sind während etwas mehr als 2000 Lokomotivenkilometer vorgekommen. Daß diese höchsten Spannungen nicht in größerer Ausdehnung benützt worden sind, beruht auf dem Umstand, daß die Isolation an der Värtanbahn, wie im vorigen erwähnt ist, während des größten Teiles der Versuchszeit für diese Spannungen unzureichend gewesen ist, wie auch darauf, daß die Transformatoren im Kraftwerk sich nicht vollständig betriebssicher für eine solche hohe Spannung erwiesen haben. Es darf doch über jeden Zweifel erhaben sein, daß bei geeigneten Konstruktionen, sorgfältigen Untersuchungen der Isolatoren vor der Errichtung und regelmäßiger Inspektion während des Betriebes eine Fahrdrahtspannung von wenigstens 15000 Volt mit zufriedenstellender Betriebssicherheit angewendet werden kann.

Es ist zu bemerken, daß die Verhältnisse bei den Versuchen insofern besonders ungünstig gewesen sind, daß, wie aus dem Vorigen hervorgeht, der Ruß von den Dampflokomotiven sehr schädlich für die Isolation gewesen ist und man wohl voraussetzen kann, daß bei einer fertigen Anlage für elektrischen Eisenbahnbetrieb Dampflokomotiven nur ausnahmsweise die Bahn befahren werden.

Holzmaste.

Aus dem Vorigen geht hervor, daß Masten aus drei verschiedenen Materialien: Holz, Beton und Eisen, bei den Versuchsbahnen zur Verwendung gekommen sind. Die Holzmasten sind sämtlich unimprägniert gewesen. Versuche zur Ermittlung des Wertes verschiedener Imprägnierungsmethoden waren offenbar nicht möglich bei der begrenzten Zeit der Versuche. Doch haben durch das Entgegenkommen des Kgl. Schwedischen Telegraphenamtes und der Stockholm-Rimbo-Eisenbahngesellschaft gewisse Proben durchgeführt werden können, welche zur Ermittlung der relativen Festigkeit von sowohl unimprägnierten wie teeröl-imprägnierten Masten beitragen.

Die untersuchten Maste waren:

1. 6 St. neue, unimprägnierte Masten, welche von dem Kgl.Telegraphen-amt erhalten und welche während des Winters 1906 gefällt worden waren.

2. 12 St. neue, mit Teeröl imprägnierte Masten, welche auch von dem Kgl. Telegraphenamt erhalten und welche während des Winters 1906 gefällt worden waren. Von diesen waren 7 St. „sparimprägniert" und die übrigen 5 St. „vollimprägniert".

3. 5 St. „vollimprägnierte" Masten, welche von der Stockholm-Rimbo-Eisenbahn erhalten worden waren. Diese haben während 4 Jahre für das Tragen von Leitungen Dienst getan.

4. 5 St. alte vollimprägnierte Masten, welche von dem Kgl. Tele-graphenamt erhalten worden waren, und welche während 5 Jahre als Telegraphenmasten Dienst getan hatten.

Die Prüfungen wurden in der Weise ausgeführt, daß jeder Probe-mast wagerecht aufgelegt und beim Fuß auf einer Länge von ungefähr 1,9 m eingespannt wurde. Als Stütze wurde nahe der Spitze rechtwinklig gegen den Mast eine Schiene, welche, um die Reibung zu vermindern, geseift wurde, aufgelegt. Ganz bei der Spitze wurde eine Kette befestigt, die mittelst eines Flaschenzuges wagerecht und rechtwinklig gegen den Mast gespannt wurde. Die Zugkraft in der Kette wurde an einem ein-gesetzten Federdynamometer und die Ausbiegung an einem auf der oben-erwähnten Schiene gezeichneten Maßstab abgelesen.

Die Ergebnisse dieser Prüfungen sind in der nachstehenden Tabelle, deren Abkürzungen folgende Bedeutung haben, zusammengestellt.

$D =$ Mastendurchmesser beim Fuß in cm;

d $\qquad$ „ $\qquad$ bei der Spitze in cm;

p $\quad$ Zugkraft in der Kette in kg;

H $\quad$ Der Abstand zwischen der Befestigungsstelle der Kette und der Einspannstelle des Mastes in Metern;

h $\quad$ Der Abstand des Maßstabs von der Befestigung des Mastes in Metern;

$f =$ Die Ausbiegung bei m Bruch, an dem Maßstab abgelesen in Metern.

Das Biegungskraftpaar bei der Bruchstelle ist:

$$M_b = \frac{\pi\, d^3}{32} \cdot k_b = 0,1 \cdot k_b \cdot d_1^3,$$

wo für d_1 der Wert des Mastendurchmessers an der Bruchstelle und für M_b die Kraft P mal den Abstand von der Befestigung der Kette an dem

Maste zu der Abbruchstelle eingesetzt werden soll und lassen sich die so ausgerechneten Werte der Höchstbeanspruchung k_b in der nachstehenden Tabelle wiederfinden.

	D	d	P	H	h	f	k_b	Die Lage der Bruchstelle	
Neue, un- imprägnierte Masten	19,0	15,0	750	7,03	6,76	2,95	834	Zugseite 0,65 m	
	20,0	14,0	700	7,15	6,76	2,30	737	„ 0,70 „	von der
	20,5	16,0	1000	7,28	6,78	2,50	936	„ 0,55 „	Befestigungs-
	21,0	15,0	800	7,10	6,80	1,80	701	„ 1,00 „	stelle
	21,0	16,0	950	7,15	6,75	1,90	838	Druckseite 0,20 „	
	22,0	15,0	850	7,09	6,65	2,20	680	Zugseite 0,50 „ (schlechter Mast)	
Neue, spar- imprägnierte Masten	20,0	16,0	850	7,13	6,75	2,10	856	Zugseite 0,00 m	
	21,0	14,0	800	8,19	6,70	2,12	819	„ 1,50 „	
	22,0	15,0	975	8,47	6,70	2,34	931	„ —„	von der
	22,0	16,0	900	7,97	6,80	2,50	760	„ 0,80 „	Befestigungs-
	22,3	15,2	1000	7,97	6,85	2,10	833	„ 1,00 „	stelle
	23,0	16,0	1100	8,11	6,80	2,50	849	Druckseite 0,65 „	
	25,0	15,0	1000	8,07	6,87	1,86	656	Zugseite 0,50 „	
Neue, voll- imprägnierte Masten	19,0	15,0	775	7,98	6,80	2,95	978	Zugseite 0,50 m	
	20,0	16,0	975	7,13	6,77	2,20	936	Druckseite 0,65 „	von der
	21,0	15,0	950	7,74	6,80	2,60	892	„ 1,20 „	Befestigungs-
	22,0	18,0	1050	8,14	7,16	2,30	854	„ 0,50 „	stelle
	26,0	17,0	1000	10,09	8,23	2,50	667	„ 1,10 „	
4 Jahre alte, voll- imprägnierte Masten	20,0	14,8	925	6,33	5,60	1,85	853	Zugseite 0,40 m	
	20,0	15,0	950	5,94	5,55	1,60	736	„ 1,50 „	von der
	21,0	15,5	1000	6,32	5,55	1,64	744	Druckseite 1,30 „	Befestigungs-
	21,0	16,0	1000	6,81	5,55	1,80	776	Zugseite 1,40 „	stelle
	24,0	17,8	1350	6,17	5,50	1,30	700	„ 0,50 „	
5 Jahre alte, voll- imprägnierte Masten	19,0	14,2	550	7,23	6,50	1,70	689	Zugseite 0,20 m	unter der Be- festigungsstelle
	19,2	14,2	650	7,12	6,50	2,00	769	„ 0,10 „	
	20,0	13,4	580	7,20	6,50	1,52	626	„ 0,80 „	von der
	20,0	13,8	590	7.19	6,45	1,70	640	„ — „	Befestigungs-
	20,0	14,0	780	7,41	6,22	1,90	870	„ — „	stelle

Aus dieser Tabelle ist ersichtlich, daß die Festigkeit der Masten sehr bedeutend schwankt. Die Mittelwerte der höchsten Beanspruchungen beim Bruch sind:

für neue, unimprägnierte Masten $k_b = 788$ kg pro cm²

„ „ sparimprägnierte „ „ $= 815$ „ „ „

„ „ vollimprägnierte „ „ $= 865$ „ „ „

„ 4 Jahre alte, „ „ „ $= 762$ „ „ „

„ 5 „ „ „ „ „ $= 721$ „ „ „

Aus dieser Tabelle ist ersichtlich, daß die höchsten Festigkeitsziffern für neue, vollimprägnierte Masten erhalten werden. Als die nächsten in dieser Beziehung kommen die neuen, sparimprägnierten Masten und danach die neuen, unimprägnierten. Die alten Masten zeigen, wie ersichtlich ist, noch niedrigere Festigkeitsziffern.

Hierbei ist jedoch zu bemerken, daß das Versuchsmaterial von zu kleinem Umfang gewesen ist, um daraus bestimmte vergleichende Schlüsse ziehen zu können. So viel scheint jedoch festgestellt zu sein, daß teerimprägnierte Masten, nachdem sie 5 Jahre in der Erde gestanden haben, noch eine voll zufriedenstellende Festigkeit besitzen.

Die Ziffern in der Tabelle scheinen auch darauf zu deuten, daß die Festigkeit von Holzmasten ein wenig mit dem Durchmesser abnimmt, so daß es bei der Berechnung des zulässigen Biegungskraftpaars richtiger wäre, dies gleich einer Konstante mal das Quadrat des Mastendurchmessers zu setzen.

Die Federung f der Masten bei Brechung ist in der Tabelle auch aufgenommen, weil man ihr ein gewisses Interesse beimessen zu können glaubte. Doch haben diese Ziffern für die Bestimmung des Elastizitätskoeffizients der Masten nicht verwendet werden können, indem die Federung nicht proportional der Zugkraft P gewesen ist, sondern im allgemeinen schneller zugenommen hat, wenn sich die Beanspruchung in dem Mast der Bruchgrenze genähert hat.

Die für die Versuchsleitungen verwendeten Holzmasten haben im allgemeinen einen Durchmesser von 250 mm am Fuß und 180 mm an der Spitze des Mastes gehabt. Es hat sich erwiesen, daß die Masten sich infolge des großen Gewichts der Aufhängevorrichtung an der indirekten Auslegervorrichtung gebogen haben. Bei den Aufhängeanordnungen anderer Art ist dieses nicht vorgekommen. Die Holzmasten sind, wo es erforderlich war, abgesteift und verstrebt worden, wie aus den Figuren hervorgeht. Solche Absteifung und Verstrebung hat für Masten, die größerer Beanspruchung ausgesetzt sind, sowohl den Vorteil, daß der Mast selbst verhältnismäßig weniger belastet wird und dadurch kleinere Dimensionen als sonst erhalten kann, wie auch den, daß das Fundament nicht so groß und teuer zu sein braucht, was bedeutende Ersparnis mitführt.

Betonmaste.

Sechs Masten aus armiertem Beton sind auch aufgestellt, deren Aussehen Fig. 11 zeigt. Diese Masten waren sehr schwer (1 Tonne per Stück) und verlangten deswegen ein sehr teures Fundament, desto mehr als sie auf einem Platz, wo der Boden von loser Beschaffenheit war, aufgestellt waren. Die Aufstellung war auch sehr beschwerlich. Festigkeitsprüfungen sind mit drei von diesen ausgeführt. Die Prüfungen wurden in der Weise gemacht, daß ein langes Drahtseil nahe der Spitze jedes Prüfungsmastes befestigt und dieses danach mittels eines Flaschenzuges ungefähr rechtwinklig gegen den Mast gespannt wurde. Die Spannung in dem Stahlseil wurde auf einem eingesetzten Federdynamometer abgelesen. Die Betonmasten hatten alle einen quadratischen Querschnitt mit einer 250 mm Seite an dem Boden und einer Länge von 8 m. Die Ecken der Masten waren ein bischen abgerundet.

An dem ersten Mast wurde das obenerwähnte Stahlseil 7,4 m vom Boden befestigt und rechtwinklig gegen das Gleise gespannt. Der Mast war am Boden mit sechs eingelegten 22 mm Rundeisen versehen, von welchen vier in den Ecken eines Quadrates mit einer 220 mm Seite, und die zwei übrigen mitten zwischen diesen an den Seiten des Mastes, die sich parallel mit dem Gleise befanden, angeordnet waren.

Die Zugspannung in dem Stahlseil durfte bis zu 900 kg gesteigert werden, bevor eine ständige Biegung des Mastes beobachtet werden konnte. Der Mast brach jedoch dann nicht, sondern mußte nachher mittels des Seiles und der Schraubrolle allmählich umgezogen werden. Die erforderliche Zugspannung in dem Seil wurde dabei mehr und mehr vermindert, je nachdem der Mast sich bog, es trat jedoch kein Bruch der Eisen ein. Als der Mast so viel wie möglich umgebogen worden war, wurde das Knie, das dabei an dem Mast gerade am Boden entstanden war, untersucht und erwies es sich dann, daß die Betonmasse vollständig zerquetscht war, während die Rundeisen sich nur gebogen hatten, ohne Spuren von Rissen zu zeigen.

An dem zweiten Mast wurde das Seil 7,62 m vom Boden befestigt und ebenso rechtwinklig gegen das Gleise gespannt. Dieser Mast war mittels vier gleichseitiger Winkeleisen von dem Profil Nr. 5 abgesteift, welche so angeordnet waren, daß sie die Ecken eines Quadrates mit einer 200 mm Seite bildeten. Diese Winkeleisen wurden miteinander mittels Haken von 6 mm Eisendraht zusammengehalten. Wie für den ersten Mast mußte für diesen die Zugspannung bis zu 900 kg gesteigert werden, bevor eine ständige Biegung des Mastes eintraf. Auch nicht in diesem Falle trat dann Bruch ein, sondern der Mast mußte mittels des Seiles und der Rolle umgezogen werden, wobei, wie vorher, die erforderliche Zugspannung nach und nach bis zu 750 kg vermindert wurde, worauf der Mast am Boden brach.

An dem dritten Mast wurde das Zugseil 7,15 m vom Boden befestigt, wurde aber in diesem Falle parrallel mit der Richtung des Gleises gespannt. In diesen Mast waren 4 mm Rundeisen hineingelegt, welche in den Ecken eines Quadrates mit einer 200 mm Seite angeordnet waren, und mitten zwischen diesen auf den Seiten des Quadrates waren 4 Stück 10 mm Rundeisen eingelegt. Alle Eisen waren miteinander mittels Eisendrähte verbunden. Auch in diesem Falle trat eine ständige Biegung des Mastes erst dann ein, als die Zugspannung bis zu 900 kg gesteigert worden war. Der Mast mußte wie der erste umgezogen werden, brach aber hierbei nicht. Auch hier wurde die Betonmasse zerquetscht, die Rundeisen aber bogen sich nur.

Aus den oben erwähnten Prüfungen scheint also hervorzugehen, daß man für Betonmaste dieser Art mit nicht größerer Bruchfestigkeit als ungefähr 250 kg per qcm rechnen kann und daß die bei der Versuchsanlage verwendeten Betonmasten in bezug auf Festigkeit den gewöhnlich vorkommenden Holzmasten ungefähr gleichgestellt sind.

Für die Oerlikonleitung zwischen Tomteboda und dem Stockholmer Zentralbahnhof sind kassierte Eisenbahnschienen als Masten verwendet worden. Auf solchen Stellen, wo eine starke Seitenbeanspruchung vorgekommen ist, sind zwei Schienen zu einem Maste zusammengebaut worden. Die Fig. 28, 30 u. 33 zeigen verschiedene Typen von Schienenmasten, welche zur Ver-

Fig. 42. Streckentrenner an einer Wegkreuzung.

wendung gekommen sind. Da sie zwischen zwei Geleisen gestellt sind, hat keine Absteifung seitwärts vorkommen können, und es hat sich erwiesen, daß die Schienen sich unter solchen Verhältnissen nicht gut als Masten eignen, die mehr als 5 m über dem Boden herausragen. Die Schienen sind, wie bekannt, im Verhältnis zu ihrer Festigkeit sehr schwer. Im Vergleich zu den Holzmasten haben sie den Vorteil, geringeren Raum in Anspruch zu nehmen, was bei der Aufstellung zwischen zwei Geleisen besonders vorteilhaft war. Weiter können solche Masten für einen relativ billigen Preis bekommen werden, wenn kassierte Eisenbahnschienen verwendet werden.

Schutzvorrichtungen.

Sowohl um die erforderliche Betriebssicherheit zu gewinnen, wie auch um Gefahr für Menschen und Haustiere zu verhüten, mußten die Versuchs-leitungen natürlich mit Vorrichtungen zum Schutz gegen die hohe Span-nung versehen werden. Zu diesen Schutzvorrichtungen müssen in erster Linie die Erdverbindungsvorrichtungen gerechnet werden, die an vielen Aufhängepunkten, sowohl in der Speiseleitung zwischen dem Kraftwerk,

Fig. 43. Schutzmaßregeln an einer Wegkreuzung.

wie auch in der Fahrdrahtleitung angebracht worden sind. Diese An-ordnungen hatten zur Aufgabe, bei einem eintreffenden Drahtbruch oder anderer größerer Störung in der Fahrdrahtleitung die Leitung mit der Erde zu verbinden. Durch empfindliche derartige Vorrichtungen riskiert man, daß diese zur Unzeit fungieren. Wie der Fall bei den vielen anderen Hochspannungsanlagen gewesen ist, hat man sich auch bei der Versuchs-anlage, anfangs auf Kosten der Betriebssicherheit, durch die Vorsicht zu weit führen lassen, und deswegen sind sowohl die Anzahl, wie die Empfind-lichkeit der aufgesetzten Erdverbindungsvorrichtungen nach und nach bedeutend herabgesetzt worden, ohne daß sich irgendwelche Gefahr gezeigt hat, aber die Betriebssicherheit wesentlich verbessert worden ist. Die Konstruktion der verwendeten Kurzschlußvorrichtungen geht aus den Figuren der verschiedenen Aufhängeanordnungen hervor.

An den Stellen, wo der Fahrdraht unter Brücken, welche die Eisenbahn kreuzen, geführt worden ist, mußten spezielle Anstalten getroffen werden. An solchen Stellen wurde, wie aus den Fig. 14 und 15 hervorgeht, über die Leitung unter der Brücke ein Dach aus imprägniertem Holz aufgesetzt, welches an der Brücke mittels Isolatoren befestigt wurde. Der Fahrdraht wurde gewöhnlich bei diesem Dach mittels eines Isolators befestigt, so daß dieses Schutzdach sowohl von dem Fahrdraht wie der Brücke isoliert war. An einigen Stellen wurde der Fahrdraht frei unter dem Schutzdach geführt, und an diesem wurde gerade über den Fahrdraht ein Isolator der eine Leitschiene aus Metall trägt, befestigt. Diese Schiene sollte den Stromabnehmer verhindern, gegen das Schutzdach zu drücken. Diese Anordnung wurde jedoch in ungeeigneter Weise ausgeführt, warum sie nicht zur Zufriedenheit fungierte, sondern bald gegen die ersterwähnte Anordnung vertauscht wurde.

Die Schutzdächer bezweckten, falls ein Lichtbogen zwischen dem Stromabnehmer und dem Draht unter einer Brücke entstehen sollte, Kurzschluß zu verhindern. Die Anordnung hat sich jedoch in dieser Beziehung ganz überflüssig und ungeeignet erwiesen, indem sich Massen von Schmutz auf diesen Dächern gesammelt haben, was in einem Falle Kurzschluß verursacht hat. Deswegen ist später nur eine 25 cm breite Planke gerade über den Fahrdraht befestigt worden und bei einer Brücke, wo der Fahrdraht frei unter die Brücke geführt worden ist, ist nur ein isolierter Stützdraht unter die Brücke gespannt, um zu verhindern, daß der Fahrdraht von dem Stromabnehmer gegen die Brücke, die hier aus armiertem Beton ausgeführt ist, gedrückt wird. Keine Anstände sind durch diese Vereinfachungen veranlaßt. Eine andere zufriedenstellende Anordnung ist bei einer anderen Brücke zur Verwendung gekommen und ist in Fig. 41 gezeigt. Zwischen zwei Isolatoren ist hier ein Gasrohr, das den Draht trägt, querüber der Bahn befestigt. Dieses Rohr verhindert die Aufhebung des Drahtes gegen die Brücke, aber gestattet doch eine gewisse Federung. Durch das Anordnen der Isolatoren an der Seite sind dieselben weniger dem Lokomotivenrauch ausgesetzt.

Um die auf den Brücken Gehenden zu verhindern, den Fahrdraht zu berühren, sind auf der Brücke etwa 1,5 m über den Draht reichende Schutzdächer aufgesetzt worden. Dieses ist aus den Fig. 14, 15 und 41 zu ersehen. Außerdem sind Anschläge mit Warnungen angebracht worden.

Gewisse Teile der Fahrdrahtleitung, wie unter Brücken, an dem Zentralbahnhof, an den Järfva- und Albano-Bahnhöfen und auf einer Strecke jederseits des letzterwähnten Bahnhofes, wurden in der Weise ausgeführt, daß die Leitung auf diesem Teil elektrisch ausgeschaltet und spannungslos gemacht werden konnte, indem eine vorbeigehende Speiseleitung den elektrischen Strom zu dem auf der anderen Seite des Bruches gewesenen Teil der Fahrdrahtleitung führte. Unter den Brücken mußte die Fahrdrahtleitung im allgemeinen infolge deren geringen Höhe niedriger gespannt werden. Sowohl aus dieser Ursache wie wegen der Möglichkeit, daß auf der Brücke befindliche Personen, wenn auch nur durch besondere Vorrichtungen, den Fahrdraht erreichen sollten, war es anfangs als dienlich gehalten, die Leitung unter der Brücke und auf einen Abstand auf jeder Seite derselben stromlos zu machen. Durch einen Stromschließer war eine Möglichkeit gegeben, erforderlichenfalls die sonst „tote" Sektion einzuschalten.

Es erwies sich jedoch bald, daß große Unannehmlichkeiten durch diese Anordnungen entstanden. Die gewöhnlich nicht stromführenden Isolatoren unter den Brücken wurden, wie im vorigen erwähnt ist, von einer Schicht aus Ruß überzogen und verloren ihre isolierende Fähigkeit, weshalb Kurzschlüsse, wenn Strom plötzlich eingeschaltet wurde, vorkamen. Weiter war es natürlich sehr beschwerlich und unpraktisch, jedesmal wenn ein Zug passierte, den Strom ein- und auszuschalten. Den Zug von der Fahrt ohne Strom fahren zu lassen, war in gewissen Fällen natürlich möglich, in anderen Fällen aber, wenn die Brücke auf einer Steigung oder nahe einem Bahnhof lag, bei welchem ein Anlassen oft stattfinden konnte, offenbar unmöglich. Man kam deswegen bald zu dem Schluß, daß die ganze Leitung so weit wie möglich unter Strom stehen sollte und wurden deswegen alle Brückensektionen dauernd eingeschaltet, wodurch keine Schwierigkeiten bereitet sind.

Hierzu gab es noch einen Grund. Die Vorbeileitung des Stromes bei den Brücken war auf einigen Stellen als ein einpoliges Kabel von der Firma Felten & Guilleaume ausgeführt, und auf anderen Stellen war die Leitung auf Isolatoren in einer eigenen Trommel gelegt worden, wie bei der Brücke, welche Fig. 19 zeigt. Diese beiden Anordnungen verursachten Fehler. Die Isolatoren in der Trommel wurden bei vielen Gelegenheiten fehlerhaft, teilweise infolge der starken Hitze, welcher sie dort bei Sonnenschein ausgesetzt wurden. Diese Leitungen wurden deswegen bald ausgeschaltet und die früher toten Fahrleitungsteile eingeschaltet. An den Kabeln war, bis auf eine Ausnahme, anfangs kein Fehler vorgekommen. Doch erwies es sich bei einem Betrieb mit 12000 Volt auf der Värtanleitung, daß Kurzschlüsse dann und wann auftraten. Man konnte doch immer den Strom gleich wieder einschalten, und der Fehler war dann beseitigt. Nachdem dieses einigemale wiederholt worden war und Spuren von Fehlern an der Leitung nicht entdeckt werden konnten, ergab es sich endlich, daß der Fehler an der Kabelausführung der Westinghouselokomotive, die von derselben Art, wie die auf der Linie verwendeten

Kabelausführungen ist, entstanden war. Bei einer Untersuchung konnte man sehen, daß ein Überschlag dort eingetroffen war. Die durch den Überschlag entstandene Wärme schien aber doch die Isoliermasse geschmolzen zu haben, so daß das bei dem Überschlag entstandene Loch wieder von der geschmolzenen Masse, nachdem der Lichtbogen aufgehört hatte, gefüllt worden war. In dieser Weise würde also die Kabelausführung sich selbst reparieren. Bei der Untersuchung der Kabelausführungen an der Leitung, welche infolgedessen gemacht wurde, fand man an einer Ausführung deutliche Spuren von Überschlägen, und es ist wahrscheinlich, daß diese Kabelausführung einigemale die Quelle der Fehler war, wenn momentaner Kurzschluß, dessen Ursache nicht gefunden werden konnte, eingetroffen war. Es ist ja wahrscheinlich, daß man sowohl die Kabelleitung wie auch den blanken Draht in der Trommel durch verbesserte Detailkonstruktionen hätte relativ betriebssicher bekommen können, wenn diese Anordnungen aber, wie vorher erwähnt ist, sich als überflüssig erwiesen haben, und immer schwache Punkte in dem Leitungsnetz sein mußten, wurden keine weiteren Versuche dieser Art gemacht.

In der Järfvaleitung wurde nur eine tote Sektion, und zwar bei der Kreuzung mit einer Chaussee, die in Fig. 42 gezeigt ist, eingerichtet. Man befürchtete hier eine Gefahr für die Fahrenden, wenn die Leitung stromführend wäre. Hier wurden außerdem Wegpforten aus Holz (Fig. 43) aufgestellt, die zu hohe Fuhren verhindern sollten, unter der Leitung zu fahren. Auch diese tote Sektion ist jetzt eingeschaltet worden, nachdem es sich erwiesen hat, daß die Fahrenden der Versuchung, den Fahrdraht z. B. mit der Peitsche zu berühren, haben widerstehen können. Auch an anderen Stellen sind solche Wegpforten mit Warnungsschildern aufgestellt worden.

Die vorher erwähnten Umschaltungsvorrichtungen an dem Albano Bahnhof (Fig. 16—18) bezweckten, einige der Möglichkeiten zu veranschaulichen, welche bei elektrischem Betrieb in bezug auf die Erhöhung der Betriebssicherheit dadurch bewirkt werden können, daß die Beamten eines Bahnhofs durch Abschaltung des Stromes an dem Bahnhof oder auf einer Strecke in der Nähe desselben einen oder mehrere Züge zum Stillstand bringen können. Als Demonstrationsmaterial bezüglich dieser Möglichkeiten, welche aus dem Gesichtspunkt der Betriebssicherheit natürlich von großem Wert sein können, sind diese Anordnungen von Interesse gewesen. Von gewissen besonderen Gelegenheiten abgesehen, sind aber alle bei Albano angebrachten Stromschließer während des eigentlichen Versuchsbetriebes eingeschaltet gewesen, so daß die ganze Fahrdrahtleitung hier stromführend gewesen ist.

In bezug auf die Trennschalter, die an den Bahnhöfen bei Värtan, Järfva und an dem Stockholmer Zentralbahnhof angeordnet sind, ist die Absicht mit diesen gewesen, daß man die Leitungen an dem Bahnhof bei solchen Gelegenheiten stromlos machen könnte, wenn es wegen der Betriebsversuche erlaubt gewesen ist, aber aus anderen Ursachen, z. B. wegen Ladung von Güterwagen auf den Geleisen unter der Leitung, Reparaturen oder Veränderungen dieser Leitungen u. dgl., wünschenswert gewesen ist, die Fahrdrahtleitungen an dem Bahnhof stromlos zu erhalten.

In der Fahrdrahtleitung an dem Zentralbahnhof gibt es nur eine tote Sektion, nämlich den Teil davon, der die eine Straße kreuzt. Dort hielt man es für notwendig, alle Sicherheitsvorrichtungen zu treffen, um so mehr als der Fahrdraht, wegen der naheliegenden, sehr niedrigen Königsbrücke hier auf verhältnismäßig geringer Höhe über der Straße kommen mußte. Deswegen wurde hier auch eine Vorrichtung angebracht, die anzeigen sollte, wenn die Spannung an der toten Sektion eingeschaltet war. Diese Vorrichtung besteht aus einem Transformator, der die Spannung der Fahrdrahtleitung auf 100 Volt transformiert, und zu welchem eine Wechselstromklingel eingeschaltet ist. Der Transformator ist auf der Hochspannungsseite zwischen dem gewöhnlichen stromlosen Teil des Fahrdrahtes und den Schienen geschaltet, so daß die Klingel zu läuten beginnt, so bald Strom auf der toten Sektion eingeschaltet wird. Auf dieser Stelle gibt es in Betriebshinsicht kein Hindernis, um eine tote Sektion anzuwenden, weil es hier immer einen Wärter gibt.

Fig. 44. Verbesserter Streckentrennschalter.

Streckentrenner.

Die Streckentrenner, mittels welcher die vorher erwähnten Sektionen der Fahrdrahtleitung stromführend oder stromlos gemacht werden, sind auf der Spitze eines Mastes angebracht, und die Steuerung vom Boden aus geschieht mittels eines herunterhängenden Stahlseils. Sie sind so eingerichtet, daß sie durch das Seil eingeschaltet und, nachdem das Seil losgelassen worden ist, mittels eines Gewichtes selbsttätig ausgeschaltet werden. Auf den meisten dieser Apparate ist, wie aus Fig. 19 hervorgeht, dieses Gewicht auf dem Hochspannungsteil plaziert worden. Durch die Stöße bei unvorsichtigem Ausschalten ist es bisweilen vorgekommen, daß der obere Teil des Isolators zerbrochen ist. Um dieses zu vermeiden, ist die Konstruktion später in der Weise, die Fig. 44 zeigt, geändert worden. In diesem Falle ist das Zurückführungsgewicht auf der Erdseite angebracht und kann deswegen den Isolator nicht durch Stoß beschädigen. Es bleibt noch übrig einige Worte darüber zu sagen, wie die Streckentrenner der Fahrdrahtleitung ausgeführt sind. Die Fig. 13, 19 u. 45 zeigen die zwei Typen von Strecken-

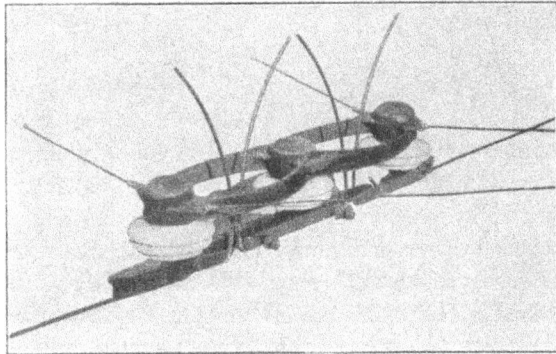

Fig. 45. Streckentrenner im Fahrdraht.

trenner, die in der Värtanleitung zur Verwendung kamen. Der ersterwähnte, von den Fig. 19 u. 45 veranschaulichte Typus ist aus drei Isolatoren gebildet, die mittels eines Gußstahlrahmens miteinander verbunden sind. Die beiden Fahrdrahtenden, die voneinander isoliert werden sollen, werden an den äußersten Isolatoren befestigt, während zwei Leitschienen für die Steuerung des Stromabnehmers an dem mittelsten befestigt sind. Für die Erlöschung der bei dem Abbruch entstehenden Lichtbogen gibt es zwei Funkenstrecken mit Hörnerblitzableitern zwischen den Isolatoren. Bei dem anderen Typus werden die zwei Fahrdrähte von je zwei Isolatoren, die an einem von einem Tragdraht getragenen Halter aus Eisen befestigt sind, über der Mitte des Geleises zusammengehalten und werden nachdem zu einem nahegelegenen Maste auseinander gespannt. Diese beiden Typen haben sich doch weniger geeignet erwiesen, einerseits wegen der schweren Gewichte, welche in der Leitung hängen und bei dem Vorbeifahren des Stromabnehmers Stöße und Lichtbogen verursachen und anderseits, weil es sich gezeigt hat, daß bei einer solchen Konstruktion Strom von einer

Sektion zu einer anderen übergehen und in der Weise eine ausgeschaltete Sektion sich laden kann, so daß sie lebensgefährlich wird, wenn sie nicht mit der Erde verbunden ist.

Ein später ausgeführter Typus von Streckenisolatoren, der diese Fehler nicht hat, wird in Fig. 23 gezeigt. Die zwei Fahrdrähte, die voneinander isoliert werden sollen, sind hier in keiner Weise miteinander verbunden, sondern kreuzen einander in der Luft, so daß der Stromabnehmer ohne Stoß von dem einen zu dem anderen übergehen kann. Können die Masten, was bei Doppelgeleisen der Fall werden könnte, auf beiden Seiten des Geleises nicht gestellt werden, wird die Anordnung etwas mehr kompliziert. Fig. 46 zeigt eine Anordnung, die in solchem Falle angewendet werden kann. Für die Oerlikonleitung wird eine ähnliche ebenso zufriedenstellende Anordnung benutzt, die in Fig. 28 gezeigt ist.

Erfahrungen.

Es ist im vorigen erwähnt worden, daß infolge der bei der Värtanleitung gemachten Erfahrungen die Aufhängepunkte der Järfvaleitung in der Richtung der Bahn beweglich gemacht wurden. Außer den damit bezweckten, im vorigen erwähnten Vorteilen wurden auch hierdurch gewisse Verbesserungen in bezug auf die Stromabnahme gewonnen. Bei fester Aufhängung zeigte es sich nämlich, daß der Drahthalter sich leicht schief stellt, was auf ungleicher Zugspannung in dem Draht zu beiden Seiten des Mastes beruht. Eine solche Ungleichheit in der Spannung kann aus mehreren Ursachen, wie Setzen der Masten, fehlender Genauigkeit bei der Montierung usw., entstehen. Bei einem solchen schiefen Ziehen entsteht ein Knie auf dem Fahrdraht, von welchem der Stromabnehmer einen Stoß bekommt, der Funkenbildung und Abnutzung sowohl des Stromabnehmers wie des Fahrdrahtes verursacht. Die auf der Järfvabahn verwendeten drehbaren Auslegerarme ermöglichen außerdem die Verwendung von Spanngewichten für die Regelung der Zugspannung in dem Fahrdraht, was für die Stromabnahme von größter Bedeutung ist. Die auf der Järfvaleitung gewonnene Erfahrung zeigte, wie vorher erwähnt, daß der Fahrdraht eine gewisse Zugspannung haben muß, damit die Stromabnahme bei ziemlich großen Geschwindigkeiten tadellos vor sich gehen kann. Durch Versuche wurde ermittelt, daß, wenn die Spannung in dem Fahrdraht 4 kg pro qmm Querschnitt, für einen Draht von 50 qmm also 200 kg, nicht erreicht, gewöhnliche Stromabnehmer auch bei kleiner Geschwindigkeit sehr unbefriedigend arbeiten. Eine theoretische Untersuchung der Sache zeigt, daß die Beanspruchung in dem Fahrdraht sich nicht innerhalb der Grenzen, welche einerseits von dem Minimumwert für das Stromabnehmen und anderseits von dem Maximumwert für die zulässige Beanspruchung bedingt werden, halten kann, ohne daß entweder Nachspannung bei größeren Veränderungen in der äußeren Temperatur bewerkstelligt wird oder auch selbsttätige Regelung von der Zugspannung des Drahtes z. B. durch Gewichte bewirkt ist. Die vorige Methode ist natürlich ebenso teuer wie umständlich, und doch nicht so zufriedenstellend, wie die letzte. Bei elektrischen Bahnen kommen wohl oft größere Beanspruchungen in dem Fahrdraht vor, als es in diesen Berechnungen vorausgesetzt ist. Daß dieses ohne ernstere Ungelegenheiten oder öfter eintreffende Drahtbrüche geht, beruht auf dem großen Abstand zwischen der Elastizitätsgrenze und der Zugfestigkeitsgrenze des Kupfers, was bewirkt, daß bedeutende bleibende Ausdehnungen ohne allzu großer Bruchgefahr erlaubt werden können. Bei wirklichen Hauptbahnen scheint man doch so großen Sicherheitsgrad für die Zugfestigkeit fordern zu müssen, daß solche bleibende Ausdehnung in normalen Fällen nicht vorkommt. In einer mit Spanngewichten versehenen Fahrleitungsstrecke an dem Järfva-Bahnhof sind Dynamometer eingesetzt worden, welche nebst den Höhelagen der Spanngewichte bei verschiedenen Temperaturen beobachtet worden sind. Aus diesen Untersuchungen geht hervor, daß die Reibung in den Drehzapfen der Konsolen kaum merkbar ist. Die größte Reibung liegt in den Kettenrädern mit einer Übersetzung im Verhältnis 1:2, mittels welcher die Gewichte auf die Leitung einwirken und deren

Fig. 46. Streckentrennung durch kreuzende Drähte.

Anordnung aus den Fig. 24 u. 26 hervorgeht. Auf den an dem Järfva-Bahnhof benützten Rollen, bei denen Zapfen aus Schmiedeisen und Gußeisen gleiten, entspricht die Reibung einer Zugkraft von 75 kg in dem Fahrdraht. Rollen mit Rollager sind auch probiert worden, haben sich aber ungeeignet erwiesen, weil infolge der zu geringen Reibung in diesen Rollen schädliche Schwingungen in dem Fahrdraht entstanden. Ein gewisser Grad von Reibung in den Rollen ist also wünschenswert und dürfte ein für den Zweck geeigneter Wert dadurch erhalten werden, daß man die Lagerausbohrungen der Rolle mit Metall kleidet.

Die Stromabnehmer der Versuchsbahn, mit Ausnahme der Oerlikonruten, sind für einen Druck gegen den Fahrdraht von durchschnittlich 5 kg eingestellt worden, was sich als ein geeigneter Wert erwiesen hat. Infolge der Reibung schwankt der Druck des Stromabnehmers bei verschiedenen Höhenlagen und ist größer, wenn der Bügel heruntergedrückt wird, als wenn er hinaufgeht. Die Grenzen der Druckschwankung haben bei Messungen an den Stromabnehmern der Versuchsanlage erwiesen, daß sie im allgemeinen zwischen 2 und 6 kg liegen. Der Druck des Oerlikon-Stromabnehmers gegen den Fahrdraht ist dagegen von dem Lieferanten gegebenen Vorschriften gemäß zu nur 0,7 kg eingestellt worden. Diesem bedeutenden Unterschied zufolge haben sich mehrere Unähnlichkeiten zwischen den verschiedenen Arten von Stromabnehmern während des Betriebes herausgestellt.

Wie vorher erwähnt, muß eine Fahrdrahtleitung für einen gewöhnlichen Stromabnehmer eine bestimmte Zugspannung haben, damit die Stromabnahme bei größeren Geschwindigkeiten tadellos vor sich gehen soll. Dies ist bei dem Oerlikonsystem nicht in demselben Grad notwendig, sondern es hat sich gezeigt, daß die Oerlikonruten auf recht lose hängenden Fahrdraht arbeiten können, wobei nur das Springen bei den Stützpunkten und also die Funkenbildung ein wenig größer als gewöhnlich geworden ist. Dagegen hat es sich für die Oerlikonruten schwierig erwiesen, den Draht in Kurven, die eine solche Biegung im Verhältnis zu dem Draht haben, daß der Stromabnehmer von demselben hinausgezogen wird, zu folgen. In solchen Kurven haben die Ruten auch bei mäßiger Geschwindigkeit den Fahrdraht gepeitscht, was natürlich Lichtbogen verursacht hat.

Trotz dem geringen Kontaktdruck ist die Abnutzung von den Gleitschienen der Oerlikonruten sehr groß gewesen. Diese Gleitschienen bestehen aus Messingdrähten mit einem Durchmesser von 9 mm und hat es sich gezeigt, daß eine solche Gleitschiene auf der Strecke Tomteboda—Stockholmer Zentralbahnhof ungefähr 400 km, in der umgekehrten Richtung nur 200 km hat arbeiten können, wonach Umtausch vorgenommen werden mußte. Die Strecke Tomteboda—Stockholmer Zentralbahnhof geht größtenteils abwärts und wird in dieser Richtung hauptsächlich nur Strom für das Anlassen bei Tomteboda und Karlberg erfordert; in der anderen Richtung dagegen nimmt der Zug den ganzen Weg Strom. Die oben gegebenen Werte der Abnutzung gelten für die Monate Februar, März, April und Mai 1907, als gewöhnlich feuchtes Wetter herrschte. Im Monat Juni dagegen, als das Wetter trocken war, ging die Abnutzung auf einen weit niedrigeren Wert herunter.

Die Gleitschienen der übrigen Stromabnehmer haben wegen des Lokomotivrußes, welcher sich auf der unteren Seite des Fahrdrahtes gelagert hat, auch verhältnismäßig große Abnutzung gehabt. Während des Lokalverkehrs Stockholmer Zentralbahnhof—Tomteboda mußten also diese Gleitschienen auf den Motorwagen, nachdem sie nur 2500 km Dienst getan hatten, vertauscht werden. Dieser Umtausch mußte doch nicht darum gemacht werden, weil die Gleitschienen ganz abgenutzt waren, sondern weil sie auf einer Stelle eine tiefe Spur bekommen hatten, darauf beruhend, daß der Fahrdraht wegen der geringen Länge der Linie Tomteboda—Järfva, auf welcher gewöhnliche Stromabnehmer verwendet wurden, beim Anlassen oft eine und dieselbe Lage im Verhältnis zu dem Stromabnehmer einnahm, wobei, besonders bei dem Tomteboda-Bahnhof, ein Lichtbogen zwischen dem Fahrdraht und der Gleitschiene infolge der Rußschicht auf dem Fahrdraht entstand. Auf den Stellen der Oerlikonleitung, wo diese für Kontakt von oben ausgeführt gewesen war, ist dagegen keine solche Lagerung von Lokomotivenruß vorgekommen. Die Abnutzung der Gleitschienen des Oerlikonstromabnehmers ist gleichmäßig und ohne daß Spuren in denselben entstanden sind. Bezüglich der Kosten für den Umtausch der Gleitschiene bei den beiden Systemen ist jedoch zu bemerken, daß diese bei dem Oerlikonsystem bedeutend billiger als die Gleitschienen der gewöhnlichen Stromabnehmer sind. Es hat sich auch gezeigt, daß die Stromabnehmer den Fahrdraht von dem auf demselben gelagerten Ruß selbst reinigen, wonach die Abnutzung bei den gewöhnlichen Stromabnehmern ganz bedeutend verkleinert wird. Je stärker der elektrische Fahrbetrieb im Verhältnis zum Dampfbetrieb wird, desto mehr wird diese Abnutzung vermindert, und wenn einmal keine Dampflokomotiven mehr die Bahn unter der Fahrleitung befahren, dürften die Gleitschienen der gewöhnlichen Stromabnehmer wahrscheinlich ebensolange dauern, wie die Gleitschienen der Bügel der Straßenbahnwagen, welche ungefähr ebenso großen Strom wie die künftigen Lokomotiven zu führen haben. Nach der Erfahrung von Straßenbahnen kann eine solche Gleitschiene in der Regel wenigstens 20 000 km fahren, ehe sie ausgetauscht zu werden braucht, und sind Werte bis auf 100 000 km beobachtet worden. Reif und Eis auf den Fahrdrähten haben auf das Stromabnehmen in keinem bedeutenden Grad schädlich eingewirkt.

Bei Unterkontakt sind schon kleine Lichtbogen während der ersten Fahrten auf eisbelegtem Fahrdraht beobachtet worden; hieraus ist aber keine weitere Unannehmlichkeit entstanden. Wie bekannt, können Eis und Reif sehr bedeutende Schwierigkeiten für die Stromabnahme bei Anlagen mit niedrigerer Spannung, wie z. B. bei der Burgdorf—Thunbahn in der Schweiz, wo etwa 800 Volt in dem Fahrdraht verwendet werden, mit sich führen. Bei den hohen Spannungen, 6000—15 000 Volt, welche bei unseren Versuchen angewendet worden sind, ist die Ungelegenheit jedoch bedeutend vermindert worden.

Die Abnutzung des Stromabnehmers beruht ersichtlich sowohl auf mechanischen wie auch auf elektrischen Ursachen. Die durch Reibung verursachte mechanische Abnutzung ist natürlich größer, je stärker der Druck des Stromabnehmers gegen den Draht ist und beruht sowohl auf dem Material der Gleitschiene wie auf dem Schmieren. Die elektrische Abnutzung infolge von Funken und Lichtbogen beruht dagegen auf der Güte des Kontakts, die ihrerseits sowohl von der Beschaffenheit der Leitung wie von der des Stromabnehmers, von der Geschwindigkeit und von anderen Umständen bedingt ist. Aus dem vorhergehenden geht hervor, daß die Abnutzung des Oerlikonstromabnehmers hauptsächlich auf elektrischen Ursachen beruht; die mechanische Abnutzung kann bei dem geringen Druck, der verwendet wird, nicht sehr bedeutend sein, wenn das Material des Gleitstücks auch nicht so gut wie Aluminium ist und kein Schmieren vorkommt. Große elektrische Abnutzung bedeutet wahrscheinlich weniger gute Stromabnahmeverhältnisse. Wie vorher erwähnt, wirkt Feuchtigkeit auf die Tätigkeit der Oerlikonruten in hohem Grade verschlechternd ein, was mit den übrigen verwendeten Stromabnehmern nicht der Fall ist, offenbar auf der Verschiedenheit des Druckes gegen den Draht beruhend, Nennenswert größerer Druck gegen den Draht als der verwendete kann doch bei dem Oerlikonsystem nicht angewendet werden, weil die Leitung dann unter gewissen Umständen aus ihre Lage gepreßt werden könnte und außerdem die Ruten stärker und schwerer gemacht werden müssen. was wieder stärkere Schläge bei den Aufhängepunkten und deswegen vergrößerte elektrische Abnutzung verursachen würde. Es ist zu bemerken, daß die vorher gegebenen Angaben über die Lebensdauer der Gleitschienen der Oerlikonruten die Motorwagen betreffen. Für die Westinghouse-Lokomotive, auf welcher der Abstand zwischen den zwei Ruten kleiner ist als auf dem Wagen, was natürlich ungünstig ist, ist noch schnellere Zerstörung der Gleitstücke konstatiert worden.

Bezüglich des Oerlikonsystems, bei dem der Drehpunkt des Stromabnehmers innerhalb der Normalsektion des lichten Raumes liegen muß, mag übrigens erwähnt werden, daß der Fahrdraht innerhalb der Bahnhöfe, wo eine Vorrichtung mit Unterkontakt verwendet werden muß, falls die Stromabnehmer der beiden Seiten zur Verwendung kommen sollen, eine relativ niedrige Höhe erhalten muß. In diesem Falle ist diese Höhe 4,7 bis 4,8 m, wenn für jedes Geleise nur 1 Fahrdraht verwendet wird. Durch die Verwendung von zwei Fahrdrähten für jedes Geleise hat die Höhe des Fahrdrahtes bei dem Stockholmer Zentralbahnhof bis auf 5,3 m erhöht werden können. Diese geringe Höhe an den Bahnhöfen ist natürlich eine recht ernste Sache. Weiter ist die Oerlikonrute ein für Unterkontakt wenig geeigneter Stromabnehmer, indem sie eine sehr genaue Lage des Drahtes fordert. Trifft eine nennenswerte Verrückung der Lage des Drahtes, z. B. bei Reparaturarbeiten, ein, kann es leicht eintreffen, und ist bei den Versuchen auch geschehen, daß die Rute bei einer Weiche oder Kreuzung zwischen den Drähten stecken bleibt und Schaden und eventuelle Betriebsstörung verursacht. Infolge der Notwendigkeit, bei Bahnhöfen, unter Brücken und bei anderen engen Stellen den Fahrdraht mitten über dem Geleise anzubringen, kann der sehr beachtenswerte Vorteil, welchen das Oerlikonsystem sonst besitzt, nämlich bei den einfachen Geleisen die Benutzung zweier voneinander unabhängiger Fahrdrähte, von welchen der eine Reserve für den andern sein sollte, zu gestatten, in der Tat kaum zur Benutzung kommen.

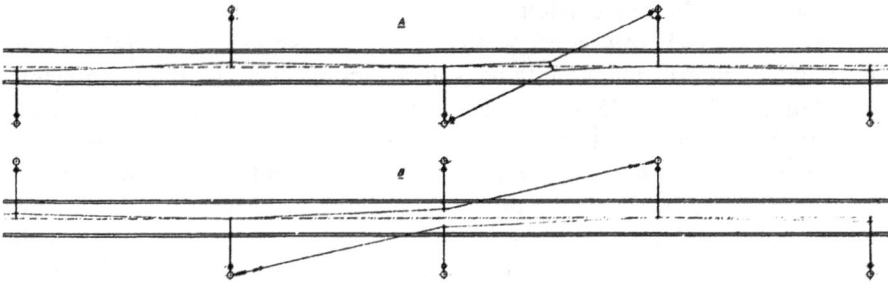

Fig. 47. Fahrdrahtaufhängung an einer Abspannstelle.

Bei der Oerlikonleitung sind die den Draht tragenden Isolatoren seitlich vom Geleise angeordnet, wodurch sie einerseits dem Verunreinigen durch Ruß weniger ausgesetzt und anderseits von Masten leichter zugänglich sind, so daß ein Austausch von einem Isolator ohne Benützung von Montagewagen oder Leiter gemacht werden kann. Die Leitungsanordnung, die an dem Järfva-Bahnhof verwendet ist, hat in dieser Hinsicht jedoch denselben Vorteil und scheint diese Anordnung übrigens Eigenschaften zu haben, welche sie für die schwedischen Staatsbahnen geeignet machen. Hierbei dürfte jedoch der Abstand zwischen den Masten wahrscheinlich nicht größer als 30 m genommen werden, um gute Stromabnahme bei größerer Geschwindigkeit zu erhalten. Dieses ist auch, wenigstens bei einfachem Geleise, keine Schwierigkeit, denn es dürfte für längere Bahnen notwendig werden, eine Speiseleitung mit noch größerer Spannung als die der Fahrdrahtleitung auf jeder Seite der Bahn zu ziehen, um genügende Reserve und Betriebssicherheit zu gestatten. Die Fig. 47 zeigt, wie eine solche Fahrdrahtleitung bei einem Verankerungspunkt (A) und einer Gewichtabspannung (B) vorschlagsweise angeordnet werden könnte. Ein Mast, der sowohl die Fahrdrahtleitung wie eine zweidrahtige Speiseleitung und einen mit der Erde verbundenen Draht zu tragen hatte, ist versuchsweise aufgestellt worden und wird in Fig. 48 gezeigt. Wenn solche Masten im Zickzack in Abständen von 60 m für jede Speiseleitung gestellt werden, erhält man für die Fahrdrahtleitung ersichtlich eine Spannweite von 30 m. Diese kurze Spannweite hat den Vorteil, daß, wenn die Aufhängevorrichtung fehlerhaft wird, der Auslegerarm, nachdem der Strom ausgeschaltet worden ist, von dem Fahrdraht losgemacht und zur Seite gedreht werden kann, wonach wieder Strom auf die Leitung eingeschaltet werden kann. Züge können dann, wenn auch mit etwas verminderter Geschwindigkeit, den 60 m langen Abstand zwischen den Stützpunkten, welcher dadurch entstanden ist, vorbeifahren, während die Aufhängevorrichtung repariert wird. Außerdem bekommt man bei der kurzen Spannweite ein gutes Versteifen des Drahtes in seitlicher Richtung, was von Wert ist, weil in den Gleitschienen des Stromabnehmers dann nicht so leicht Spuren entstehen.

Da es wünschenswert ist, an den Bahnhöfen so geringe Anzahl Masten wie möglich zu erhalten, könnte bei solchen möglicherweise die vorerwähnte von den Fig. 34 und 35 veranschaulichte Anordnung mit Vorteil benutzt werden. Hier wird ein zwischen den oberen Isolatoren auf den auf jeder Seite des Geleises gestellten Masten gespannter Tragdraht, der in einem Punkt den Fahrdraht trägt, benutzt und kann dadurch der Abstand zwischen den im Zickzack gestellten Masten bedeutend vergrößert werden. Dieselbe Methode kann natürlich auf allen solchen Stellen, wo man, infolge der Kombination mit der Speiseleitung, in bezug auf den Mastenabstand nicht gebunden ist, ebenso gut verwendet werden. Gleichfalls kann daran gedacht werden, diese Anordnung in gewissen Fällen, bei kurzen Mastenabständen, für die Verringerung des Durchhangs der Fahrdrähte zur Verwendung kommen zu lassen.

Man hat gegen die direkte Aufhängung bemerkt, daß der Fahrdraht bei Drahtbrüchen auf die Bahn herunterfallen und Schaden anrichten könnte. Trifft so etwas ein, so wirken indessen gleich die Leitungskurzschlußvorrichtungen, so daß die herunterfallende Leitung elektrisch gefahrlos wird. Sie kann natürlich dadurch Schaden anrichten, daß sie sich in Lokomotiven und Wagen verfängt, dies kann aber auch bei einem Telegraphendraht vorkommen. Außerdem bedeutet die Anordnung mit Tragdraht bei indirekter Aufhängung keine absolute Sicherheit gegen ein solches Ereignis. Die Wahrscheinlichkeit dafür, daß der Fahrdraht herunterfallen wird, ist doch sehr klein, da die meisten Ursachen zu dem Herunterfallen des Drahtes entfernt werden können.

Bei gewöhnlichen Straßenbahnen kommt es vor, daß der Fahrdraht infolge zu starker Zugbeanspruchung bei kaltem Wetter, zerreißt. Diese Möglichkeit zum Drahtbruch fällt jedoch fort, wenn Spanngewichte angewendet werden. Bei Straßenbahnen kommt es auch vor, daß der Fahrdraht von Lichtbogen, welche z. B. bei Isolatorfehlern entstehen, abgebrannt wird. Solche Lichtbogen können jedoch nicht entstehen, wenn Hochspannung verwendet wird und die Isolatoren geerdete Bolzen haben.

Wenn ein Isolatorfehler entsteht, so wird gleich ein Kurzschluß entstehen, wodurch der Strom ausgeschaltet wird, ehe der Fahrdraht Zeit hat, abzubrennen. Weiter könnte der Draht durch Beschädigung von den Stromabnehmern herunterfallen. Diese Beschädigung kann einerseits in Schlägen auf dem Fahrdraht von den Stromabnehmern und anderseits darin bestehen, daß die Stromabnehmer in der Leitung bei Drahtkreuzungen stecken bleiben und dieselbe niederreißen. Im vorigen ist erwähnt worden, wie eine der gewöhnlichsten Ursachen zu Schlägen von den Stromabnehmern durch die Anwendung von beweglichen Konsolen entfernt worden ist. Es ist jedoch möglich, daß bei größerer Geschwindigkeit Schläge bei den Aufhängepunkten trotzdem entstehen könnten. Dadurch, daß man den Fahrdrahthaltern geeignete Form für das Ausgleichen der Drahtkurve gibt, dürften sich diese Schwierigkeiten jedoch überwinden lassen. Durch wiederholte Schläge von den Stromabnehmern wird der Fahrdraht so deformiert, daß die Stellen, wo Schläge vorgekommen

Fig. 48. Leitungsmast für Fahrdraht und Speisedrähte.

sind, bei der Inspektion sehr leicht entdeckt werden können und dem Fehler abgeholfen werden kann, ehe Drahtbruch eingetreten ist.

Während der Versuche sind die Leitungen einigemale von den Stromabnehmern niedergerissen worden. Daß dies eingetroffen ist, hat jedoch einerseits auf der ungeeigneten Form der Spitze eines Stromabnehmers, welcher später verändert worden ist, und anderseits darauf beruht, daß Drahtkreuzungen im Verhältnis zu dem Geleise falsch gelegt worden sind. In Fig. 49 zeigt A, wie der Fahrdraht nicht in einer Kreuzung gelegt werden darf, während *B* eine derartige verwendbare Anordnung, die am geeignetsten scheint, veranschaulicht. *D* endlich zeigt, wie man mittels eines „Reiters" die Anordnung *A* so verbessern kann, daß sie verwendbar ist. Wenn der Fahrdraht in Kreuzungen richtig verlegt und die Form des Stromabnehmers geeignet gemacht wird, so ist bei normalen Verhältnissen wenig Gefahr, daß die Leitungen niedergerissen werden können. So etwas ist auf den Versuchsbahnen, nachdem den erwähnten Konstruktionsfehlern abgeholfen worden ist, auch nicht vorgekommen.

Die hohen Fahrdrahtspannungen haben erwiesen, daß sie keinen schädlichen Einfluß auf das Stromabnehmen ausüben. Vielmehr ist dieses günstiger vor sich gegangen, je höher die Spannung gewesen ist, was augenscheinlich auf der niedrigeren Stromstärke beruht. Die obere Begrenzung der Fahrdrahtspannung wird deswegen nur durch die Möglichkeit, eine zufriedenstellende Isolation zu erhalten, bestimmt und dürften deswegen Schwierigkeiten zuerst bei den auf den Dächern der Lokomotiven und Motorwagen angebrachten Isolatoren entstehen, welche den Stromabnehmer tragen und auch die von den Stromabnehmern zu den Transformatoren führenden Leitungen isolieren. Die Begrenzung der Spannung wird also von dem Rollmaterial, wo der Raum für die Isolierung verhältnismäßig gering ist, bestimmt. Die Leitung selbst betreffend, dürfte die Schwierigkeit, genügende Isolation zu bekommen, nur in Tunnels und Brückenuntergängen, wo der Raum begrenzt ist, auftreten. Eine Fahrdrahtspannung von wenigstens 15000 Volt kann jedoch, unter Voraussetzung geeigneter Konstruktion, mit jeder möglichen Betriebssicherheit verwendet werden und dürfte irgend ein Bedürfnis nach höherer Spannung vorläufig kaum vorliegen.

Um eine tadellose Stromabnahme zu erzielen, müssen gewisse Forderungen sowohl an die Konstruktion der Fahrdrahtleitung und des Stromabnehmers, wie auch an den Abstand zwischen den auf derselben Lokomotive oder demselben Motorwagen angebrachten Stromabnehmern gestellt werden. Auch der Druck gegen den Draht, der Mastenabstand und das Drahtgewicht spielen hierbei eine wichtige Rolle. Versuche sind gemacht worden, den Zusammenhang zwischen den auf das Stromabnehmen einwirkenden Faktoren theoretisch festzustellen. Diese Studien sind aber nicht beendet, weshalb kein Resultat mitgeteilt wird. Im vorigen ist erwähnt, daß die Fahrleitung einerseits keine zu kleine Zugspannung haben darf und anderseits frei von Knien sein muß, was durch die Anwendung von Spanngewichten und beweglichen Konsolen verhütet werden könnte.

Man hat nunmehr an verschiedenen Orten das Bedürfnis von Spanngewichten auch bei Tragdrahtaufhängung eingesehen, und in

Übereinstimmung hiermit sind Leitungsanordnungen von den Siemens-Schuckert-Werken, z. B. auf der elektrisch betriebenen Bahnstrecke Altona-Ohlsdorf, konstruiert und ausgeführt worden. Bei direkter Aufhängung ist es ersichtlich, daß, wenn nicht aus anderen Gründen ungeeignet großer Bügeldruck benutzt wird, infolge des relativ großen Durchhangs und Gewichtes des Drahtes zwischen zwei Masten und der großen Bewegung,

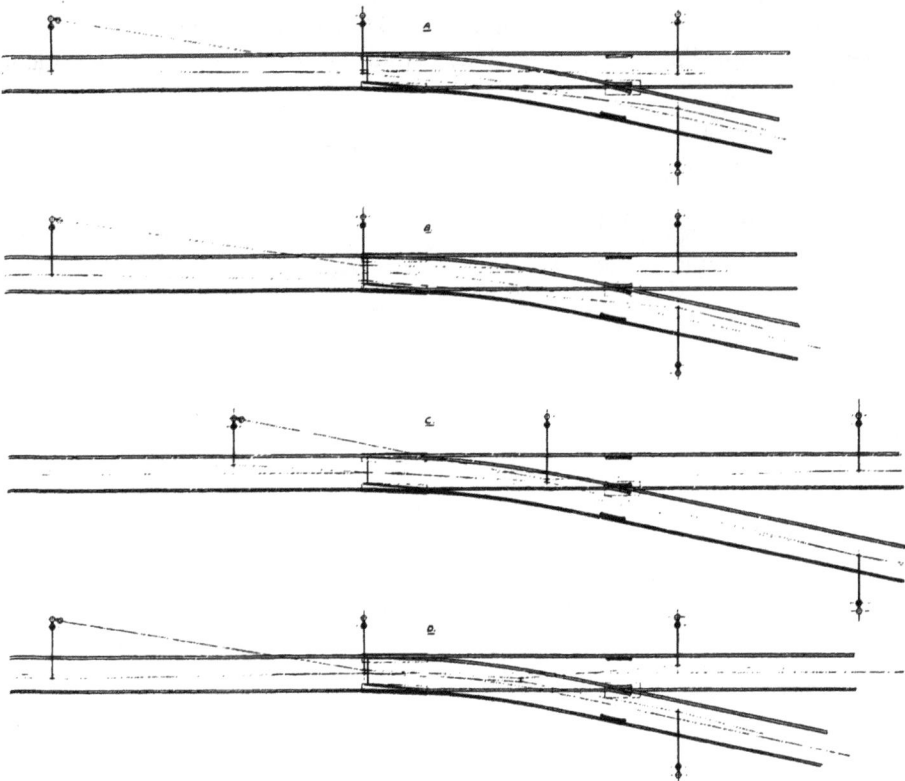

Fig. 49. Fahrdrahtanordnung an Weichen.

welche die Stromabnehmer dabei auszuführen haben, ebenso wie der großen Beschleunigung, die sie erhalten müssen, wenn sie den Draht dauernd berühren sollen, eine große Spannweite sich nicht mit einer großen Geschwindigkeit vereinigen läßt. Bei der Versuchsanlage ist bei einer Gelegenheit eine Spannweite von 80 m bei direkter Aufhängung und einer Geschwindigkeit von 60 km probiert worden, wobei die Stromabnahme ohne nennenswerte Funkenbildung vor sich ging, obschon die Stromabnehmer bei dem Vorbeifahren der Aufhängepunkte den Draht losließen und dieser in starke Schwingungen kam. Die größte Geschwindigkeit, die auf der Versuchsbahn vorgekommen ist, hat sich bis auf 80 km in der Stunde belaufen. Es ist klar, daß die Stromabnehmer keine zu große Reibung haben dürfen und daß ihr Gewicht so gering wie die Umstände es erlauben sein muß.

Auf diesem Gebiet scheint es möglich, bedeutende Konstruktionsverbesserungen zu machen. Es verdient bemerkt zu werden, daß je geringer der Unterschied zwischen der höchsten und niedrigsten Lage ist, die der Stromabnehmer einnehmen können muß, desto geringeres Gewicht kann ihm gegeben werden und desto besser kann er dann arbeiten.

Die Rückleitung des Bahnstroms durch die Schienen und die Erde.

Bei den Gleichstrombahnen wird bekanntlich der Spannungsabfall in der Schienenleitung sehr eng begrenzt, hauptsächlich wegen der „vagabundierenden Ströme" und deren elektrolytischen Einwirkungen auf Rohrleitungen und bleiumgebene Kabel. Bei den Wechselstrombahnen spielt selbstverständlich die Elektrolyse nicht dieselbe Rolle wie bei Gleichstrombahnen. Die Untersuchungen von J. L. R. Hayden, die in „Proceedings of the American Institute of Electrical Engeneers", Februar 1907, veröffentlicht sind, zeigen, daß bei derselben Stromstärke die Zerstörung beim Wechselstrom fast niemals soviel als ein Prozent der Zerstörung beim Gleichstrom ausmacht. Auch durch andere Erfahrungen scheint es bestätigt zu sein, daß Schwierigkeiten wegen Elektrolyse kaum entstehen werden. Auch wird prozentual ein Spannungsabfall von ein paar hundert Volt bei den verwendbaren hohen Fahrdrahtspannungen bei Wechselstrom von untergeordneter Bedeutung sein. Eine Begrenzung wird doch darin liegen, daß die Blitzableiter der Schwachstromleitungen tätig werden können.

Aus diesen Überlegungen geht hervor, daß der Spannungsabfall in den Schienen eine weit niedrigere Rolle bei Wechselstrom als bei Gleichstrom spielt. Die bei den Gleichstrombahnen allgemein verwendeten Schienenstoßverbindungen sind auch deswegen von niedriger Bedeutung, weil sowohl durch den größeren Eisenwiderstand als durch die beim Wechselstrom hinzukommende Reaktanz der Widerstand der Stöße prozentual weniger zu bedeuten hat.

Bei der Versuchsanlage sind einige Widerstandsmessungen mit Schienenverbindungen verschiedener Art ausgeführt worden, und zwar sowohl mit Kupferverbindungen von 60 qmm Querschnitt als auch mit der Schienenverbindungsanordnung, die von der Firma Brown, Boveri

& Cie., z. B. bei der Burgdorf-Thun-Bahn, verwendet wird. Bei dieser letzten Anordnung kommen keine Kupferverbindungen vor, sondern sind die Laschen selbst für die Stromleitung verwendet, wobei der Übergangswiderstand zwischen diesen und den Schienen durch mechanisches Reinmachen der Kontaktflächen und ihr Bestreichen mit einer Metallpaste heruntergebracht wird. In dieser Weise ausgeführte Stöße haben erwiesen, daß sie bezüglich des Leitungsvermögens solchen mit Schienenverbindungen aus Kupfer mit 60 qmm Querschnitt entsprechen.

Als diese Metallpaste in dickeren Schichten bezüglich elektrischen Leitungsvermögens untersucht worden war, wurde das eigentümliche Resultat erhalten, daß ihr Widerstand sehr groß war und zwischen 3000 und 20 400 Ohm pro ccm schwankte. Die Paste ist chemisch analysiert und wurde dann befunden, daß sie aus 85,4 % Zinkstaub, 2,6 % Blei und 12 % Rohvaselin bestand. Die Wirkung dieser Paste beruht also hauptsächlich darauf, daß sie die Stoßflächen schützt und sie rein hält.

Um den Widerstand der Bahnleitung zu messen, ist im allgemeinen das Kraftwerk bei Messungen von den Widerständen bis zu Värtan und Järfva zwischen der Fahrdrahtleitung und der Schienenleitung in Tomteboda eingeschaltet worden, und die Fahrdrahtleitung ist dabei mit den Schienen an dem Endpunkt bei Värtan oder Järfva elektrisch verbunden worden. Bei einigen Messungen ist das Kraftwerk doch zwischen den Fahrdrahtleitungen nach Järfva und Värtan, welche Leitungen dabei mit den Schienen sowohl in Värtan wie in Järfva metallisch verbunden sind, in Tomteboda eingeschaltet worden. In diesem letzten Falle sind also Werte von dem ganzen Widerstand zwischen Värtan und Järfva erhalten worden. Um vergleichende Werte für kürzere Strecken zu erhalten und aus anderen praktischen Ursachen ist die Verbindung zwischen den Fahrdraht- und Schienenleitungen in einigen Fällen nicht an den Endpunkten der Leitung, sondern näher dem Kraftwerk plaziert worden. Für diese Messungen ist, wenn anders nicht erwähnt wird, Wechselstrom mit einer Frequenz von 25 Perioden verwendet worden.

Bei den Messungen, welche so vorgenommen sind, ist einerseits beobachtet worden, daß der Widerstand immer am größten bei den ersten Messungen gewesen ist, nachher, wenn der Strom einige Minuten passiert ist, aber abgenommen hat. Dies ist besonders der Fall gewesen, wenn die Leitung während einiger Tage vor der Messung stromlos gewesen ist. Die Verminderung, die dabei beobachtet worden ist, bis daß Dauerzustand eingetreten ist, hat ausnahmsweise 10 % der totalen Impedanz betragen. Außer dieser Senkung von dem Widerstand, welche sich im Anfang der Messungen gezeigt hat, sind auch kleinere Schwankungen während der Messungen beobachtet worden.

Der Einfluß der Witterung.

Einige von den Werten, welche bei diesen Messungen erhalten wurden, sind nachstehend in Tabellenform zusammengestellt worden. In dieser Tabelle sind, außer dem Widerstand, einerseits die Bezeichnung und die Länge der Strecke, auf welcher der zusammengelegte Widerstand der Fahrdraht- und Schienenleitungen gemessen wurde, anderseits die Stromstärke, mit welcher die Messungen vorgenommen wurden, wie auch eine Aufzeichnung betreffend die Witterung aufgenommen. Die in der Tabelle gegebenen Werte gründen sich auf Ablesungen, welche, nachdem der oben erwähnte Dauerzustand eingetreten ist, genommen sind.

Die Strecke	Länge in km	Ampère	Impedanz pro km	Erdbodenbeschaffenheit
Tomteboda—Värtan	2,25	50	0,82	Sehr trocken
„	2,10	50	0,70	Trocken
„	2,25	50	0,69	Der Boden unter der Oberfläche feucht
„	2,25	50	0,67	„ „ „ „ „ „
Tomteboda—Värtan	3,21	50	0,79	Sehr trocken
„	3,12	50	0,70	Trocken, unter der Oberfläche feucht
„	3,12	50	0,69	Unter der Oberfläche feucht
Tomteboda—Värtan	5,00	50	0,70	Sehr trocken
„	5,00	50	0,68	Trocken, unter der Oberfläche feucht
„	5,00	50	0,65	Feuchter Boden, Schnee
„	5,00	50	0,61	Feucht, teilweise gefroren
Tomteboda—Järfva	2,82	50	0,57	Starke Dürre
„	2,82	50	0 51	„ „
„	2,82	50	0,49	Schnee, gefrorener Boden
„	2,82	50	0,46	Schneeschlack
Värtan—Järfva	9,10	100	0,55	Feuchter Boden
„	9,10	100	0,52	„ „
„	10,73	100	0,55	Feuchter Boden, Schnee

Bei diesen Messungen ist die Impedanz dadurch bestimmt worden, daß man die Stromstärke und die Spannung im Kraftwerk gemessen hat. Bei Messungen zwischen Tomteboda und Värtan oder Järfva ist auch die Impedanz in derselben Weise zwischen dem Kraftwerk und dem Punkte bei der Grenze an dem Tomteboda-Bahnhof, wo die eingleisige Schienenleitung beginnt, bestimmt worden. Von der ausgerechneten Impedanz der Leitung zwischen dem Kraftwerk und Värtan oder Järfva ist nachher die Impedanz zwischen dem Kraftwerk und dem Anfang der eingleisigen Linie abgezogen, wonach der so erhaltene Wert mit der Länge der übrigen Leitung geteilt worden ist. Dieses ist natürlich nicht ganz einwandfrei, einerseits weil der Bahnhof am Tomteboda eine sehr gute Erdverbindung besitzt und anderseits weil die gemessenen Impedanzwerte nicht vollständig in Phase liegen. Bei den Messungen an der ganzen Strecke Värtan—Järfva ist von dieser Ungenauigkeit doch hinweggenommen. Aus der Tabelle geht deutlich hervor, daß die Witterung großen Einfluß hat, so daß die Impedanz weit kleiner ist, wenn der Boden feucht, als wenn er trocken ist.

Die Einwirkung der Stromstärke.

Bei diesen Messungen zeigte es sich aber auch, daß die totale Impedanz der Leitung vermindert wurde, wenn die Stromstärke vergrößert wurde. Dies geht näher aus der Fig. 50 hervor, welche Kurven von der totalen Impedanz der Bahnleitung, vom Kraftwerk gerechnet, bei verschiedenen Jahreszeiten und verschiedener Witterung und für verschiedene Stromstärken gibt.

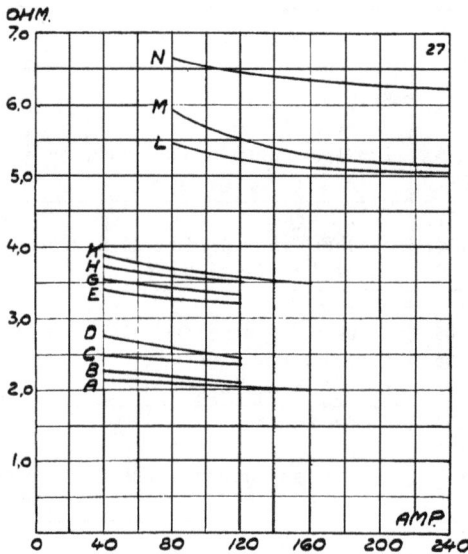

Fig. 50. Schaulinien des gesamten Leitungswiderstandes.

Die Schaulinien A bis D gelten für die Leitung nach Järfva und die Schaulinien E bis K für die Leitung nach Värtan. Die Verbindung zwischen der Fahrdraht- und Schienenleitung ist in diesem Falle aus praktischen Gründen nicht am Endpunkt der Fahrdrahtleitung angebracht worden, sondern im vorigen Falle 0,8 km und im letzteren 0,83 km von diesem. Die Schaulinien L und M sind für eine 9,1 km lange Strecke zwischen Värtan und Järfva, und die Schaulinie N für die ganze 10,73 km lange Linie zwischen den Endpunkten der Leitung an diesen Bahnhöfen genommen.

In der nachstehenden Tabelle sind einerseits das Datum des Messungstages und anderseits eine Aufzeichnung die Witterung betreffend angegeben.

Die Linien L und M in der Fig. 50 geben Messungsresultate von derselben Leitung mit einem Zwischenraum von nur einigen Stunden an. Die Linie L, die bei dieser Gelegenheit zuletzt genommen wurde, zeigt bedeutend niedrigere Werte als die Linie M, welche die erste war, die bei dieser Messungsgelegenheit genommen wurde.

Tabelle zu Fig. 50.

Linie	Leitung	Datum der Messung	Erdbodenbeschaffenheit
A	Tomteboda—Järfva	5. 3. 1906	Gefrorener Boden, Schnee
B	„	19. 12. 1906	Sehr feuchter, teilweise gefrorener Boden
C	„	13. 6. 1906	Sehr trockener Boden
D	„	12. 9. 1907	Nach einer Dürre von einer Woche
E	Tomteboda—Värtan	21. 2. 1906	Feuchter, teilweise gefrorener Boden
G	„	14. 11. 1905	Gefrorener Boden, etwas schneebedeckt
H	„	10. 4. 1906	Der Boden trocken, unter d. Oberfläche feucht
K	„	12. 9. 1907	Nach einer Dürre von einer Woche
L	Värtan—Järfva	23. 1. 1908	Feuchter Boden
M	„	23. 1. 1908	„ „
N	„	18. 2. 1908	Feuchter Boden, Schnee

Aus dem vorigen geht hervor, daß die Impedanz pro km für die Leitung Tomteboda—Järfva 70 bis 80 % des Wertes für die Leitung Tomteboda—Värtan ist, was darauf beruhen dürfte, daß die letztere Strecke einerseits mit schwächeren Schienen und Laschen versehen ist und anderseits bedeutend geringeren Verkehr und deswegen mehr rostbedeckte Laschen hat. Die Werte der Impedanz für die ganze Strecke Värtan—Järfva scheinen doch näher dem niedrigeren dieser Werte zu liegen.

Bestimmte Schlüsse aus diesen Werten zu ziehen, dürfte sich indessen nicht machen lassen, da das Resultat in diesen Fällen von der guten Erdverbindung, welche für die Schienenleitung von der großen Anzahl Ausweichegeleisen, welche sich an mehreren der Bahnhöfe auf diesen Strecken befinden, sehr beeinflußt wird. Durch die Gefälligkeit des Kgl. Telegraphenamtes, welches eine längs der Bahn laufende, 15 km lange, zweidrähtige, aus 4,5 mm Kupferdraht ausgeführte Fernsprechleitung von Tomteboda über Järfva nach Rotebro zur Verfügung gestellt hat, ist es möglich geworden, Werte von einer ein wenig längeren Strecke, wo Bahnhofsgeleise keinen größeren Einfluß gehabt haben, zu erhalten, Es zeigte sich jedoch, daß die Werte pro km, welche in dieser Weise erhalten wurden, mit den Messungen von der Strecke Värtan—Järfva beinahe übereinstimmten.

Erdströme.

Um direkt herauszufinden, ein wie großer Teil des Stromes unter verschiedenen Verhältnissen durch die Erde geht, ist bei einigen Messungen die Schienenleitung durch das Wegnehmen der Laschen gebrochen worden. Die beiden Schienenenden des Geleises an jeder Seite des Stoßes sind nachher mit Querverbindungen aus Kupfer versehen, und zwischen diesen ist ein Strommesser eingeschaltet worden. Fig. 51 zeigt den Teil der im Kraftwerk gemessenen Stromstärke, die in verschiedenen Fällen an dem so eingeschalteten Strommesser beobachtet worden ist. Die Linien *A* und *B* zeigen also den in Prozent ausgedrückten Teil des ganzen Stromes, der in der Schienenleitung in Järfva bzw. der mitten zwischen Järfva und Rotebro liegenden Station Tureberg bei den Messungen, welche mit Hilfe der Leitung des Telegraphenamtes nach Rotebro ausgeführt wurden, gemessen worden ist. Diese Messungen wurden am 8. Februar 1907, als der Boden gefroren und mit trockenem Schnee bedeckt war, vorgenommen. Die Linien *C* und *D* zeigen den Teil des Stromes, der durch die Schienenleitung in Hagalund während einer Messung zwischen Tomteboda und Järfva am 12. September 1907 durchfloß. Der Boden war dabei besonders trocken. Als die Werte der Linie *D* gemessen wurden, waren die Laschen bei Järfva jenseits der Stelle, wo die Verbindung zwischen der Fahrdraht- und Schienenleitung gemacht worden war, weggenommen, so daß in diesem Falle der ganze Strom durch die Schienen

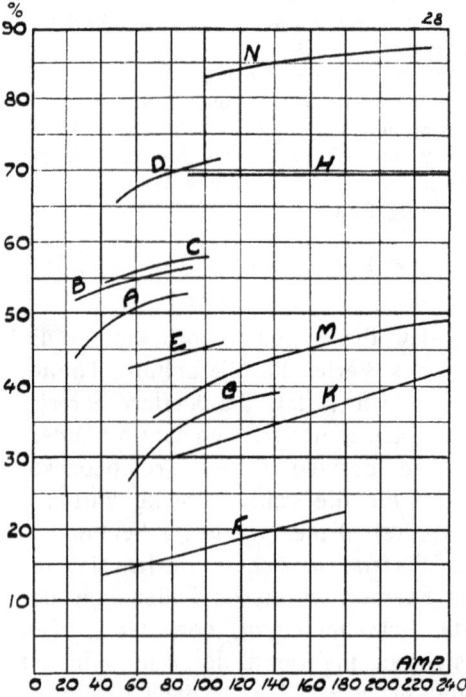

Fig. 51. Linien, das Verhältnis des Schienenstroms zum Gesamtstrom zeigend.

gegen das Kraftwerk zurückzugehen gezwungen wurde. Der Stromteil, welcher durch die Schienenleitung bei Albano ging, als Messung denselben Tag an der Leitung Tomteboda—Värtan vorgenommen wurde, ist aus den Linien *F* und *G* ersichtlich, und ist die Linie *G* (ebenso wie *D*), nachdem die Schienenleitung bei Värtan jenseits der Zusammenschaltung zwischen der Fahrdraht- und Schienenleitung gebrochen worden war, genommen. Die Kurve *E* ist am 14. November 1905 unter denselben Verhältnissen wie *F* genommen, und war der Boden bei dieser Gelegenheit gefroren und mit trockenem Schnee bedeckt. Die Kurven *H* bis *N* wurden am 23. Januar 1908 bei einer Messung an der Leitung Värtan—Järfva abgelesen, wobei der Boden sehr feucht war. Die Kurven von *H* und *N* geben das Stromprozent an, das in der Schienenleitung bei der Stelle, wo das einfache Geleise nach Järfva von Tomteboda-Bahnhof ausgeht, passierte, und die Kurven *K* und *M* das Stromprozent, das von Tomteboda-Bahnhof in das einfache Geleise nach Värtan ausging. Als die Kurven *M* und *N* bestimmt wurden, war die Schienenleitung bei Värtan bzw. Järfva jenseits der Verbindungspunkte zwischen der Fahrdraht- und Schienenleitung abgebrochen.

Spezielle Erdverbindung der Schienenleitung mittels Erdplatten.

Aus diesen Kurven geht hervor, daß die Größe des Teiles des ganzen Stromes, welcher durch die Schienenleitung geht, sich sowohl mit der Witterung wie mit der Größe der Messungsstromstärke bedeutend ändert. Versuche sind gemacht worden, mittels in der Nähe der Bahn nach Värtan vergrabener Erdplatten den Übergangswiderstand zu vermindern, und wodurch ein größerer Teil des Stromes durch die Erde gehen würde; die Erdplatten haben aber in diesem Falle keinen Einfluß gezeigt, indem kein merkbarer Strom in der Verbindung zwischen einer Erdplatte und der Schienenleitung beobachtet worden ist. Die Erdplatten hatten eine Oberfläche von 4 qm. Eine von diesen war in der Nähe des Tomteboda-Kraftwerks, eine bei Värtan und eine zwischen diesen beiden Stellen vergraben. Zwischen den Platten bei Tomteboda und Värtan wurde die Impedanz mit 30 Amp. Wechselstrom zu 14 Ohm gemessen.

Der Übergangswiderstand zwischen Schienen und Erde.

Der Übergangswiderstand zwischen den Schienen und der Erde ist bei den annähernden Berechnungen, welche auf Grund der Versuchsresultate gemacht worden sind, zu sehr verschiedenen Werten berechnet, von welchen die meisten aber zwischen 2 und 6 Ohm pro km Geleise betragen.

Phasenunterschied zwischen Erd- und Schienenströmen.

Bei den vorher erwähnten Messungen an der Leitung Värtan—Järfva am 23. Januar 1908 wurden einige Versuche gemacht, den Phasenunterschied zwischen Erd- und Schienenströmen zu bestimmen. Dabei wurde durch das Wegnehmen der Laschen Unterbrechung in der Schienenleitung einmal bei Värtan und ein anderes Mal bei Järfva gemacht, und zwischen den Schienenenden wurden auf obenerwähnte Weise zwei Strommesser in Reihe geschaltet. Zwischen diesen wurde die Fahrdrahtleitung eingeschaltet, so daß der eine Strommesser die in den Schienen direkt zu dem Kraftwerk gehende Stromstärke zeigte, während der andere den Strom anzeigte, der rückwärts in das Stationsgebiet bei Värtan bzw. Järfva und nachher wieder durch die Erde ging.

Auf der nachstehenden Abb. 52 zeigt die Kurve *A* die Größe des Stromes, der in Värtan in den Bahnhof rückwärts floß, und *B* die Stromstärke, die durch die Schienen gegen Tomteboda ging, beide in Prozenten der ganzen Messungsstromstärke ausgedrückt. Die Kurven C, D und E geben den Leistungsfaktor cos φ, wenn φ der Phasenwinkel zwischen der Spannung im Kraftwerk und dem Strom, und zwar einerseits den Strömen, welche von den Kurven A und B gegeben werden, und anderseits der ganzen Stromstärke, ist. Fig. 53 gibt in derselben Weise die Kurven, welche bei Messungen nach Järfva erhalten wurden.

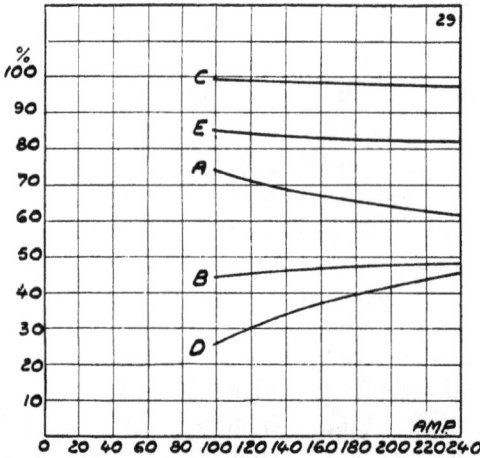

Fig. 52. Die Stromverteilung in der Rückleitung an Värtan.

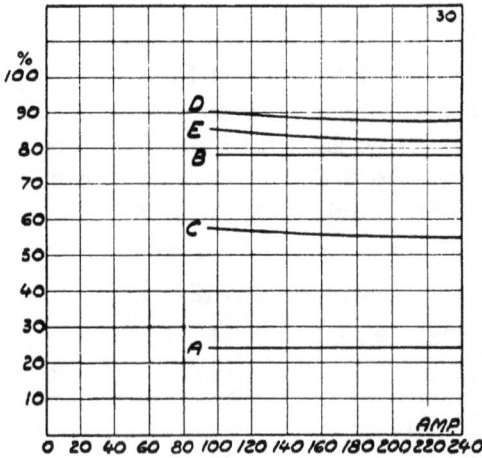

Fig. 53. Die Stromverteilung in der Rückleitung an Järfva.

Aus den Kurven in den Figuren 52 und 53 geht hervor, daß während der Strom, der in den Bahnhof Värtan hinein- und wieder durch die Erde geht, den größten der Stromzweige in Värtan ausmacht und einen cos φ fast = 1 hat, bei Järfva ein entsprechendes Verhältnis stattfindet, indem der Strom, der in den Bahnhof hineingeht, dort den kleinsten Teil ausmacht und einen cos φ ungefähr = 0,55 hat. Dieser Unterschied erklärt sich aber aus dem Umstand, daß der Bahnhof Värtan mit seinen vielen Geleisen eine sehr gute Erdverbindung besitzt, während der Bahnhof Järfva, der ein relativ geringes Geleisesystem hat, einen verhältnismäßig großen Übergangswiderstand zur Erde hat. Der Strom, der in den Bahnhof Järfva hineingeht, wird deswegen gezwungen, einen langen Weg durch die Schienen zu gehen, bevor er genügende Übergangsfläche zur Erde erhalten hat.

Aus diesen Versuchen geht hervor, daß ein bedeutender Phasenunterschied zwischen den Strömen in der Erd- und Schienenleitung vorkommen kann.

Spannungsdifferenzen.

Trotzdem daß ein großer Teil des Rückleitungsstroms den Weg durch die Erde nimmt, ist es infolge des großen Übergangswiderstandes zwischen den Schienen und der Erde klar, daß unter gewissen Verhältnissen recht hohe Spannungen zwischen den Schienenenden entstehen können, wenn die Laschen aus irgendeinem Grunde weggenommen werden. Um dieses zu untersuchen, sind spezielle Versuche ausgeführt, deren Resultate von den Kurven in der nebenstehenden Fig. 54 gezeigt werden. Diese Kurven geben die Spannungen an, welche zwischen den Schienenenden gemessen worden sind, wenn die Laschen weggenommen sind. Die Kurve *A* wurde bei Albano am 14. November 1905 bei der Messung zwischen Tomteboda und Värtan erhalten. Der Boden war damals mit nassem Schnee bedeckt. Die Kurve *B* wurde bei einer Messung an derselben Strecke bei Värtan am 12. September 1907, als der Boden trocken war, erhalten. Denselben Tag wurden auch Messungen an der Leitung Tomteboda—Järfva vorgenommen, und dabei wurden die Spannungsunterschiede bei Schienenunterbrechung in Hagalund und Järfva gemessen, die von den Kurven *C* und *D* an-

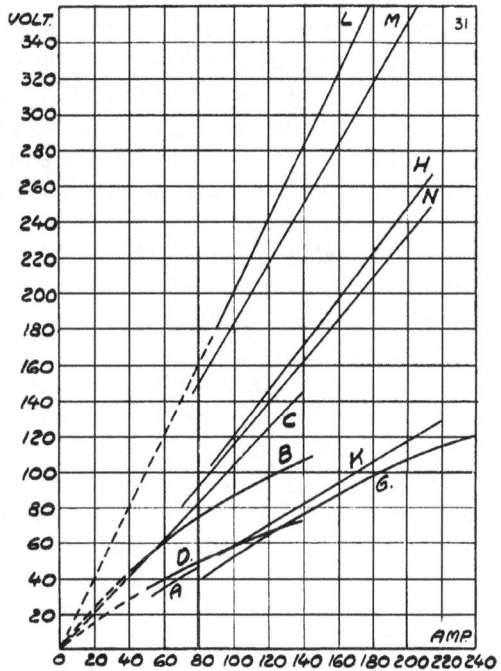

Fig. 54. Der Spannungsunterschied zwischen den Schienenenden bei weggenommenen Laschen.

gegeben sind. Die übrigen Kurven in Fig. 54 wurden bei der Messung an der Leitung Värtan—Järfva am 23. Januar 1908 gemessen, da der Boden feucht und schneefrei war. Die Kurven *G* und *K* geben die Werte der Spannung zwischen den Schienenenden an, welche dort gemessen wurden, wo das einfache Geleise nach Värtan vom Bahnhof Tomteboda ausgeht; *H* und *L* diejenigen, welche dort gemessen wurden, wo das einfache Geleise nach Järfva vom Bahnhof Tomteboda ausgeht. Als die Kurven *K* und *L* gemessen wurden, waren die Schienenstränge bei Värtan und Järfva jenseits der Vereinigungspunkte der Fahrdraht- und Schienenleitung unterbrochen. Bei den Messungen für die Kurven *M* und *N* war

6*

der Schienenstrang sowohl in Järfva wie in Värtan unterbrochen, und die Zusammenschaltung zwischen der Fahrdraht- und Schienenleitung war bei diesen beiden Stellen in Gegensatz zu dem Falle, da die Linien *B* und *D* aufgenommen wurden, jenseits der Unterbrechungsstellen in der Schienenleitung gemacht. Die Kurve *M* gibt die gemessenen Spannungen zwischen den Schienenenden bei Järfva und *N* die entsprechenden Spannungen, welche bei Värtan gemessen wurden, an.

Aus diesen Kurven, welche, sehr abhängig von der Witterung, zu schwanken scheinen, geht hervor, daß so bedeutende Spannungsdifferenzen, wenn die Laschen auf den beiden Schienensträngen weggenommen worden sind, zwischen Schienenenden entstehen können, daß es, um Unfällen vorzubeugen, bei künftigen Anlagen notwendig werden dürfte, einen mit den Schienen in geeigneten Abständen verbundenen Erddraht auf die Leitungsmasten aufzulegen. Dieser Draht könnte natürlich auch als Schutz gegen Gewitter und als Erdverbindung für Isolatorbolzen dienen, und dürfte deswegen in der in Fig. 48 gezeigten Weise über die übrigen Leitungen gelegt werden. Spannungsdifferenzen zwischen der Schienenleitung und in der Erde verlegten Erdplatten oder niedergesteckten Röhren usw. sind mehrmals gemessen; aber im allgemeinen hat niemals eine Spannungsdifferenz von mehr als 25 Volt beobachtet werden können. Es läßt sich aber denken, daß bedeutende Spannungsdifferenzen zwischen der Schienenleitung und einer parallel damit gezogenen Wasserleitung, wenn der Boden aus Sand besteht, erhalten werden könnte, und müssen deswegen solche Leitungen und andere leitende Gegenstände, von denen sich annehmen läßt, daß sie eine Spannungsdifferenz gegen die Schienenleitung erhalten werden können, mit dieser metallisch verbunden werden.

Die Einwirkung der Periodenzahl auf den Spannungsfall.

Um einen Begriff von der Einwirkung der Periodenzahl auf den Spannungsfall in den Leitungen zu erhalten, sind Messungen an der ganzen 10,73 km langen Leitung Värtan—Järfva ausgeführt worden. Das Resultat von diesen Messungen ist in der nachstehenden Tabelle zusammengestellt.

Perioden-zahl	Volt	Ampere	KW	cos φ	Z	r	s
25,9	624	95,2	47,5	0,800	6,56	5,25	3,94
25,7	890	139,2	100,0	0,807	6,39	5,16	3,77
25,5	1145	182,4	168,2	0,805	9,28	5,06	3,73
20,3	565	93,6	44,5	0,842	6,04	5,09	3,26
20,1	970	165,8	137,7	0,856	5,85	5,01	3,03
14,9	733	134,0	90,0	0,916	5,47	5,01	2,20
15,2	886	162,4	131,8	0,916	5,46	5,00	2,19

In der vorstehenden Tabelle geben Z, r und x die Werte von der Impedanz, Resistanz und Reaktanz für die ganze Leitung mit der Speiseleitung vom Kraftwerk an. Für diese letztere wurde r zu 0,3 Ohm und x zu 0,148 Ohm gemessen. Wie aus der vorstehenden Tabelle ersichtlich ist, wird in diesem Falle bei der Verminderung der Periodenzahl eine Verminderung in der Impedanz der Leitung von ca. 20 % erhalten.

Die Resistanz in der Bahnleitung ist die Summe von der Resistanz r_1 der Fahrdrahtleitung und der Resistanz r_s der Schienenleitung. Die Resistanz r_1 ist, weil die Schirmwirkung außerordentlich gering ist, für die Fahrdrahtleitung annähernd gleich ihrem Ohmschen Widerstand, während die Resistanz r_s größer als der Ohmsche Widerstand der Schienenleitung ist.

Für die Bestimmung von r_s exkl. dem Stoßwiderstand wird gewöhnlich die Formel

$$r_s = \frac{k}{u} \sqrt{\frac{u \curvearrowright}{g}}$$

benutzt.

Die Reaktanz in der Bahnleitung besteht aus zwei Teilen, und zwar einerseits aus der Reaktanz der Fahrdrahtleitung pro km

$$x_1 = 4 \, \pi \cdot \curvearrowright \cdot 10^{-4} \cdot \left(\frac{1}{4} + \ln \cdot \frac{d}{c_1} \right)$$

und anderseits aus der Reaktanz des Geleises pro km

$$x_s = 2 \, \pi \cdot \curvearrowright \cdot 10^{-4} \cdot \left(\frac{u}{4} + \ln \cdot \frac{d^2}{c_0 \cdot n} \right).$$

In den Formeln für r_s, x_1 und x_s ist

$k =$ eine Konstante,
u der Umfang der Schiene,
$u =$ die „äquivalente Permeabilität" der Schiene,
$\curvearrowright =$ die Periodenzahl,
$g =$ das Leitungsvermögen der Schiene,
$d =$ der Abstand des Fahrdrahtes von der einen Schiene,
c_1 der Radius des Fahrdrahtes,
$c_0 =$ der „ideelle Radius" des Fahrdrahtes,
n der Abstand zwischen den Mittellinien der Schienen.

Der Wert der totalen Impedanz Z_t der Bahnleitung pro km kann aus dem Ausdruck

$$Z_t = \sqrt{(r_1 + r_s)^2 + (x_1 + x_s)^2}$$

berechnet werden.

Die äquivalente Permeabilität und der ideelle Radius der Schiene können nicht jeder für sich bestimmt werden. Darum wird x_s in $x_2 + x_3$ geteilt, von welchen

$$x_2 = 4 \pi \cdot \sim \cdot 10^{-4} \cdot \left(\frac{\mu}{8} + \frac{1}{2} \cdot \ln \frac{n}{c_0} \right)$$

und

$$x_3 = 4 \pi \cdot \sim \cdot 10^{-4} \cdot \ln \frac{d}{n}$$

ist. Von diesen kann x_3 leicht berechnet werden und x_2 experimentell bestimmt werden, indem die Reaktanz in einer Leitung, die aus einem Geleise mit einer Schiene als Zu- und einer als Rückleitung gebildet wird, pro km

$$2 \cdot 4 \cdot r \sim 10^{-4} \cdot \left(\frac{\mu}{4} + \ln \cdot \frac{n}{c_0} \right)$$

ist, welcher Ausdruck wieder $= 4 \, x_2$ ist.

Für die Bestimmung von x_2 konnte also das im vorigen erwähnte, bei Tomteboda verlegte isolierte Versuchsgeleise benutzt werden. Dieses Geleise bestand aus zwei mit normaler Spurweite verlegten Schienensträngen. Die Schienen hatten ein Gewicht von 40,5 kg pro Meter und einen Querschnitt von 5140 qmm. Die Längen der Schienenstränge betragen 56,27 bzw. 56,33 m, von denen der eine mit 5 und der andere mit 6 Stößen versehen war. Für die Prüfung wurden die beiden Schienenstränge an dem einen Ende mittels einer Querverbindung verbunden.

Die Schienenverbindungen, welche parallel mit den Laschen der beiden Schienenstränge eingesetzt wurden, bestanden, wie die oben erwähnte Querverbindung, aus 6 mm-Kupferdrähten. Die Messungen wurden, nachdem die Laschen gut zugezogen waren, ausgeführt und wurde dabei die Spannung, die Stromstärke und der Wattverbrauch gemessen. Die erhaltenen Werte sind in der nachstehenden Tabelle zusammengestellt.

In dieser Tabelle bedeuten z, r, x die Impedanz, Resistanz und Reaktanz des Prüfungsgeleises. Die Werte von r_s und x_2 sind nach diesen ausgerechnet pro km Geleise. Infolge der kleinen Ausschläge des Wattmeters sind die niedrigsten Werte ein wenig ungenau, und die Schwankungen beruhen größtenteils darauf, daß sich die Ablesung nicht so genau wie wünschenswert machen ließ. Nach der Tabelle kann man aber annehmen, daß r_s, wenn keine Schienenverbindungen verwendet werden, etwa 0,2 Ohm und, wenn Schienenverbindungen verwendet werden, etwa 0,1 Ohm pro km Geleise ist. Der Wert von x_2 wird nach der Tabelle etwa 0,12, welcher Wert aber infolge der Form der Stromkurve ein wenig zu hoch sein dürfte. Dieser Wert von x_2 ist als sicher nicht zu niedrig für die folgenden Überschlagberechnungen verwendet worden. Wenn der Fahrdraht aus einem 5,5 m über dem Geleise verlegten 8 mm-

Anmerkungen	Volt	Amp.	Watt	cos φ	z	r	x	$r_ν$	x_2
Normale Spurweite ohne Schienen- verbindungen	2,22	43,0	90	0,943	0.0516	0,0487	0,0172	0,216	0,076
	4,32	88,6	320	0,836	0,0488	0,0408	0,0268	0,181	0,119
	6,10	129,0	685	0,871	0,0473	0,0412	0,0233	0,183	0,104
	9,0	190,4	1450	0,846	0,0473	0,0400	0,0252	0,178	0,112
	6,20	134,0	710	0,854	0,0463	0,0396	0,0241	0,176	0,107
	4,60	84,4	360	0,829	0,0487	0,0404	0,0273	0,179	0,121
	2,45	47,0	110	0,955	0,0522	0,0499	0,0155	0,222	0,069
Normale Spurweite mit Schienen- verbindungen	1,50	45,0	42,5	0,630	0;0334	0,0210	0,0259	0,093	0,115
	2,98	88,0	160	0,610	0,0339	0,0207	0,0269	0,092	0,120
	4,55	129,0	362	0,617	0,0353	0,0218	0,0278	0,097	0,124
	6,95	192,0	885	0,663	0,0362	0,0240	0,0270	0,107	0,120
	4,86	136,0	415	0,628	0,0357	0,0224	0,0278	0,100	0,124
	3,28	96,0	200	0,635	0,0342	0,0217	0,0264	0,096	0,117
	1,55	46,6	50	0,692	0,0333	0,0230	0,0241	0,102	0,107
50 cm Spurweite ohne Schienen- verbindungen	1,78	39,2	69,5	0,996	0,0454	0,0452	—	0,201	—
	4,02	80,2	320	0,993	0,0501	0,0497	—	0,221	—
	6,10	124,1	745	0,985	0,0492	0,0484	—	0,215	—
	9,30	186,2	1600	0,924	0,0500	0,0462	—	0,205	—
	6,40	126,0	798	0,989	0,0508	0,0503	—	0,223	—
	4,65	89,0	410	0,991	0,0523	0.0518	—	0,230	—
	2,60	46,0	119	0,995	0,0565	0,0562	—	0,230	—
50 cm Spurweite mit Schienen- verbindungen	1,32	45,0	42,5	0,716	0,0293	0,0210	0,0205	0,093	0,091
	2,64	87,0	165	0,719	0,0303	0,0218	0,0211	0,097	0,094
	4,15	129,0	370	0,691	0,0322	,0222	0,0233	0,099	0,104
	6,30	191,0	898	0,746	0,0330	0,0246	0,0220	0,109	0,098
	2,92	94,0	195	0,711	0,0311	0,0221	0,0217	0,098	0,096
	2,82	93,0	188	0,715	0,0304	0,0217	0,0213	0,096	0,096
	1,38	46,4	50	0,781	0,0297	0,0232	0,0186	0,103	0,083

Kupferdraht besteht und wenn normale Spurweite angenommen wird, so erhält man

$$r_1 = 0,350 \text{ Ohm/km},$$
$$x_1 = 0,235 \quad \text{„}$$
$$x_3 = 0,041 \quad \text{„}$$

Pro km Bahnleitung wird also die totale Resistanz r

1. wenn keine Schienenverbindungen verwendet werden

$$r = 0,55 \text{ Ohm},$$

2. mit Schienenverbindungen

$$r = 0,45 \text{ Ohm},$$

und die totale Reaktanz x wird

$$x = 0,396 \text{ Ohm}.$$

Wenn die totale Impedanz mit diesen Werten ausgerechnet wird, so erhält man

1. für Geleise ohne Schienenverbindungen

$$z_t \quad 0,68 \text{ Ohm pro km,}$$

2. für Geleise mit Schienenverbindungen

$$z_t \quad 0,60 \text{ Ohm pro km.}$$

Zum Vergleich mag erwähnt werden, daß Lichtenstein (E. T. Z. 1907, S. 620) mit Schienenverbindungen Werte von r_s, schwankend zwischen 0,055 und 0,075, und ohne Schienenverbindungen Werte von 0,078 bis zu 0,088 erhielt. Sein Versuchsgeleise bestand auch aus 40,5 kg Schienen. Bei diesem Versuch aber lagen die Schienen wie gewöhnlich ohne spezielle Isolation zur Erde, so daß ein Teil des Stromes durch die Erde ging, und außerdem waren offenbar sowohl die Laschen wie die Schienenverbindungen in diesem Geleise besser leitend als die bei dem Tomtebodaversuch verwendeten. A. E. G. hat, für Spur mit Schienenverbindungen, für die Berechnung von r_s die folgende Erfahrungsformel aufgestellt:

$$r_s = \frac{2,6 \cdot 1 \sim}{2\,\mu},$$

nach welcher für 40,5 kg Schienen erhalten werden sollte

$$r_s \quad 0,103.$$

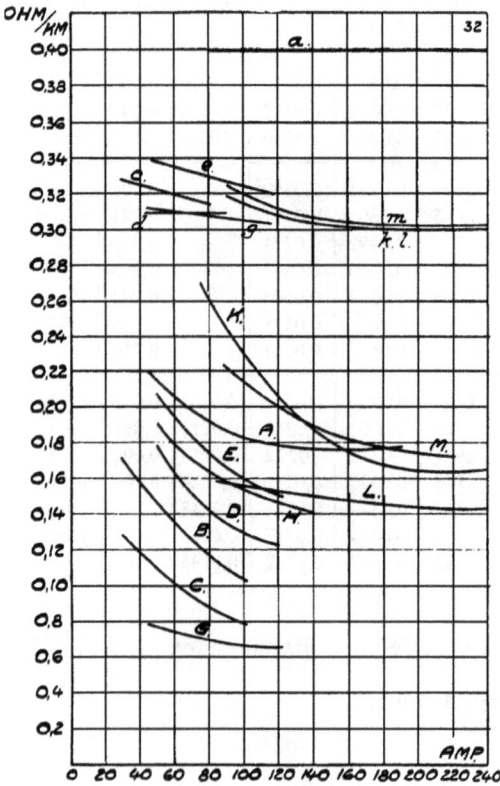

Fig. 55. Schaulinien der Resistanz und Reaktanz der Schienenleitung.

Nach den Messungen von Lichtenstein wird, bei einer Messungsstromstärke von 100 bis 200 Amp.,

$$x_s = 0,14.$$

Alle seine Messungen zeigen, daß die Permeabilität der Schienen mit der Stromstärke vergrößert wird, und daß also x_s dabei ein wenig vergrößert wird.

A. E. G. hat angegeben, daß man bei 25 Perioden mit einem μ — 18 und einem $c_0 = $ dem halben Durchmesser eines Kreises mit derselben

Fläche wie das Schienenprofil rechnen kann. Mit diesen Annahmen würde man für 40,5 kg Schienen erhalten

$$x_s = 0,20.$$

Bei den Versuchen ist, wie aus dem vorigen hervorgeht, nur für die Leitung nach Värtan, wo schwächere Schienen und verhältnismäßig schlechte Laschen vorkommen, ein solcher hoher Impedanzwert wie 0,68 pro km gemessen worden. Durch den in der Erde fließenden Strom wird die Impedanz höchst bedeutend vermindert. Die Kurven in Fig. 56 geben an, wie sich dabei die Resistanz der Schienenleitung r_s und die totale Reaktanz x ändern. In Fig. 56 sind alle Werte für r_s mit großen Buchstaben bezeichnet, während die entsprechenden Werte für x mit denselben kleinen Buchstaben angegeben sind. Die Kurven A, a sind also die auf Grund der Ziffern von dem Versuchsgeleise bei Tomteboda ausgerechneten Werte, wobei zu bemerken ist, daß A pro km Geleise ohne Schienenverbindungen gilt. Die Bedeutung der übrigen Kurven, welche auf ähnliche Weise wie die Impedanzkurven der Fig. 51 gemessen und ausgerechnet worden sind, geht aus der nachstehenden Tabelle hervor, wo außer der Bezeichnung der Kurven auch sowohl Bezeichnung und Länge der Versuchsstrecke in den verschiedenen Fällen, wie das Datum, an dem die Kurven genommen sind, und eine Aufzeichnung betreffend die Witterung aufgenommen sind.

Tabelle zu Fig. 56.

Bezeichnung der Kurven		Die Strecke	Länge in km	Datum	Anmerkungen
r_x	x				
A	a	Versuchsgeleise	0,056	—	Das Geleise gut isoliert.
B	—	Tomteboda—Rotebro	15,200	22. 9. 1906	Trocken. Boden, 9,6 km Doppelgeleise zur Hälfte berechnet
C	c	„	15,200	8. 2. 1907	Gefrorener Boden, Schnee
D	d	Tomteboda—Järfva	2,82	12. 9. 1907	Sehr trockener Boden
E	e	„	2,82	12. 9. 1907	$D:0$, das Geleise bei Järfva unterbrochen
G	g	„	2,82	19. 12. 1906	Sehr feuchter Boden
H	—	Tomteboda—Värtan	4,56	12. 9. 1907	Trockener Boden
K	k	Värtan—Järfva	9,10	23. 1. 1908	Feuchter Boden
L	l	„	9,10	23. 1. 1908	$D:0$, 2 Stunden später
M	m	„	9,10	23. 1. 1908	$D:0$, das Geleise in Värtan und Järfva unterbrochen

Als die Kurven E, e und M, m genommen wurden, war das Geleise, wie in der Tabelle schon bemerkt ist, jenseits der Verbindungsstelle zwischen der Fahrdraht- und Schienenleitung unterbrochen, wodurch die Erdverbindung des Geleises schlechter und der Erdstrom kleiner wird.

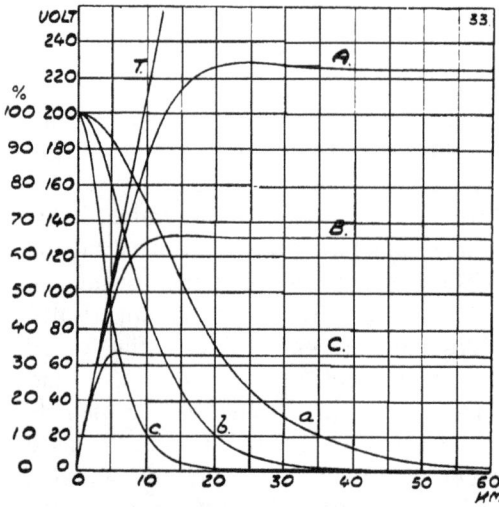

Fig. 56. Spannungsabfall und Stromverteilung in der Rückleitung unter Annahme,
daß der Widerstand in der Erde 0.

Die Kurven *K* und *k* sind gleichzeitig mit den Kurven *L* und *l* gemessen und entsprechen den Kurven *M* und *L* in Fig. 50. Die Kurven *K* und *k* waren die ersten, welche bei dieser Messung aufgenommen wurden, und die ersten Punkte offenbar sind genommen, ehe der Dauerzustand für den Widerstand eingetreten war. In Fig. 55 geht hervor, daß die Reaktanzkurven *k* und *l* zusammenfallen. Aus allen Kurven kann weiter gesehen werden, daß sowohl die Resistanz r_s wie die Reaktanz x durch den Erdstrom bedeutend vermindert werden.

Um eine Vorstellung zu geben, wie sich die Verhältnisse bei einer Rückleitung durch die Schienen und die Erde gestalten bei längeren Entfernungen, als es bei der Versuchsanlage möglich zu erhalten war, sind die Kurven in den Fig. 56 und 57 berechnet worden. Bei diesen Berechnungen ist die Resistanz der Schienenleitung gleich 0,14 pro km angenommen, welcher Wert für ein Geleise mit Stößen als Mittelwert annehmbarer als der aus den oben erwähnten Messungen erhaltene Wert 0,2 Ohm pro km angesehen wurde. Die Reaktanz der Schienenleitung

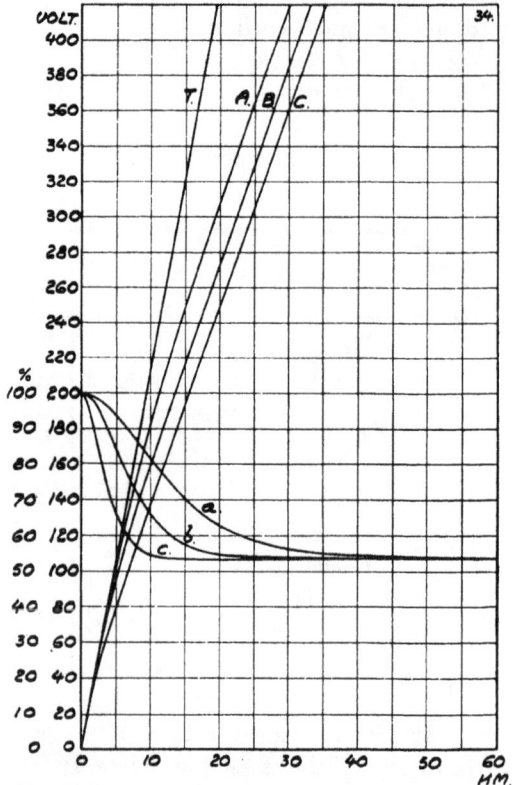

Fig 57. Spannungsabfall und Stromverteilung in der Rückleitung unter Annahme von einem Widerstand in der Erde von 0,2 Ohm/km.

ist wie oben gleich 0,16 Ohm pro km angenommen. Für die Berechnungen ist weiter vorausgesetzt, daß das Geleise eine begrenzte Länge gehabt hat, und diese Länge ist, in km ausgedrückt, als Abszisse für die Kurven genommen. Die mit großen Buchstaben bezeichneten Kurven geben den Spannungsverlust bei 100 Amp. in der Rückleitung an, während die mit kleinen Buchstaben bezeichneten die Stromstärke, welche mitten zwischen den Endpunkten durch das Geleise fließt, in Prozent von der totalen angeben. Die Kurven A, a, B, b und C, c sind für einen Übergangswiderstand zwischen Schienen und Erde von 6,2 bzw. 0,5 Ohm pro km ausgerechnet. Bei der Berechnung von den Kurven T ist dieser Übergangswiderstand unendlich groß angenommen, d. h. es ist angenommen, daß kein Strom in diesem Falle durch die Erde fließt. Bei Berechnung von den Kurven in Fig. 56 ist der Widerstand der Erde = 0 angenommen, während für die Berechnung von den Kurven in Fig. 57 ein Erdwiderstand von 0,2 Ohm pro km angenommen worden ist, welcher nach den Messungen an der Versuchsbahn als der höchste Wert des Erdwiderstandes, der sich möglicherweise annehmen ließe, angesehen worden ist. Doch dürfte keine von diesen beiden Annahmen von dem Erdwiderstand vollständig korrekt sein. Die gezeichneten Kurven dürften aber die Begrenzung für die Werte sein, welche bei Messungen an einer künftigen längeren Anlage erhalten werden und welche natürlich sich mit der Bodenbeschaffenheit recht bedeutend ändern werden.

Der Einfluß des Bahnstroms auf Schwachstromleitungen.

Eine der Aufgaben der Betriebsversuche ist es gewesen, die Störungen festzustellen, die auf den längs der Bahn laufenden Telegraphen- und Telephonleitungen eintreten können, und verschiedene Methoden zur Vermeidung solcher Störungen zu studieren. Die große Zahl von Telephon- und Telegraphenleitungen verschiedener Art, die sich in der Nähe der Fahrdrahtleitung befanden, ist dabei, soweit solches zugelassen werden konnte, für solche Beobachtungen benutzt worden, und außerdem ist eine Reihe besonderer, für Versuchszwecke bestimmte Leitungen angeordnet worden.

Längs der ganzen Strecke Tomteboda-Värtan (6 km) läuft eine Telegraphenleitung der Eisenbahn, außer welcher es zwischen Tomteboda und Albano zwei dem Telegraphenamt gehörende Schnelltelegraphenlinien gab. Schon bei den ersten Probeversuchen zeigten sich sowohl auf dem Eisenbahntelegraphen- wie auf den Schnelltelegraphenlinien Störungen. Da mit diesen letzteren, welche die Verbindung zwischen Finnland und Dänemark aufrecht halten, ein weiteres Experimentieren nicht gern gestattet werden konnte, so wurden dieselben so verlegt, daß sie nicht parallel mit der Bahn liefen, sondern dieselbe nur an einer Stelle kreuzten. Die eigene eindrähtige Telegraphenleitung der Eisenbahn, die in Värtan und Stockholm Erdverbindung hat, wurde mit isolierter metallischer Rückleitung versehen, wodurch für diesen Fall alle Störungen vermieden werden konnten.

Für Telegraphier- und Fernsprechversuche auf der Strecke Tomteboda-Värtan sind einerseits eine längs der ganzen Strecke angelegte doppeldrähtige Telephonleitung und anderseits vier Drähte benutzt, welche letztere zwischen Tomteboda und Albano auf Telegraphenmasten auf der Seite der Bahn angebracht wurden. Die ersterwähnte Telephonleitung wurde auf denselben Masten, welche die Fahrdrahtleitung tragen, montiert, und um sich besser für Versuchszwecke zu eignen, mit Hochspannungs-isolatoren (Typus A, Fig. 37) versehen. Diese Telephonleitung ist bei der Montierung wie alle Fernsprechleitungen gedreht, und ihr Abstand von dem Fahrdraht ist im Durchschnitt 2,5 m. An dem einen Endpunkte ist diese Leitung mit einem in dem Kraftwerk angebrachten Fernsprech-apparat verbunden, und tragbare Apparate, die auch auf den Versuchs-zügen mitgenommen wurden, sind bei Bedarf an beliebiger Stelle der Leitung eingeschaltet worden. Die obenerwähnten, an den Telegraphen-masten montierten Versuchsdrähte wurden nur mit gewöhnlichen kleinen Telephonisolatoren versehen. Der Abstand dieser Drähte von den Fahr-drähten ist im Durchschnitt 10 m.

Die Figuren 21 und 22 zeigen die längs der Strecke Tomteboda-Järfva folgenden Telegraphen- und Telephonleitungen. Wie auf diesen Figuren ersichtlich ist, erstreckt sich längs der einen Seite dieser Bahn-strecke eine Linie von Doppelmasten und trägt diese 25 zweipolige Lei-tungen, die dem Kgl. Telegraphenamt gehören. Auf der andern Seite der Bahn ist eine Linie von einfachen Masten, die 16 eindrätige Tele-graphenleitungen trägt, von denen 6 den Staatseisenbahnen und die übrigen 10 dem Telegraphenamt gehören. Zuunterst auf dieser Masten-linie ist eine für die Versuchsanlage bestimmte Telephonleitung, die auf gewöhnliche kleine Telephonisolatoren aufgelegt ist, angebracht.

Alle Fernsprechleitungen sind, in Übereinstimmung mit den Vor-schriften des schwedischen Telegraphenamtes, gedreht. Die erwähnte Doppelmastenlinie, welche die Reichstelephonleitungen trägt, die Stockholm mit nördlicheren Orten verbindet, hört am nördlichen Endpunkt des Tomteboda-Bahnhofs auf und werden von dort die Leitungen im Kabel nach Stockholm geführt.

Die Entfernung zwischen der Fahrdrahtleitung und den nächsten Telegraphen- und Telephondrähten beträgt für die Strecke Tomteboda-Järfva ungefähr 4,0 m. Auf dieser Strecke sind keine so starken Störungen entstanden, daß irgend welche Änderung an den Schwachstromleitungen hat vorgenommen werden müssen.

Als zum erstenmal Spannung auf die Fahrdrahtleitung zwischen Tomteboda und Värtan gelassen wurde, erwies es sich als ganz unmöglich, die längs der Bahn angebrachte Telephonleitung zu benutzen. Ein so stark summendes Geräusch entstand in den Telephonapparaten, daß ein Verständnis undenkbar war. Es zeigte sich auch, daß dies Summen stärker wurde, wenn die Spannung in der Fahrdrahtleitung verstärkt wurde. Eine nähere Untersuchung ergab, daß das Geräusch in den Telephon-apparaten auf einer Entladung aus der Fernsprechleitung durch die Kohlenblitzableiter der Telephonapparate, die eine Überschlagspannung von ca. 300 Volt hatten, beruhte. Dieser Blitzableiter hatte zwei Funkenstrecken, eine für jeden Telephondraht. Die Entladungen fanden nur durch eine Funkenstrecke statt, wobei der eine Telephondraht direkt zur Erde entladen wurde, wogegen der Entladungsstrom von dem andern Draht erst den Telephonapparat passieren mußte, und das Geräusch entstand offenbar, als der Entladungsstrom den Telephonapparat durchfloß. Nachdem der Blitzableiter und die Erdverbindung dieser Apparate fortgenommen waren und sowohl die Apparate wie die telephonierenden Personen vermittels Hochspannungsisolatoren von der Erde isoliert waren, konnte das Telephonieren völlig ungehindert vorgenommen werden. Um die Ladungsspannung in der Telephonleitung zu messen, wurde zwischen derselben und den Schienen eine Funkenstrecke zwischen Nähnadelspitzen, deren Abstand auf 5 mm eingestellt wurde, angebracht. Bei 21 000 Volt in der Fahrdrahtleitung traf Überschlag in dieser Funkenstrecke ein, und die Spannung der Telephonleitung zur Erde wurde aus diesem Grunde durch besondere Versuche auf ca. 4500 Volt geschätzt. Indessen war es offenbar sehr ungeeignet und gefährlich, durch eine derartig geladene Leitung zu telephonieren, und durfte dies natürlich nur ausnahmsweise bei Versuchen unter Beobachtung größter Vorsicht vorkommen. Es entstand darum der Wunsch, einen Apparat zu erhalten, welcher, ohne das Telephonieren zu stören, auf eine oder die andere Art die hohe Ladungsspannung beseitigen könnte. Ein solcher Apparat wurde auch von der Telephonfirma L. M. Ericsson & Co. erhalten, welche die Telephonapparate für die Versuchsbahn geliefert und deren leitender Ingenieur an den oben erwähnten Versuchen teilgenommen hatte. Dieser Apparat besteht aus einer mit drei Ausführungen versehenen Impedanzspule, deren beide Enden, jede an einem Telephondraht eingeschaltet wurden, indem ihre Mittelausführung mit der Erde verbunden wurde. Dieser Apparat, in welchem die Widerstände auf beiden Seiten der Mittelausführung so ähnlich wie möglich gemacht waren, ist so ausgeführt, daß er einen großen induktiven Widerstand für den Telephonstrom bildet, der von dem einen Draht zu dem andern übergehen soll, während er für die Entladungsströme, die gleichzeitig von den beiden Telephondrähten zur Erde passieren sollen, induktionsfrei ist und daher wenig Widerstand leistet. Nachdem dieser Entladungsapparat eingeschaltet worden ist, ist keine Ladung mehr beobachtet worden. Derselbe, im Kraftwerk angebrachte Entladungsapparat wird auch für die später ausgeführten, zu der Versuchsanlage gehörenden zweidrähtigen Telephonleitungen von Tomteboda nach Järfva und Stockholm angewandt.

Zwecks eines eingehenderen Studiums der Ladung der Telephonleitungen wurden geeignete Instrumente angeschafft und wurde dann eine Serie Messungen vorgenommen.

Bei diesen Untersuchungen wurde die Ladespannung der Telephonleitungen vermittels eines statischen Voltmeters gemessen. Für die Telephonleitung der Versuchsanlage Tomteboda-Värtan wurde auf diese Weise
eine Ladespannung von 179 Volt pro 1000 Volt in der Fahrdrahtleitung
gemessen. Bei anderen Gelegenheiten sind niedrigere Werte bis zu
155 Volt herunter pro 1000 Volt in der Fahrdrahtleitung erhalten worden,
welche Variation wahrscheinlich einesteils von der mangelhaften Genauigkeit
des statischen Voltmeters und andernteils von der Witterung abhängt.
Der vorher erwähnte, mittels Funkenstrecken gemessene Wert würde einer
Entladung von 214 Volt pro 1000 Volt in der Fahrdrahtleitung entsprechen.
Dieser Wert ist indessen nicht mit dem vorhergehenden zu vergleichen,
weil die Leitungen damals nicht weiter als bis zum Bahnhof Albano
gezogen waren, und außerdem ist es klar, daß Werte, die durch Überschläge in Funkenstrecken erhalten sind, sehr von dem Feuchtigkeitsgehalt
der Luft abhängig sind und sowohl hierdurch, wie aus andern Gründen
geringe Genauigkeit liefern. Die Verschiedenheit bezüglich der Strecken
Tomteboda-Albano und Albano-Värtan besteht hauptsächlich darin, daß
die Fahrdrahtleitung auf der ersteren mit ein oder zwei Tragedrähten
versehen ist und daher größere Kapazität als die Fahrdrahtleitung auf
der letzteren Strecke hat, die zum größeren Teil nicht von Tragdrähten
getragen wird. Bei derselben Gelegenheit, als die Ladungsspannung in der
Telephonleitung zu 179 Volt pro 1000 Volt Fahrdrahtsspannung (179 : 1000)
gemessen wurde, wurden auch Versuche gemacht, die Ladungsspannung
in dem einen Telephondraht zu messen, während der andere mit der
Erde verbunden war, und es zeigte sich da, daß die Ladespannung auf
132 : 1000, also auf nur 74 % des vorigen Wertes herunterging.

Bei dieser Gelegenheit wurde auch die Ladespannung in den Telephondrähten zwischen Tomteboda und Värtan untersucht, als die Kontaktleitung bei Albano abgeschaltet wurde, so daß nur die Strecke Tomteboda-
Albano spannungsführend war, und es zeigte sich dann, daß die Ladespannung 118 : 1000 betrug. Auch unter diesen Verhältnissen wurde die
Ladespannung in dem einen Telephondraht gemessen, während der andere
mit der Erde verbunden war und erhielt man das Resultat, daß, gleichwie bei der vorigen Gelegenheit, die Ladung sich auf 74 % des Wertes,
den man vor der Erdverbindung erhalten hatte, erniedrigte.

Auf den oben erwähnten vier Versuchsdrähten zwischen Tomteboda
und Albano ist auch die Ladung gemessen worden und wurde dabei eine
Ladespannung von 24,5 : 1000 erhalten. Wenn die beiden Drähte der
Telephonlinie der Versuchsbahn, welche sich zwischen den erwähnten
Versuchsdrähten und der Fahrdrahtleitung befinden, mit der Erde verbunden wurden, so sank die Ladungsspannung auf 80 % der vorhergehenden herab. Als die Ladungsspannung an einem der vier Versuchs-

drähte gemessen wurde und die drei übrigen mit der Erde verbunden waren, so sank die Ladungsspannung auf 54 % des vorhergehenden Wertes herab, und wenn gleichzeitig die Telephonleitung der Versuchsbahn mit der Erde verbunden wurde, so erhielt man nur 45 % der ursprünglichen Ladungsspannung.

Aus diesen Versuchen geht hervor, daß man zwar mittels Schirm-wirkung aus mit der Erde verbundenen Leitungen die Ladung in den Telephondrähten verringern, nicht aber beseitigen kann. Es wurden darum Versuche gemacht, um zu erfahren, ob dieses durch die Benutzung eines Widerstandes möglich wäre. Der Isolationswiderstand für einen der vier Versuchsdrähte, der eine Länge von 2 km hatte, wurde darum gemessen, und es ergab sich, daß derselbe 30 Megohm oder 60 Megohm pro km betrug. Darauf wurde die Ladungsspannung in diesem Draht gemessen, nachdem ein Widerstand von 100 000 Ohm zwischen den Drähten und der Erde eingeschaltet war und sank dabei die Ladungsspannung auf 29 % der ursprünglichen herab. Der zwischen den Drähten und der Erde eingeschaltete Widerstand wurde darnach immer mehr verkleinert, und als er 40 000 Ohm war, war die Ladungsspannung auf 10 % der ursprünglichen heruntergegangen. Diese Methode kann also, wie es natürlich ist, bedeu-tende Herabsetzung der Ladungsspannung bewirken und dürfte vielleicht in speziellen Fällen zur Anwendung kommen können. Es ist jedoch zu bemerken, daß der Ladungsstrom bei langen Telephonleitungen so groß wird, daß der Widerstand, durch welchen die Entladung geschieht, ver-hältnismäßig klein gemacht werden muß, damit nicht eine Person, welche die Leitung berührt, einen gefährlich großen Teil des Ladungsstromes durch den Körper bekommt. Dieser Umstand macht natürlich die Methode für lange Leitungen unbrauchbar, da ja das Telephonieren einen großen Isolationswiderstand erfordert.

Die Ladungsspannung der Telephonlinie der Versuchsbahn Tomte-boda-Järfva ist zu 13,8 Volt für den einen Draht und 9,2 Volt für den andern pro 1000 Volt Fahrdrahtspannung gemessen worden. Auf einer Telephonleitung in der Doppelmastenleitung zwischen Tomteboda und Järfva ist eine Ladungsspannung von nur 1,6 Volt pro 1000 Volt Fahrdraht-spannung gemessen worden. Diese niedrigen Werte dürften teilweise dem Umstand zugeschrieben werden, daß die Schwachstromleitungen auf weite Strecken dieser Linie sehr niedrig im Verhältnis zum Bahnkörper gezogen sind. Für die Telephonleitung der Versuchsbahn zwischen Tomteboda und Järfva würde aus diesem Grunde keine Entladungsspule erwähnter Art anders als in dem Falle, wo die Linienspannung 18—20 000 Volt gewesen ist, notwendig gewesen sein. Wie vorhin erwähnt, ist doch auch für diese Leitung stets eine solche Spule eingeschaltet gewesen. Für die Interurbanleitungen in der Doppelmastenlinie sind ähnliche Entladungsapparate versucht, aber als überflüssig erachtet und wieder fortgenommen worden.

Außer einem in obenerwähnter Weise entstandenen Summen im Telephon infolge Entladung ist auch einesteils ein schwacher, von der Periodenzahl abhängiger Ton, welcher, sobald diese von 25 bis auf 15 Perioden gesenkt wurde, verschwand, und anderseits ein Ton, „Lamellenton", von wechselnder Höhe und von der Kommutierung in den Motoren abhängig, bemerkt worden. Der erstere dieser Töne war sehr schwach und wenig lästig beim Telephonieren. Der letztere aber, welcher auch bei Leitungen, die an gewöhnlichen Gleichstrombahnen entlang gezogen sind, vorkommt, ist zeitweise recht lästig. Indessen hat man, laut Angaben in der technischen Literatur, Mittel gefunden, diese Lamellentöne fast gänzlich zu beseitigen dadurch, daß man die Läufer der Bahnmotoren mit geschlossenen schräg verlaufenden Nuten versieht.

Durch einen Zufall wurde entdeckt, daß das Dach des nördlichen Stellwerks auf dem Tomteboda - Bahnhof (siehe Fig. 58) aufgeladen wurde, sobald der Fahrdrahtleitung, die in einer Entfernung von etwa 3 m vorbeiläuft, Span-

Fig. 58. Stellwerkshaus am Bahnhof Tomteboda.

nung zugeführt wurde. Beim Messen zeigte es sich, daß die Ladungsspannung sich auf 74 Volt pro 1000 Volt Fahrdrahtsspannung belief, und bei einer Fahrt mit 20 000 Volt wurde somit dies Dach mit nicht weniger als 1500 Volt geladen. Wenn man, auf einem mit der Erde verbundenen Gegenstand stehend, dieses Dach berührte, erhielt man gleichwohl nur einen schwachen Stoß, was auf der unbedeutenden Kapazität des Daches beruht. Bedeutend kräftigere Stöße sind von der Telephonleitung zwischen Tomteboda und Värtan erhalten, als die Fahrdrahtspannung auf der Värtaleitung 6000 Volt betrug und die früher erwähnten Entladungsspulen ausgeschaltet gewesen waren. Die Ladungsspannung war dabei 1050 Volt, die Kapazität der Linie aber natürlich viel größer als die des erwähnten Daches des Stellwerks.

Je größere Kapazität die Schwachstromleitung hat, desto größer wird der Entladungsstrom, dessen Größe den Grad der Gefahr bestimmt, welchen die Berührung der Leitung nach sich zieht. Beim Telegraphieren mit Rückleitung durch die Erde kann der Entladungsstrom offenbar einen störenden Einfluß ausüben, der um so größer ist, je stärker dieser Strom ist. Messungen, die an der Telephonleitung der Versuchsanlage Tomteboda—Värtan ausgeführt worden sind, haben als Resultat ergeben, daß der Entladungsstrom für diese Leitung 0,17 Milliampère pro km Draht und pro 1000 Volt Fahrdrahtsspannung beträgt. Bei 6000 Volt beträgt er also für die ganze Telephonlinie (5,8 km) etwa 12 Milliampère.

Für das Telegraphieren dürfte indessen der Spannungsabfall in der Schienenleitung größere Schwierigkeiten als der erwähnte Entladungsstrom bereiten.

Wenn aber die Telegraphenleitung irgendwo unterbrochen ist, wird der Entladestrom eine wesentliche Rolle spielen. Bei den schwedischen Staatseisenbahnen wird im allgemeinen beim Morsetelegraphieren eine Stromstärke von ca. 25 Milliampère benutzt. Bei einer näheren Untersuchung, die mit einem Morseapparat vorgenommen wurde, zeigte es sich, daß für eine gewisse Spannung in der Justierfeder des Ankers der Elektromagnet den Anker bei etwa 15 Milliampère anzuziehen vermochte und ihn wieder losließ, als die Stromstärke auf etwa 10 Milliampère heruntergebracht wurde.

Wenn daher bei geschlossenem Stromkreis aber ohne Gleichstrom der maximale Momentanwert des in der Telegraphenleitung fließenden Wechselstromes 15 Milliampère erreicht, so beginnt der Morseapparat zu summen. Schon bei einer etwas geringeren Stromstärke gibt er einen schwachen Ton ab. Wenn der Wechselstrom genügend gestiegen ist, wird der Anker angezogen, und es kann eintreffen, daß, wenn die Stärke des Wechselstroms schwankt, z. B. infolge Veränderungen in der Belastung, und dadurch infolge des Spannungsverlustes in den Schienen der Morseapparat durch die Einwirkung des Wechselstroms abwechselnd seinen Anker anziehen und loslassen wird, er auf diese Weise etwas der Telegraphenschrift Ähnliches zustandebringt.

Wenn der Gleichstrom durch die Leitung fließt, bleibt der Anker des Morseapparats die ganze Zeit angezogen. Wenn dann gleichzeitig ein Wechselstrom die Leitung passiert, fängt der Morseapparat an zu summen, sobald der Momentanwert des Wechselstroms höher als 15 Milliampère ist, denn in solchem Falle fängt der Momentanwert des resultierenden Erregungsstroms an, zwischen 10 und 40 Milliampère zu schwanken, wenn der Telegraphierstrom 25 Milliampère ist. Bei 10 Milliampère läßt der erwähnte Morseapparat seinen Anker los, und dadurch entsteht das Summen. Wird die Stärke des Wechselstroms erhöht, wird das Summen schärfer.

Da nun dies Summen darauf beruht, daß der Wechselstrom ein Wechselfeld bildet, so liegt es nahe, anzunehmen, daß das Entstehen dieses Feldes mittels einer kurzgeschlossenen Wicklung um den Elektromagnetkern verhindert werden könnte. Bei Versuchen mit dieser Methode machte sich der Übelstand bemerkbar, daß der Anker sich infolge entstehender Extraströme in der kurzgeschlossenen Wicklung an den Elektromagnetkern anheften wollte, weshalb die Schreibgeschwindigkeit, um eine klare Schrift zu erhalten, bedeutend verringert werden müßte. Indessen ergab sich, daß bei 25 Milliampère Gleichstrom das Telegraphieren in diesem Falle noch möglich war, wenn 32 Milliampère Wechselstrom die Leitung passierten, und konnte also in diesem Falle ein doppelt so starker Wechselstrom wie sonst möglich war durchfließen. Die verringerte Schreibgeschwindigkeit macht jedoch diese Methode für die meisten Fälle unbrauchbar.

Weiter sind Versuche gemacht worden, parallel mit jedem Telegraphenapparat einen Kondensator einzuschalten, welcher dem Wechselstrom freien Durchgang lassen sollte, während der zum Telegraphieren benutzte Gleichstrom die Morseapparate passieren muß. Ein endgültiges Resultat mit dieser Anordnung hat sich durch diese Versuche noch nicht erzielen lassen, weil es sich schwierig erwiesen hat, für den Zweck geeignete Kondensatoren zu erhalten. Die Resultate, welche erzielt wurden, deuten jedoch darauf hin, daß sich viel auf diesem Wege gewinnen läßt.

Auf einigen ausländischen, mit Wechselstrom betriebenen Bahnen, wo man auch lästige Telegraphenstörungen gehabt hat, ist es gelungen, den Schwierigkeiten dadurch abzuhelfen, daß man Gleichstrom aus einem Beleuchtungsnetz von 110—156 Volts Spannung zum Telegraphieren verwandt hat. Mittels eines in Reihe geschalteten Widerstandes ist nachher die Telegraphierstromstärke auf 25 bis 30 Milliampère einjustiert worden. Durch diese Anordnung erhält man ein günstigeres Verhältnis zwischen der Stärke des Gleichstroms und des Wechselstroms und gewinnt zu gleicher Zeit den Vorteil, daß die Telegraphenbatterien entbehrt werden können. Es hat sich nämlich bei den obenerwähnten Wechselstrombahnen erwiesen, daß die Haltbarkeit der Telegraphenbatterien durch die Einwirkung des Wechselstroms bedeutend verringert worden ist.

Vergleichende Versuche sind zwischen Tomteboda und Värtan ausgeführt, wobei zur Rückleitung des Telegraphierstroms einesteils die Schienenleitung und andernteils Erdplatten benutzt wurden. Man erwartete nämlich, daß bei der Benutzung von Erdplatten der Spannungsverlust in den Schienen weniger auf das Telegraphieren einwirken würde. Es erwies sich jedoch bei diesen Versuchen wenig Unterschied in den beiden Fällen.

Das Ergebnis in diesem Falle ist offenbar sehr abhängig von der Boden-beschaffenheit und ist es darum gleichwohl möglich, daß in manchen Fällen die Störungen durch Benutzung von Erdplatten, die in genügender Entfernung von der Bahn und in geeigneter Tiefe niedergelegt werden, reduziert werden können. Laut Angaben sollen bei einer ausländischen Anlage dadurch, daß die Erdplatten in große Tiefe verlegt wurden, günstige Resultate erzielt worden sein.

Schon im Anfang dieses Kapitels wurde erwähnt, daß zur Vermeidung von Störungen auf der Telegraphenleitung zwischen Tomteboda und Värtan die Leitung mit einer isolierten metallischen Rückleitung versehen wurde. Die Telegraphenlinien auf der Strecke Stockholm - Järfva sind nicht mit solcher Rückleitung versehen worden, sondern haben immer mit Erdleitung gearbeitet. Eine ernstlichere Störung ist gleichwohl nicht vorgekommen. Der Spannungsabfall in der Schienenleitung, der auf dieser Strecke vor-gekommen ist, ist indessen kaum halb so groß gewesen, wie der ent-sprechende Spannungsabfall auf der Linie Tomteboda—Värtan. Das An-bringen eines Rückleitungsdrahtes für jede Telegraphenleitung ist natür-lich sehr kostspielig und ist doch kein unfehlbares Mittel zum Vorbeugen von Störungen. Freilich werden dadurch solche ausgeschlossen, die von Spannungsdifferenzen in der Schienenleitung herrühren, unter der Voraus-setzung, daß dieselben nicht solche Werte erreichen, daß die Blitzableiter der Telegraphenleitung tätig werden, wobei die elektromagnetische In-duktion durch Drehen der Leitungen auf gewöhnliche Weise aufgehoben werden kann. Dagegen wird die Kapazität der Telegraphenleitung und dadurch auch unter gewissen Voraussetzungen die Größe des Entladungs-stroms, der durch die Telegraphenapparate passiert, erhöht. Der störende Einfluß des Entladungsstroms ließe sich freilich vielleicht durch eine der-artige zweipolige Anordnung an allen Apparaten aufheben, daß die Ein-wirkung des Entladungsstroms in der einen Leitung die Einwirkung des Entladungsstroms in der andern Leitung kompensiert. Eine derartige Anordnung wird jedoch noch komplizierter und kostspieliger und dürfte außerdem eine Reihe anderer Nachteile mit sich führen. Wenn überhaupt metallische Rückleitung erforderlich ist, wird es natürlich am einfachsten und billigsten, gemeinsamen Rückleitungsdraht für mehrere Telegraphen-leitungen zu verwenden, wobei man allerdings Gefahr läuft, daß diese Leitungen störend aufeinander einwirken, infolge des Widerstandes der Rückleitung, der natürlich immer wesentlich größer als der Widerstand der Erde wird. Indessen dürfte man dadurch, daß man, wie im vorher-gehenden erwähnt worden ist, verhältnismäßig hohe Spannung, 100 bis 150 Volt, für das Telegraphieren verwendet und zu der gemeinsamen Rückleitung einen Kupferdraht von verhältnismäßig kleinem Widerstand benutzt, Störungen durch solche gegenseitige Einwirkung vorbeugen können.

Durch die in diesem Kapitel erwähnten Versuche mit Schwachstrom-
apparaten und Leitungen hatte sich natürlich keine derartige Erfahrung
gewinnen lassen, daß man daraus mit absoluter Sicherheit einen Schluß
ziehen könnte, wie sich die Verhältnisse bei einer Anlage mit einer Länge
von einem oder einigen hundert Kilometern würden gestalten können.
Die Resultate dieser Versuche dürften indessen einerseits eine wertvolle
Weisung geben bezüglich der Maßnahmen, die zur Vorbeugung von
Störungen bei künftigen Anlagen getroffen werden müssen, und anderseits haben sie einen guten Grund geliefert für die eingehende theoretische
Behandlung des Stoffes. Eine solche ist auch im Zusammenhang mit
den Versuchen von Herrn Dr. H. Pleijel ausgeführt worden, der Formeln
für die verschiedenen Störungserscheinungen ableitet[1]) und die Übereinstimmung der Resultate auf dieser Weise ausgeführten Berechnungen mit
den Versuchsergebnissen konstatiert. Durch diese Formeln wird man in
der Lage sein, das Problem für weite Entfernungen rechnerisch zu be-
handeln.

1) Diese theoretische Abhandlung wird in der ETZ erscheinen.

Das Rollmaterial.

Allgemeine Beschreibung.

Wie aus dem vorigen hervorgeht, sind bei den Versuchsfahrten einerseits zwei elektrische Lokomotiven und anderseits zwei Motordrehgestellwagen verwendet worden, von welchen die letzten in der Regel zusammen mit zwei anderen Drehgestellwagen mit einem Motorwagen an jedem Ende einen Zug gebildet haben.

Das Aussehen des zusammengesetzten Motorwagenzuges geht aus der Fig. 59 hervor. Drei dieser Wagen sind gewöhnliche Personenwagen

Fig. 59. Der Motorwagenzug.

dritter Klasse, der vierte Wagen enthält eine Gepäckabteilung und vier Abteile zweiter Klasse. Die elektrische Ausrüstung der Anhängewagen beschränkt sich auf durchgehende elektrische Leitungen mit zugehörigen Schaltungsdosen für Anschluß zu den Leitungen der anderen Wagen sowie auf elektrische Lampen und Heizapparate mit erforderlichen Sicherungs- und Schaltungsapparaten. Die durchgehenden Leitungen sind einerseits solche, welche Steuerungsstrom für die Triebmotoren und das Bremssystem führen, und anderseits solche, welche Strom zu den Lampen und Heizapparaten liefern. Die Leitungen der vorigen Art sind durch den ganzen Zug zusammengekuppelt; die Leitungen für Licht und Heizung dagegen sind nur zu dem nächsten Motorwagen eingeschaltet. Sowohl

Fig. 60. Motordrehgestell.

in den Motor- wie den Anhängewagen sind die Anordnungen für Dampfheizung weggenommen, um Raum für die elektrischen Heizapparate zu erhalten. Von den Gasbeleuchtungsanordnungen sind einige Behälter, Rohrleitungen und Lampen weggenommen, um den elektrischen Anordnungen Platz zu machen.

Jeder Motorwagen ist mit zwei Motoren von je 115 PS versehen, welche beide in einem speziell konstruierten Drehgestell angebracht sind, was die Fig. 60 zeigt. Das andere Drehgestell ist normal. Das Motordrehgestell weicht von dem normalen dadurch ab, daß die Achsen von größerem Durchmesser sind, um einen Teil des Gewichtes der Motoren tragen zu können, und dadurch, daß der Radstand zu 2,5 m und der Raddurchmesser zu 1,0 m von bzw. 2,1 und 0,94 m vergrößert worden sind, um genügenden Raum für die Motoren zu erhalten. Die Fig. 61 zeigt einen Motor mit Achse und Rädern. Weiter ist das Drehgestell mit stärkerem Rahmenwerk und Anordnung für das Tragen der Motoren versehen. Ein solches Motordrehgestell mit Achsen und Rädern, ohne

Motoren aber wiegt 6,4 Tonnen, während ein normales Drehgestell 4,1 Tonnen wiegt.

Auf den Motorwagen hat das Wagengestell teilweise geändert werden müssen, um den Steuerungsapparaten des Führers und anderen Anordnungen für die elektrische Ausrüstung geeigneten Platz zu machen. Die Fig. 62 u. 63 geben eine Andeutung von diesen Änderungen. Die Motor-

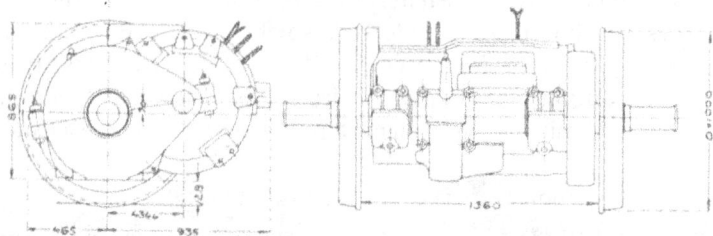

Fig. 61. Umrißskizze eines A. E. G.-Motors.

wagen wurden bei dem Umbauen an jedem Ende mit einem geschlossenen Führerraum versehen. Die Fig. 64 zeigt das Innere desselben. In diesem wurden ein Fahrschalter für die Steuerung der Motoren und ein Brems-

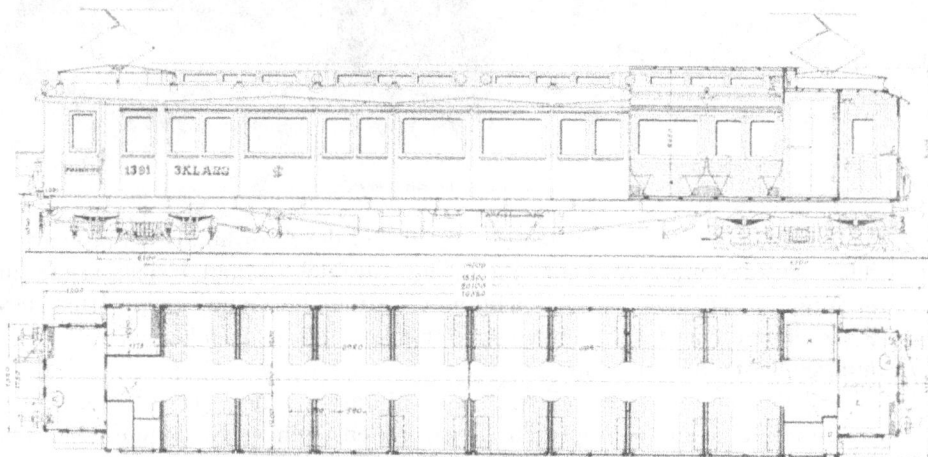

Fig. 62. Motorwagen.

schalter für das Vakuumbremssystem angebracht, welches an der Verwendung einer durch einen elektrischen Motor angetriebenen Saugluftpumpe Kraft erhält. Weiter wurden im Führerraum ein Vakuummeter, ein Strommesser und Vorrichtungen zur Steuerung der Stromabnehmer und ein Ventil der Signalpfeife angebracht. Letztere wurde für Druckluft angeordnet, die von einem Kompressor erhalten wird, welcher durch eine Achse des normalen Drehgestells angetrieben wird.

Das Rad einer Handbremse ist auch dort angebracht, um bei einem Versagen der Vakuumbremse benutzt werden zu können.

Auf dem Dach jedes Motorwagens wurden anfangs zwei Strom-abnehmer für Unterkontakt, einer an jedem Ende des Daches, und später außerdem zwei Sätze Oerlikonstromabnehmer angebracht. Alle diese Stromabnehmer sind elektrisch zusammengeschaltet worden. An dem Dach des Motorwagens wurde ein spezieller Einführungsisolator angebracht. wodurch der Strom von den Stromabnehmern in eine speziell angeord-

Fig. 63. Ansicht eines Motorwagens.

nete Hochspannungskammer, wo Blitzableiter, Hochspannungssicherungen und Hauptausschalter plaziert wurden, eingeführt wird. In dieser Kammer ist auch ein kleiner Transformator aufgestellt, der die Aufgabe hat, den Steuervorrichtungen und der Beleuchtung Strom zu liefern. Von der Hochspannungskammer wird der hochgespannte Strom durch ein blei-armiertes gummiisoliertes Kabel zu dem Hochspannungstransformator des Motorwagens geführt, der mitten unter dem Wagen an der einen Seite plaziert ist und welcher in Fig. 65 gezeigt ist. Von diesem Transformator wird der für die Triebmotoren und Heizapparate erforderliche Strom er-halten. Neben dem Haupttransformator ist unter dem Wagen ein kleinerer

Transformator aufgehängt, mittels dessen der Felderregungsstrom der Motoren verändert werden kann. Unter dem Wagen an der anderen Seite sind, wie aus der Fig. 66 ersichtlich ist, die für die Steuerung erforderlichen Fernschalter und eine von einem Motor getriebene Vakuumpumpe aufgehängt. In einer speziellen kleinen Kammer ist eine Schalttafel mit den Niederspannungssicherungen und Schaltern für Steuerstrom, Heizung und Beleuchtung angebracht.

Das Gewicht des ganzen Motorwagenzuges beläuft sich auf 143,9 Tonnen, in folgender Weise zusammengesetzt:

> 2 Motorwagen zu 43,7 Tonnen . . . 87,4 Tonnen
> 1 Wagen III. Klasse . . . . 27,4 „
> 1 Wagen II. Klasse . . . . 29,1 „
>
> zusammen 143,9 Tonnen.

Der Unterschied an Gewicht zwischen einem Motorwagen und dem Anhängewagen III. Klasse, der von demselben Wagentypus wie der Motorwagen ist, beläuft sich auf 16,3 Tonnen. Dieser Unterschied setzt sich in ungefähr folgender Weise zusammen:

> Gewichtsunterschied zwischen einem Motordreh-
> gestell und einem gewöhnlichen Drehgestell . 2,3 Tonnen
> 2 Motoren . . . . 5,4 „
> Haupttransformator . . . . 1,5 „
> Felderregungstransformator . . . . 0,6 „
> Lichttransformator, Vakuumpumpe, Apparate,
> Stromabnehmer und Leitungen . . . . . . 3,3 „
> Anbau und Verstärkung des Motorwagengestells usw. 3,2 „
>
> Summe: 16,3 Tonnen.

Die Angaben beziehen sich auf die jetzige elektrische Ausrüstung. Die ursprüngliche elektrische Ausrüstung der Motorwagen ist, wie im vorigen erwähnt, teilweise vertauscht worden. Die Statorwicklungen der ursprünglichen Motoren waren für direkten Anschluß an die Fahrdrahtspannung für 6000 Volt gewickelt. Diese Motoren wurden gegen die jetzigen mehr vervollkommneten Motoren, die für verhältnismäßig niedrige Spannung, 375—750 Volt, gewickelt sind, vertauscht, und fordern deswegen einen Haupttransformator für die ganze Leistung der Motoren. Der Transformator ist jedoch für eine Fahrdrahtspannung von nur 6000 Volt gewickelt.

Von den beiden elektrischen Lokomotiven ist die eine zweiachsig und die andere dreiachsig. Die zweiachsige Lokomotive ist von der Westinghouse Electric und Manufacturing Co., Pittsburg, U. S. A., geliefert. Das Rahmenwerk ist aus Gußeisen nach amerikanischem Standard für zweiachsige Gleichstromlokomotiven ausgeführt und deswegen in diesem

Falle unnötig schwer. Der Wagenkasten ist aus mittels Winkeleisen abgesteiftem Eisenblech ausgeführt. Die Fig. 67 zeigt das Aussehen dieser Lokomotive, woraus hervorgeht, daß ein zentral gelegener Führerraum, von welchem es nach allen Seiten hin freie Aussicht gibt, angeordnet ist. Auf dem Dache dieses Führerstandes wurde ursprünglich ein provisorischer Stromabnehmer angebracht, wie die Abbildung zeigt. Da die Westinghouse-Gesellschaft zu dieser Zeit keine Lieferung von Stromabnehmern für Hochspannung übernehmen wollte, wurden diese von der „Allmänna Svenska Elektriska Aktiebolaget" ausgeführt. Die später ausgeführten Stromabnehmervorrichtungen sind in Fig. 68 gezeigt.

Fig. 64. Führerstand im Motorwagen.

Auf dem Dache ist ein Eisengestell aufgebaut, auf welchem zu oberst zwei Sätze Oerlikonstromabnehmer und darunter ein Doppelstromabnehmer für Unterkontakt montiert worden sind. Sämtliche Stromabnehmer sind miteinander elektrisch zusammengeschaltet. Von den Stromabnehmern wird der Strom durch ein Kabel zu der Hochspannungskammer der Lokomotive heruntergeführt. Die Hochspannungskammer besteht hier nur aus

Fig. 65. Die Transformatoren unter dem Motorwagen.

einem relativ kleinen Schrank in dem Führerstand, in welchem der Hauptausschalter, die Sicherungen und ein Kurzschließer angebracht sind. Dieser
Schrank wird mittels eines gewöhnlichen Schlosses geschlossen.

Fig. 66. Die Hüpfschalter und die Vakuumpumpe unter dem Motorwagen.

Fig. 67. Die elektrische Lokomotive Nr. 1.

Jede Achse der Lokomotive wird von einem Motor von 150 PS angetrieben, welche Motoren gegen die Mitte der Lokomotive aufgehängt
sind. Zwischen denselben ist der Haupttransformator der Lokomotive
in dem Rahmenwerk unter dem Boden des Führerstandes aufgehängt.
Dieser Transformator ist an beiden Enden mit Kappen versehen, von

welchen die eine durch den Boden in die Hochspannungskammer hineinreicht. Innerhalb dieser Kappe sind die Hochspannungsausführungen des Transformators angebracht. Dieser Transformator ist als Spartransformator ausgeführt und hat Hochspannungsausführungen für 6 000, 12 000, 15 000 und 18 000 Volt. An derjenigen dieser Ausführungen, die der zu verwendenden Fahrdrahtspannung entspricht, wird die Leitung von den Apparaten in der Hochspannungskammer angeschlossen. Die an dem anderen Ende des Transformators befindliche Kappe schließt die Niederspannungsausführungen des Transformators ein. Diese Kappe reicht auch durch

den Boden in einen kleinen Schrank in den Führerstand hinein, wo einige Schalter und Sicherungen für den erforderlichen Niederspannungsstrom zu den Steuerungsapparaten, der Beleuchtung und den Heizungsapparaten angeordnet worden sind. Von diesem Schrank führen im Zwischenraum des doppelten Bodens des Führerstands die Kabel, welche den Triebmotoren Strom liefern. Diese Kabel führen zu den Fernstromschließern für die Steuerung, welche in einem der Schränke, welche die abgeschrägten Enden der Lokomotive bilden, aufgestellt sind. Der andere dieser Schränke enthält sowohl einen motorgetriebenen Kompressor, der dem Steuerungssystem, der Pfeife und den Sandstreuapparaten Luft liefert, wie auch eine motorgetriebene Vakuumpumpe, die das Vakuum für die Bremsen liefert. Diese Vakuumbremsvorrichtung war bei der Lieferung

Fig. 69. Führerstand der elektrischen Lokomotive Nr. 1.

nicht vorhanden, sondern ist später angebracht worden, indem die Vakuum-pumpe mit Motor von der dreiachsigen Lokomotive, die zwei solche hatte, genommen ist. An jeder Seite des Führerraumes (Fig. 69) gibt es einen Sitzplatz für den Führer mit einem Fahrschalter und einer Klappe für die

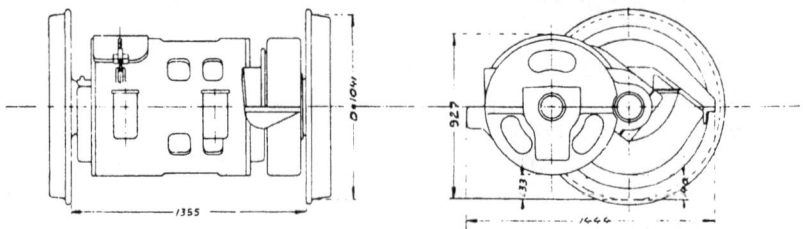

Fig. 70. Umrißskizze eines Westinghouse-Motors.

Vakuumbremse an jeder Stelle. An der einen Seite gibt es außerdem einen Schalter für den Vakuummotor, einen Ausschalter für den Kom-pressormotor und Ventile für die pneumatische Sandstreuvorrichtung. Der Raddurchmesser dieser Lokomotive ist 1040 mm und der Radstand

2540 mm. Fig. 70 zeigt einen Motor mit einem Paar Räder. Das Gewicht der Lokomotive ist 24,1 Tonnen und setzt sich so zusammen:

2 Motoren zu 2 220 kg	4 440 kg
2 Radpaare mit Achsen und Zahnrädern à 1 750 kg	3 500 „
1 Transformator mit Kasten	1 600 „
1 Satz Fernschalter	410 „
1 Stromwender	110 „
1 Drosselspule	130 „
1 motorgetriebener Luftkompressor . .	500 „
1 motorgetriebene Vakuumpumpe . . .	820 „
Die Stromabnehmer	840 „
Das Wagengestell mit Wagenkasten und Verschiedenes	11 750 „
	Summe: 24 100 kg.

Wie im vorigen erwähnt ist, war die Lokomotive ursprünglich mit einer anderen Steuerungsvorrichtung mittels eines Induktionsregulators

Fig. 71. Die elektrische Lokomotive Nr. 2.

versehen, die aber später gegen die jetzige vertauscht wurde. Das Gewicht der Lokomotive mit diesen ursprünglichen Vorrichtungen war ungefähr 1000 kg größer als das jetzige. Bei dieser früheren Vorrichtung
waren sowohl Apparate wie Leitungen in einer anderen Weise angeordnet, als in dem vorhergehen-
den beschrieben worden ist.

Die dreiachsige Lokomo-
tive ist von den Siemens-
Schuckert - Werken in Berlin
geliefert, und ihr Aussehen geht
aus Fig. 71 hervor. Der Führerraum ist an dem einen Ende
der Lokomotive angeordnet, und
der übrige Teil des Lokomotiv-
kastens enthält den Haupttransformator der Lokomotive, die
Regelungsapparate, eine Vakuumpumpe und einen Kom-
pressor, welche von einem gemeinsamen Motor getrieben
sind. Dieser Motor treibt auch
ein Gebläse für die Luftküh-
lung der Motoren an. Auf dem
Dach der Lokomotive sind die
zwei Stromabnehmer für Unterkontakt aufgestellt, von welchen
der Strom zu den an dem einen
Ende der Lokomotive ange-
brachten Blitzableitern und davon durch offene Einführungs-
rohre zu dem Hochspannungstransformator der Lokomotive
hineingeleitet wird. Die Hoch-
spannungsspulen dieses Transformators sind so umschaltbar,
daß derselbe für mehrere ver-

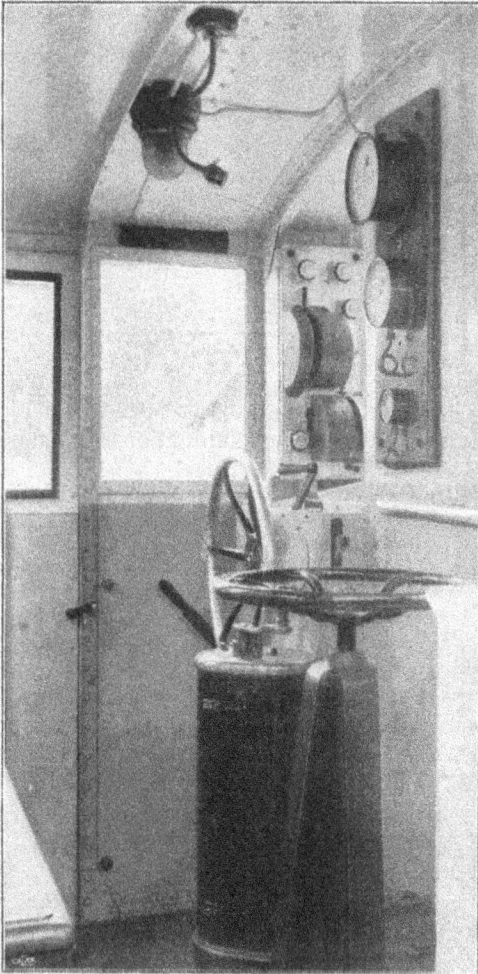

Fig. 72. Führerstand der elektrischen Lokomotive Nr. 2.

schiedene Fahrdrahtspannungen
zwischen 5000 und 20000 Volt verwendet werden kann. Die Regelungsapparate der Lokomotive werden von dem Führerstande (siehe Fig. 72),
wo es einen Fahrschalter für diesen Zweck gibt, gesteuert. Dort ist
auch ein Bremsschalter für Steuerung des Bremssystems aufgestellt.
Die Lokomotive ist mit einer Signalpfeife für Druckluft und einem später

zugekommenen solchen Apparat für Vakuum versehen. Es gibt auch eine mechanische Sandstreuvorrichtung.

Jede Achse der Lokomotive ist mit einem Motor von 110 PS versehen. Fig. 73 zeigt einen Motor mit einem Räderpaar. Um den Achsen-

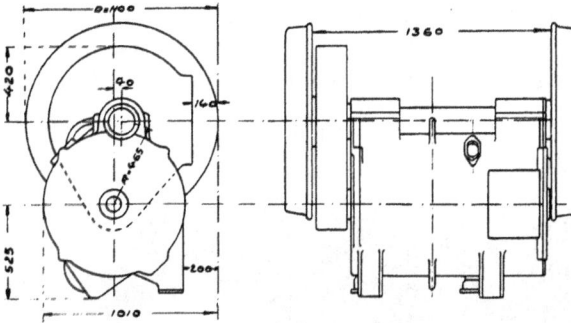

Fig. 73. Umrißskizze eines Siemens-Motors.

druck auszugleichen, ist eine Ausgleichvorrichtung zwischen der Mittelachse und einer der äußeren Achsen angebracht. Der Raddurchmesser ist 1100 mm und der feste Radstand 4000 mm. Das Gewicht der Lokomotive beläuft sich auf 35,0 Tonnen und setzt sich zusammen:

3 Motoren zu 2450 kg	7350 kg
3 Radpaare mit Zahnrädern zu 1875 kg . . .	5625 „
1 Haupttransformator	3150 „
Stromabnehmer	910 „
1 Motor mit Kompressor und Vakuumpumpe .	1170 „
Das Wagengestell und Verschiedenes	16795 „
Summa	35000 kg

Die Stromabnehmer.

Die Lokomotive der Westinghouse-Gesellschaft — bei den Staatsbahnen die elektrische Lokomotive Nr. 1 genannt — wurde ohne Stromabnehmer geliefert. Wie vorher erwähnt, wurde deswegen ein gewöhnlicher Straßenbahnbügel auf Hochspannungsisolatoren versuchsweise aufgesetzt (Fig. 67). Dieser Stromabnehmer erwies sich natürlicherweise seinem großen Gewicht zufolge als ungeeignet für Geschwindigkeiten über 25 km pro Stunde.

Die Stromabnehmer, die von der Allgemeinen Elektrizitäts-Gesellschaft zu den Motorwagen geliefert waren, sind in Fig. 74 wiedergegeben. Sie sind Scherenbügel und haben sich sehr zufriedenstellend erwiesen. Der Stromabnehmer besteht, wie ersichtlich ist, aus einem kleinen oberen

Bügel mit geringem Gewicht, der nur 30 cm hoch ist und welcher oben auf einem scherenähnlichen Teil befestigt ist. Diese Schere bezweckt, den größeren Veränderungen von der Höhe des Fahrdrahtes zu folgen. Die kleinen Höhenänderungen werden von dem Oberbügel aufgenommen, der natürlich viel leichtbeweglicher als der untere Teil des Stromabnehmers ist und der auch als Puffer für diesen Dienst tut. Bei diesem Stromabnehmer ist es nur der kleine Oberbügel, der nicht für Wind ausgeglichen ist, und deswegen arbeitet der Stromabnehmer natürlich viel besser als der ge-

Fig. 74. Stromabnehmer am Motorwagen.

wöhnliche Straßenbahnbügel. Die Motorwagen sind je mit zwei Stromabnehmern versehen, und es hat sich nicht notwendig erwiesen, anders als einfache Aluminiumgleitschienen für die Oberbügel zu verwenden.

Die von den Siemens-Schuckert-Werken gelieferte elektrische Lokomotive — Nr. 2 bei den Staatsbahnen — ist mit einer Stromabnehmervorrichtung versehen, die in Fig. 75 gezeigt ist. Diese Vorrichtung ist, wie ersichtlich, nach hauptsächlich derselben Bauart wie die vorige gebaut. Der einzige Unterschied ist, daß die unteren Schenkel der Schere auswärts, anstatt nach innen gerichtet sind. Es hat sich jedoch erwiesen, daß man hierdurch größere Lagerreibung als bei der vorigen Bauart erhält, und ebenso wird das Anordnen von Hebefedern ein wenig verwickelter. Der Oberbügel ist bei diesem Stromabnehmer 80 cm hoch, also wesentlich größer als der auf den Motorwagen, was sich als ungeeignet erwiesen hat, da er dadurch leichter gegen den Draht schlägt.

Durch Zusammenarbeiten zwischen den Ingenieuren der „Allmänna Svenska Elektriska Aktiebolaget" und denen der Versuchsbahn wurde eine Stromabnehmerkonstruktion für die Lokomotive Nr. 1 ausgearbeitet, die von dieser Gesellschaft verfertigt wurde. Dieser Stromabnehmer erwies

Fig. 75. Stromabnehmer der elektrischen Lokomotive Nr. 2.

sich jedoch anfangs nicht zufriedenstellend, warum er nach verschiedenen Experimenten etwas umgeändert wurde. Sein Aussehen geht aus Fig. 76 hervor und ist den von Brown, Boveri & Co. für die Simplonlokomotiven ausgeführten Stromabnehmern gewissermaßen ähnlich. Die Konstruktion besteht aus zwei unteren, vorwärts und rückwärts gerichteten Teilen, mit je einem kleinen Oberbügel versehen. Durch Verbindung dieser zwei Stromabnehmer mittels Ketten wirken sie ausgleichend aufeinander. Diese Anordnung, bei welcher ein Unterteil immer gegen die Bewegungsrichtung arbeitet, schließt eine Möglichkeit der Gefahr in sich und zwar, wenn der vordere Stromabnehmer im Fahrdraht hängen bleibt, da offenbar der vordere Unterteil aufwärts, anstatt unterwärts pressen wird. Diese Gefahr

8*

wird jedoch dadurch vermieden, daß man die beiden Stromabnehmer mittels
der erwähnten Kette vereinigt und dazu den Oberbügel des hinteren
Stromabnehmers mit einem Anschlag versieht, so daß er sich von seiner
vertikalen Lage nach hinten nicht mehr als etwa 30 Grade ausbiegen
kann. Den vorderen Oberbügel dagegen läßt man nach hinten bedeutend
mehr ausbiegen. Damit dieses gut wirken soll, ist jedoch erforderlich,
daß die Oberbügel wenigstens 80 cm hoch sind, was, wie oben erwähnt,

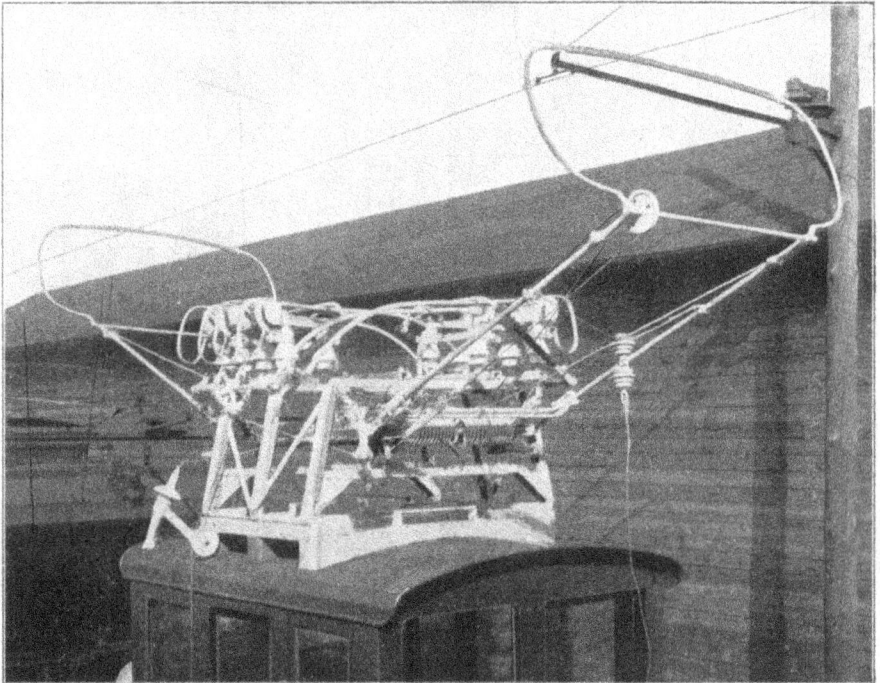

Fig. 76 Stromabnehmer der elektrischen Lokomotive Nr. 1.

aus anderen Gründen nicht ganz gut ist. Diese Stromabnehmerkonstruktion hat den Nachteil, daß die Unterteile, um nötige Festigkeit zu erhalten,
bedeutend schwerer als bei der Scherenbauart gemacht werden müssen,
wodurch sie größere Trägheit als geeignet bekommen wird. Eine schema-
tische in Maßstab ausgeführte Darstellung der im vorigen erwähnten Stromabnehmer wird in Fig. 77 gezeigt.

Ungeeignete Form der Oberbügel ist, wie vorher in dem Kapitel
über die Fahrdrahtleitungen erwähnt ist, in einigen Fällen Ursache zum
Niederreißen der Fahrdrahtleitung gewesen. Fig. 78 zeigt, wie die Oberbügel der elektrischen Lokomotive Nr. 2 von Anfang aussahen. Diese
Form zeigte sich ungeeignet, weil für einen solchen Oberbügel offenbar

es sehr leicht war, sich zwischen zwei Fahrdrähten in einer Weiche oder Kreuzung festzukeilen. Diese Oberbügel sind deswegen so verändert, daß sie jetzt wie in Fig. 71 aussehen und seitdem ist kein ähnlicher Unfall eingetroffen.

Die Vorrichtungen für die Steuerung der Stromabnehmer sind, mit Ausnahme von dem Motorwagenzug, provisorischer Natur gewesen. Für die elektrischen Lokomotiven ist nur ein erdverbundenes Stahlseil für das

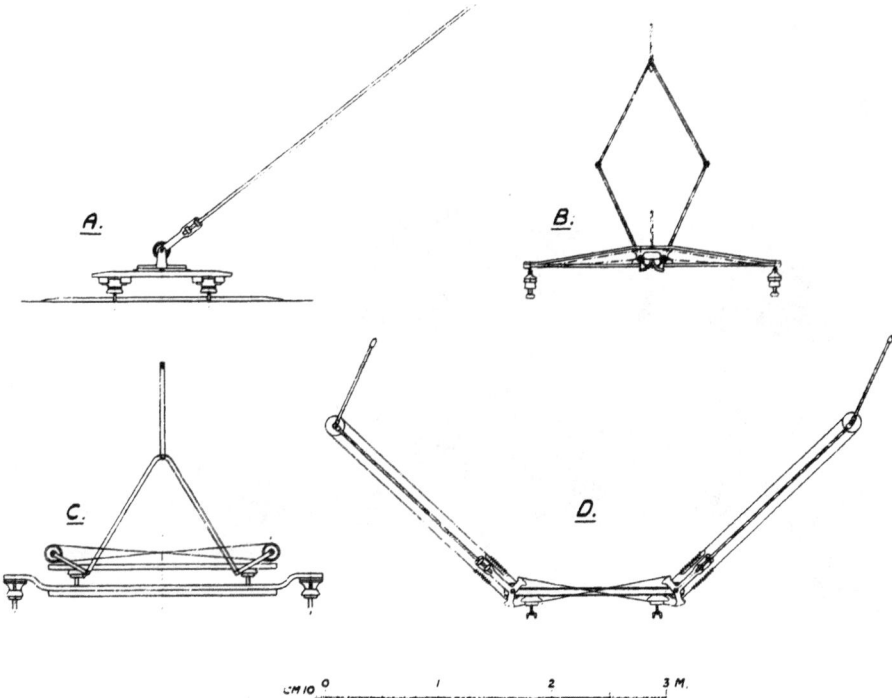

Fig. 77. Vergleichende Darstellung der Stromabnehmer.

Herunterziehen der Stromabnehmer angewendet worden. Bei der Lokomotive Nr. 2 ist jedoch mehrmals ein solches Seil abgerissen, wobei Kurzschlüsse verursacht sind.

Auf den Motorwagen werden die Stromabnehmer mittels Vakuum gesteuert. Für jeden Stromabnehmer gibt es zwei Sätze Federn, von welchen der eine immer gespannt ist und einen Teil des Gewichts des Stromabnehmers aufnimmt, doch nicht mehr, als daß die Bügel von selber heruntergehen können. Der zweite Satz Federn, der von einem Vakuumkolben gespannt wird, gleicht den Rest des Bügelgewichtes aus und gibt den erforderlichen Druck (ungefähr 5 kg) gegen den Fahrdraht. Die Vakuumkolben werden mittels eines Dreiweghahns gesteuert. Die Vorrichtung hat doch den Nachteil, daß die Kolben sich recht langsam bewegen. Um die Stromabnehmer schneller herunterziehen zu können, ist deswegen ein zweiter Dreiweghahn eingesetzt worden, mittels dessen Vakuum auf der anderen Seite des Kolbens angelassen werden kann, wodurch offenbar eine kräftigere Wirkung erhalten wird. Bei der Verwendung von Vakuum werden die Abmessungen der Zugkolben natürlich groß. Druckluft ist deshalb vorzuziehen, weil man damit kleinere Kolben

Fig. 78. Die elektrische Lokomotive Nr. 2 mit der ursprünglichen Bauart des Stromabnehmers.

erhält. Durch die beschriebene Vorrichtung mit doppelten Sätzen Federn erhält man einen kleineren Reibungswiderstand für den Stromabnehmer, als wenn man den Kolben alle Bewegungen folgen läßt, und man wird weiter von den Schwankungen in dem Luftdruck unabhängig.

Die von der Oerlikonfabrik gelieferten Stromabnehmer sind aus den Fig. 74 u. 76 ersichtlich. Ein Teil der mit diesen Apparaten gewonnenen Erfahrungen ist schon in dem Kapitel über die Fahrdrahtleitungen besprochen. Die Steuerung von diesen ist mittels eines Seiles und einer Winde gemacht. Ursprünglich war die Meinung, zwei Seile zu verwenden; dieses ist aber dadurch vermieden, daß die Stromabnehmer mit Torsionsfedern versehen worden sind, die sie so weit zurückführen, daß sie vom eigenen Gewicht weitergeführt werden.

Alle Stromabnehmer, mit Ausnahme der für Unterkontakt auf dem Motorwagen angebrachten, sind auf Porzellanisolatoren montiert, welche trotz dem Rütteln erforderliche Festigkeit erwiesen haben. Auf den Motorwagen sind Isolatoren aus Eisengummi für die Stromabnehmer verwendet worden; diese aber haben sich nicht vorteilhafter als Porzellanisolatoren erwiesen, wie in dem Bericht über die Isolatoren der Fahrdrahtleitung näher erwähnt ist.

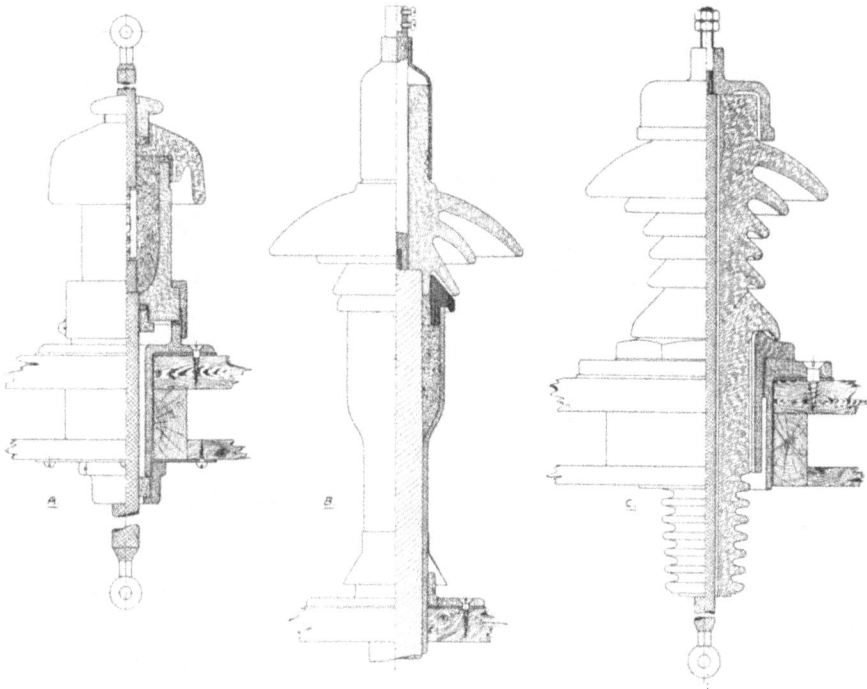

Fig. 79. Einführungsisolatoren.

Die Stromeinführung.

Der hochgespannte Strom wird auf verschiedener Weise in die Hochspannungskammern eingeführt. Auf den Motorwagen ist ein Einführungsisolator aus Hartgummi, der von A in Fig. 79 gezeigt ist, verwendet. Auf der elektrischen Lokomotive Nr. 1 wird der Strom durch ein bleiumgebenes und papierisoliertes Kabel, dessen oberes Ende, welches durch das Dach des Führerabteils hinaufragt, mit einem Ausführungsisolator, der von B auf derselben Figur gezeigt wird, versehen ist. An dem unteren Ende des Kabels gibt es keine entsprechende Isolatorvorrichtung, sondern der Bleimantel ist nur auf einer Länge von etwa 30 cm weggenommen, und die Papierisolation ist kegelförmig abgeschnitten und mit in Sterling Varnish eingetränkter Leinwand (empire cloth) umwickelt. Nachdem diese Umwickelung ausgeführt wurde, ist dieselbe einigemale mit Sterling Varnisch bestrichen worden.

Sowohl der Einführungsisolator auf einem der Motorwagen wie auch der obere Isolator auf dem Einführungskabel in der elektrischen Lokomotive Nr. 1 sind von dem Strom durchschlagen, und deswegen ist ein neuer Isolator aus Porzellan, der von C in Fig. 79 gezeigt wird, konstruiert worden. Dieser Isolator ist sowohl elektrisch wie mechanisch so kräftig wie möglich gemacht, ist aber außerdem so angeordnet, daß er bei einem eintreffenden Fehler sehr leicht vertauscht werden kann.

Die untere Ausführung des Kabels in der elektrischen Lokomotive Nr. 1 hat sich als sehr gut erwiesen. Eine solche Vorrichtung kann doch nur an

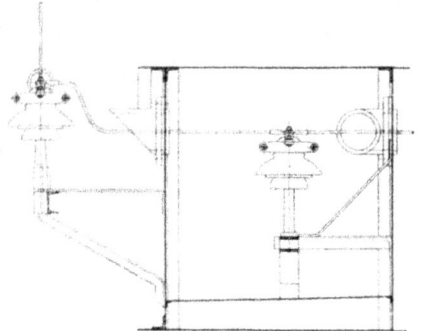

Fig. 80. Einführungsanordnung an der elektrischen Lokomotive Nr. 2.

inneren, vor Schmutz geschützten Stellen benutzt werden.

Auf der elektrischen Lokomotive Nr. 2 ist eine offene Stromeinführung, die von den Fig. 80 u. 81 gezeigt wird, verwendet worden. Diese Vorrichtung hat erwiesen, daß sie ihren Zweck gut erfüllt, erfordert jedoch einen Raum, der nur ausnahmsweise zur Verfügung steht.

Fig. 81. Schutzvorrichtungen gegen Überspannungen an der elektrischen Lokomotive Nr. 2.

Blitzableiter und Überspannungsschutz.

In dem Kapitel über das Kraftwerk ist schon erwähnt, daß keine Schwierigkeiten durch Überspannungen und Blitzschläge bei der Versuchsbahn vorgekommen sind. Die elektrische Lokomotive Nr. 1 ist die ganze Zeit ohne Überspannungsschutz gefahren. In den Motorwagen ist in der Hochspannungskammer ein Blitzableiter aus Messingrollen mit in Reihe geschalteten Widerstandsstäbchen aus Kohlen der Allgemeinen Elektrizitäts-Gesellschaft aufgestellt. Auf der Lokomotive Nr. 2 ist an dem einen Ende eine Überspannungsvorrichtung aus zwei parallelgeschalteten Hörnerblitzableitern vom Siemens-Typus montiert worden. Der eine von diesen ist mit einer möglichst kleinen Funkenstrecke eingestellt und mit einem Widerstand von geeigneter Größe in Reihe geschaltet gewesen; der andere dagegen ist mit einer größeren Funkenstrecke eingestellt und hat das eine Horn direkt geerdet gehabt. Fig. 81 veranschaulicht diese Vorrichtung, die auch in dem in Fig. 90 widergegebenen Schaltbild für die Lokomotive gezeigt wird.

Die Hochspannungskammer.

Sowohl um Unglücksfälle durch Berührung mit den hochgespannten Strom führenden Apparaten und Leitungen so weit wie möglich vorzubeugen, wie auch um diesen Apparaten und Leitungen wegen der Betriebssicherheit einen geschützten Platz zu bereiten, sind diese, wie vorher erwähnt, sowohl bei Lokomotiven wie Motorwagen in einer besonderen Hochspannungskammer, die mit einer Sicherungsverschlußvorrichtung versehen worden ist, plaziert worden. Die Türen der Hochspannungskammer auf den Motorwagen sind mit einer Verschlußvorrichtung versehen, welche ihr Öffnen unmöglich macht, sobald der Stromabnehmer aufgehoben ist, und welche es weiter unmöglich macht, die Stromabnehmer mittels Vakuum, wenn die Türen offen sind, aufzuheben. Weiter gibt es eine Kurzschlußvorrichtung, welche, wenn die Tür geöffnet wird, die Hochspannungsvorrichtungen in der Kammer sofort mit der Erde verbindet. Die Verschlußvorrichtung, die das Öffnen der Hochspannungskammer verhindert, wenn der eine oder beide Stromabnehmer aufgezogen sind, ist eine gewöhnliche mechanische Vorrichtung. Sie hat sich jedoch recht ungeeignet erwiesen, indem sie das Öffnen der Tür, auch wenn die Stromabnehmer unten gewesen sind, oft erschwert hat. Meistenfalls, wenn die Hochspannungskammer geöffnet werden mußte, hat es sich notwendig erwiesen, diese Verschlußvorrichtung, die von dem Setzen des Wagenkorbs offenbar sehr abhängig gewesen ist, aufzudietrichen. Die Vorrichtung, die bei offener Tür das Aufheben der Stromabnehmer mittels Vakuum verhindert hat, besteht aus einer Vakuumklappe, die in der Vakuumleitung des Stromabnehmers angebracht und von der Tür der Hochspannungskammer zugehalten worden ist, wenn diese geschlossen gewesen ist. Es ist jedoch vorgekommen, daß sich die Tür der Hochspannungskammer von selber einige Millimeter geöffnet hat, was zur Folge hatte, daß die Stromabnehmer heruntergegangen sind. Eine besondere Verschlußvorrichtung mußte deswegen auf die Verschlußschraube angebracht werden, damit dieses nicht mehr eintreffen sollte. Es scheint jedoch, als ob diese beiden Verschlußvorrichtungen, welche man durch Konstruktionsverbesserungen natürlich vollständig betriebssicher erhalten könnte, doch entbehrt werden können, wenn man nur den oben erwähnten Kurzschließer beibehält.

Auf der elektrischen Lokomotive Nr. 2 ist die Tür der Hochspannungskammer mit einem Riegel versehen. Wenn dieser zum Öffnen der Tür fortgezogen wird, werden die Hochspannung führenden Teile

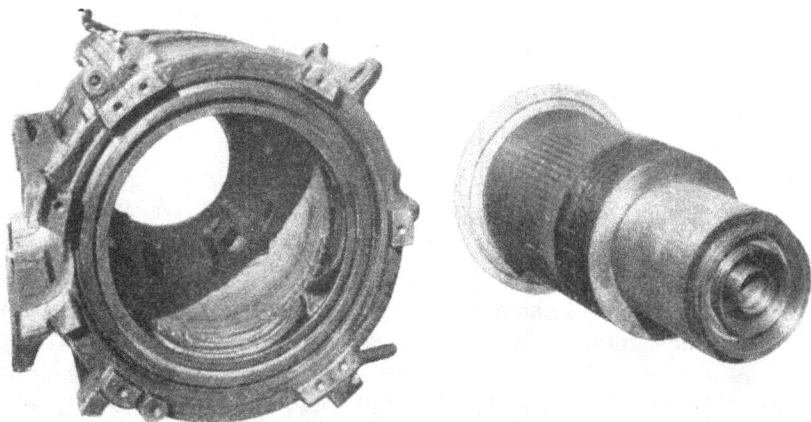

Fig. 82. Stator und Rotor des A. E. G.-Motors.

gleichzeitig mittelst einer Kurzschlußvorrichtung erdverbunden. In der elektrischen Lokomotive Nr. 1 wird, wie schon erwähnt, die Tür der Hochspannungskammer mittelst eines gewöhnlichen Schlosses geschlossen. Dort gibt es jedoch auch einen Kurzschließer, mit welchem die Hochspannungsleitung, wenn erforderlich, erdverbunden werden kann. Die in der elektrischen Lokomotive Nr. 2 gewählte Vorrichtung scheint die beste zu sein. Sie sollte jedoch (was jetzt nicht der Fall ist) so ausgeführt werden, daß in gewöhnlichen Fällen der Riegel nicht so lange, wie die Hochspannungskammer offen ist, zurückgeführt und also die Erdverbindung auch nicht gebrochen werden kann.

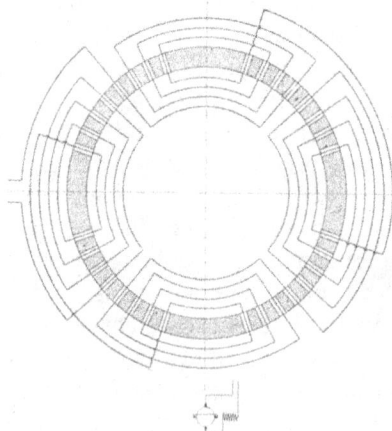

Fig. 83. Wicklungsbild des Stators am A. E. G.-Motor.

Die Motoren.

Bei der Versuchsbahn sind drei verschiedene Arten von Einphasenmotoren geprüft worden, nämlich der kompensierte Reihenschlußmotor, der kompensierte Reihenschlußmotor mit Wendepolen und der kompensierte Repulsionsmotor. Zu der ersten Bauart gehören die Motoren auf der elektrischen Lokomotive Nr. 1 (Westinghouse), zu der zweiten Art die Motoren der elektrischen Lokomotive Nr. 2 (Siemens-Schuckert-Werke), und zu der letzten Art gehören die Motoren, welche auf den Motorwagen eingebaut sind (Allgemeine Elektrizitäts-Gesellschaft). Die Ständerwicklung betreffend, sind die letzterwähnten Motoren die einfachsten, indem sie nur eine solche Wicklung, welche die Fig. 82 u. 83 zeigen, haben. In

Fig. 84. Stator, Rotor und Bürstenhalterbrücke des Westinghouse-Motors.

dieser Hinsicht kommt als nächster der Westinghouse-Motor, der zwei Ständerwicklungen, nämlich eine Feldwicklung und eine Kompensationswicklung (Fig. 84 u. 85) hat. Der Siemens-motor hat auf dem Ständer nicht weniger als fünf Wicklungen, und zwar für jeden Pol zwei Hauptfeldspulen, eine Nebenschluß- und eine Serienspule für den Wendepol und eine kurzgeschlossene Kompensationswicklung. Es ist dem Fabrikanten gelungen, durch eine neuere Konstruktion alle diese fünf Wicklungen in einer einzigen Wicklung mit mehreren Ausführungen zu vereinigen, welche so geschaltet werden können, daß diese Wicklung allein denselben Dienst tut wie alle die bei der Versuchsbahn verwendeten fünf Wicklungen. Die Anordnung dieser Wicklungen geht aus den Fig. 86

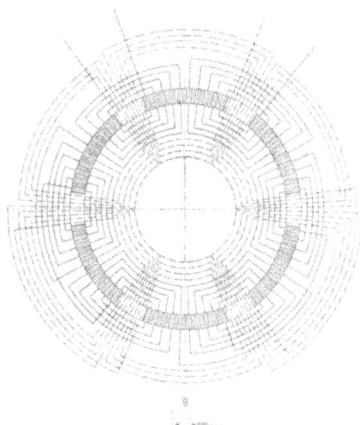

Fig. 85. Wicklungsbild des Stators am Westinghouse-Motor.

u. 87 hervor. Die Einschaltung der Ständerwicklungen der verschiedenen Motoren ist aus den Schaltbildern in den Fig. 88, 89 u. 90 ersichtlich.

Die Läuferwicklung ist bei den A. E.-G.- und Siemens-Motoren in Reihe geschaltet, bei dem Westinghouse-Motor aber parallelgeschaltet, letzteres um den Läufer dann magnetisch ausgeglichen zu erhalten, wenn durch die Abnutzung der Läuferlager der Luftspalt auf der unteren Seite des Läufers verkleinert worden ist. Bei einem seriegeschalteten Läufer wird nämlich in diesem Falle die nach unten wirkende magnetische Anziehung den Lagerdruck vergrößern, wodurch die Lagerabnutzung noch mehr vergrößert wird.

Bei Einphasenkommutatormotoren werden durch Transformatorwirkung Ströme in die Läuferwicklungen, die von den Bürsten kurz-

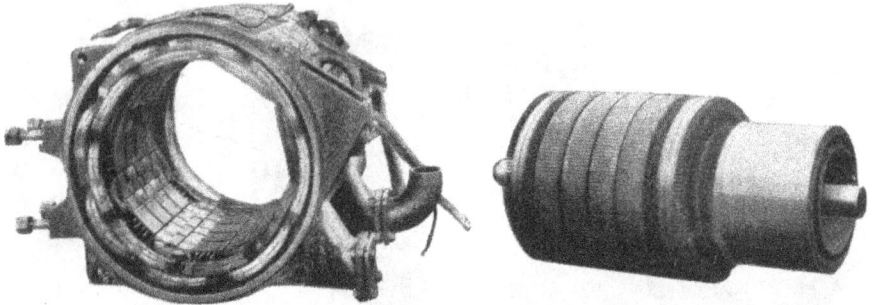

Fig. 86. Stator und Rotor des Siemens-Motors.

geschlossen werden, induziert, und deswegen wird es bei diesen Maschinen wesentlich schwieriger als bei Gleichstrommaschinen, einen funken-

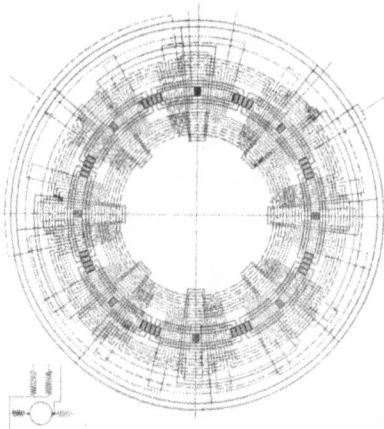

Fig. 87. Wicklungsbild des Stators am Siemens-Motor.

losen Lauf des Kommutators zu erhalten. Es ist klar, daß die Anzahl Wicklungswindungen für jede Kommutatorlamelle so gering wie möglich für die Verminderung dieser Transformatorwirkung gemacht werden muß, und man bekommt deswegen eine im Verhältnis zu der Spannung des Läufers ziemlich große Anzahl Lamellen. Damit diese Anzahl und also der Durchmesser des Kommutators nicht unpraktisch groß werden soll, muß man sich deswegen bei diesen Motoren mit einer relativ niedrigen Läuferspannung begnügen,

Da nun anderseits die Spannungen des Ständers und Läufers bei einem Reihenschlußmotor in einem gewissen gegenseitigen, von den wichtigsten elektrischen Eigenschaften des Motors bedingten Verhältnis stehen müssen, folgt hieraus, daß die Spannung des Ständers, und also des ganzen Motors, aus demselben Grund auch niedrig wird. Deshalb ist die Klemmenspannung für den Westinghouse-Motor 250 Volt und für den Siemens-Motor 320 Volt.

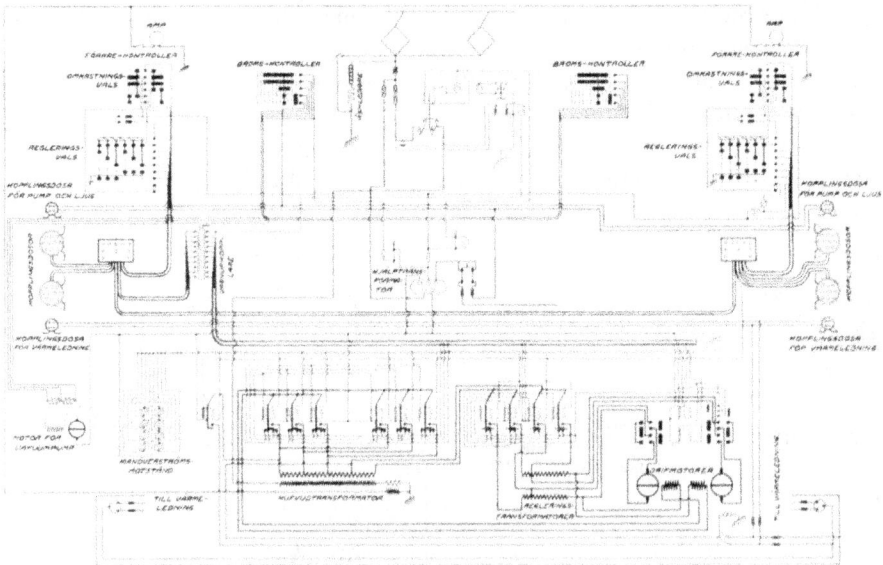

Fig. 88. Schaltbild des Motorwagenzuges.

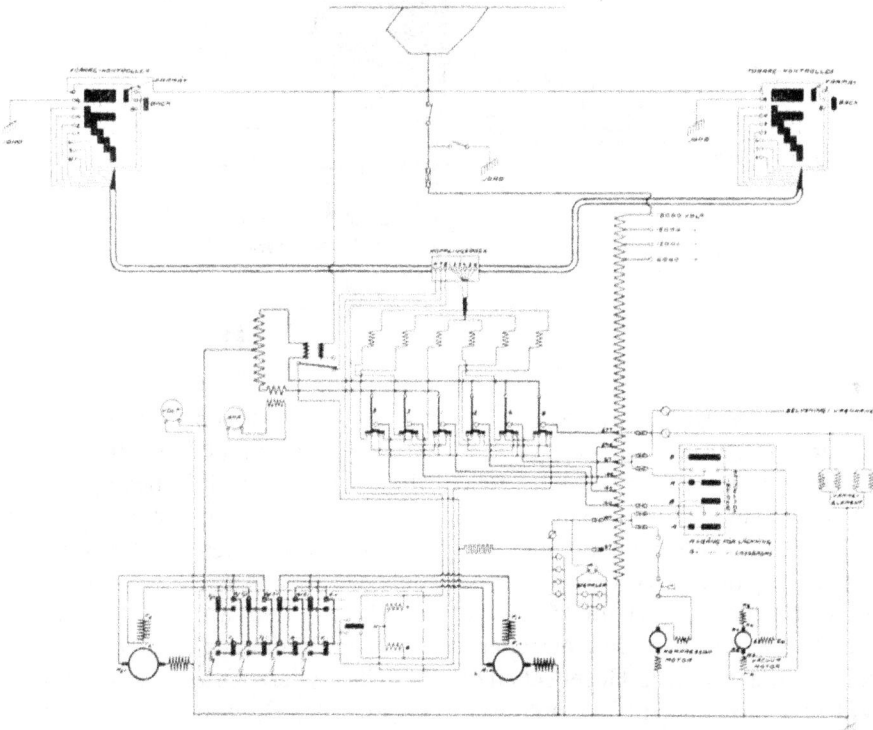

Fig. 89. Schaltbild der elektrischen Lokomotive Nr. 1.

Für den A. E. G.-Motor als Repulsionsmotor stellt sich die Sache wie bekannt anders. Die höchste Spannung bei den Motoren des Motorwagens ist 750 Volt. Das Verhältnis zwischen der Spannung des Läufers und der totalen Spannung bei diesen Motoren geht aus Fig. 91 hervor.

Außer der Verwendung einer möglichst geringen Anzahl Wicklungswindungen pro Lamelle müssen auch andere Mittel ergriffen werden, um

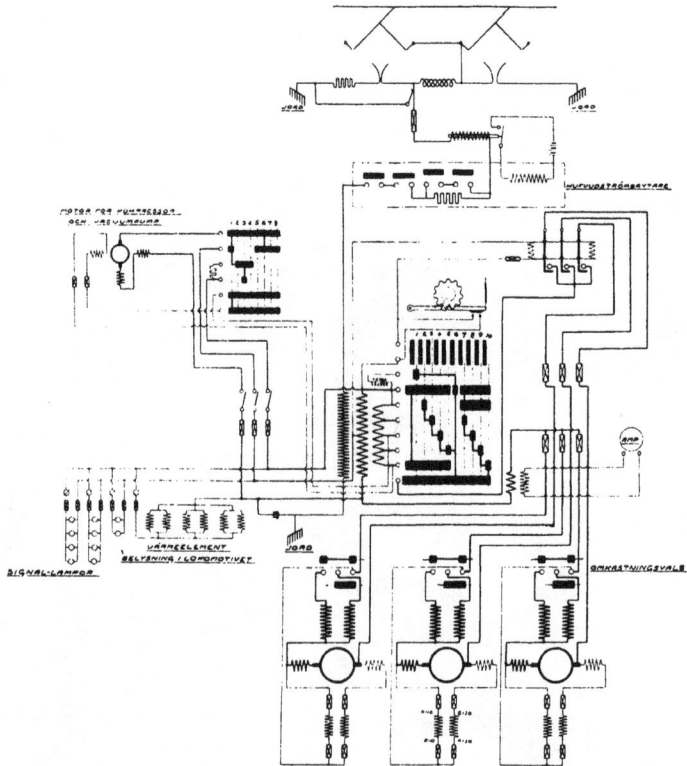

Fig. 90. Schaltbild der elektrischen Lokomotive Nr. 2.

den Lauf des Kommutators zufriedenstellend zu machen. In dieser Beziehung zeigen die beiden Haupttypen, der Reihenschluß- und Repulsionsmotor, darin einen prinzipiellen Unterschied, daß der erstere bezüglich des Funkens sein bestes Arbeitsgebiet über der synchronen Umlaufzahl hat, während der letztere bei und in der Nähe dieser Geschwindigkeit am besten arbeitet. Bei beiden Typen sind die Kommutierungsverhältnisse am ungünstigsten bei niedriger Geschwindigkeit und also im Augenblick des Anfahrens. Bei den betreffenden Reihenschlußmotoren der Westinghouse- und Siemens-Gesellschaften sind besondere Drähte mit großem Widerstand zwischen der Läuferwicklung und dem Kommutator eingesetzt worden, um dadurch den beim Kurzschluß der Spule entstandenen Strom klein zu halten. Bei dem Siemens-Motor sind die Widerstandsdrähte in den Raum zwischen der Läuferwicklung und dem Kommutator verlegt, bei dem Westinghouse-Motor wieder sind diese Drähte in den Nuten des Läufers unter der eigentlichen Wicklung verlegt. Diese Widerstände verursachen offenbar Energieverluste, wie sie gleichzeitig ein relativ schwacher Teil des Motors sind, weil sie infolge ihrer besonders beim Anlassen starken Erwärmung leicht beschädigt werden und Fehler an dem Motor verursachen können. Auf den später von der Siemens-Gesellschaft ausgeführten Motoren sollen diese Verbindungen, wie bei den der Westinghouse-Gesellschaft, in die Nuten des Läufers verlegt sein, wo sie neben ihrer reinen Widerstandswirkung ihren Zweck auch infolge einer in dieselben induzierten elektromotorischen Kraft fördern können. Der Siemens-Motor hat von den obenerwähnten für diesen Zweck befindlichen Wendepolen auch in bezug auf die Kommutierung einen gewissen Nutzen.

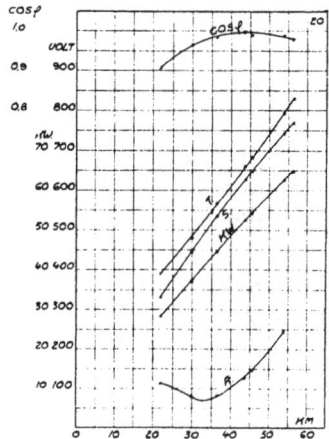

Fig. 91. Schaulinien des A.E.G.-Motors.
T = die Klemmenspannung des Motors,
S = die Statorspannung,
R = die Rotorspannung.

Der A.E.G.- (Repulsions-) Motor hat keine solchen Widerstandsverbindungen. Er ist anstatt dieser mit einer besonderen Läuferwicklung versehen, und außerdem hat dieser Motor in seiner Feldwicklung ein Mittel, bei ungünstigen Umlaufszahlen, also besonders beim Anlassen, die Bedingungen für mäßiges Funken in der Weise gewissermaßen zu verbessern, daß die Größe des Felderregungsstroms in diesem Falle im Verhältnis zu dem Ständerstrom vermindert wird, was mit Hilfe eines Serientransformators gemacht wird; während also der Felderregungsstrom bei den Motoren der Motorwagen beim Anlassen gleich dem Ständerstrom ist, ist er bei voller Geschwindigkeit 33 % größer als dieser.

Die oben erwähnten Widerstandsverbindungen zwischen der Läuferwicklung und dem Kommutator der Westinghouse- und Siemens-Motoren sind in einigen Fällen während der Versuche abgebrannt worden. Zwei solcher Fälle sind bei den Westinghouse-Motoren eingetroffen. In diesen Motoren liegen, wie oben erwähnt, die Widerstandsverbindungen teilweise in den Läufernuten, und sind in derselben Weise wie die übrigen Leiter des Läufers isoliert. In den beiden Fällen, wo Fehler eingetroffen sind, sind diese durch Kurzschluß verursacht, das eine Mal dadurch, daß ein scharfer Rand des Läuferbleches in einem Loch des Läufers die Isolation durchschnitten hatte, und das zweite Mal durch fehlerhafte Isolation des

Läufers an einer Stelle. Beide Male sind die beschädigten Widerstandsdrähte neben dem Kommutator abgebrannt worden, darauf beruhend, daß
beim Passieren einer Bürste der dem Draht gehörenden Lamelle ein
Kurzschlußstrom durch diesen Widerstandsdraht, der infolge des Isolations-
fehlers auf einer Stelle erdverbunden gewesen ist, geflossen ist. Diese
beiden Fehler in den Widerstandsdrähten der Westinghouse-Motoren sind
offenbar zu dem Gebiet der Fabrikationsfehler zu rechnen. Die Widerstandsverbindungen der Siemens-Motoren sind in drei Fällen verbrannt
worden, in keinem von diesen ist der Fehler durch Kurzschluß in der
Maschine, sondern nur durch starke Erwärmung verursacht. Die Widerstandsverbindungen der Siemens-Motoren sind aus Kruppindraht und un-
isoliert ausgeführt, und in dem Zwischenraum zwischen der Läuferwicklung und dem Kommutator angebracht. Um dieselben voneinander isoliert
zu halten, ist ein mit Löchern versehener Ring aus einem isolierenden
Material verwendet worden. Durch diese Löcher sind die Widerstandsverbindungen gezogen. Indessen ist dieser isolierende Ring nach und
nach mit Kohlenstaub bedeckt worden, wodurch eine, wenn auch bis
heute geringe Überleitung zwischen den Widerstandsverbindungen entstanden ist.

Diese, wie auch die übrigen Motoren der Versuchsanlage, sind bei
mehreren Gelegenheiten sehr heftigen Beanspruchungen und Überladungen
durch unaufhörlich wiederholtes Anlassen mit verhältnismäßig sehr großem
Zuggewicht absichtlich ausgesetzt und sind dabei Temperaturen bis zu
120° C mit Thermometer in dem Luftspalt des Motors gemessen worden.

Zu Ende 1907 wurden die Widerstandsverbindungen dieser Motoren
genau untersucht. Es zeigte sich dabei, daß bei den Westinghouse-Motoren
die Isolation auf dem Teil der Verbindungen, der in den Läufernuten
verlegt ist, in tadellosem Zustand war, während die Isolation auf dem
übrigen Teil ein wenig verkohlt war. Bei den Siemensmotoren waren
die Widerstandsverbindungen viel brüchiger als anfangs geworden. Bei
neueren Motoren werden die Widerstandsverbindungen nicht aus Kruppin
ausgeführt, welches Material für den Zweck weniger geeignet sein dürfte.
Bei den Widerstandsdrähten der Westinghouse-Motoren, welche aus Nickelin
ausgeführt sind, hat sich keine solche Veränderung des Materials gezeigt.

In welchem Maße die Widerstandsdrähte bei diesen Motoren während
des normalen Betriebes stärker als übrige Windungen erwärmt werden,
ist bei den Versuchen nicht konstatiert worden. Bei Temperaturmessungen
an den Motoren hat es sich jedoch gezeigt, daß, während bei den A.E.G.-
Motoren die an den Kommutatoren gemessene Temperaturerhöhung 15 bis
20% höher als die Temperaturerhöhung in dem Luftspalt gewesen ist,
bei den Westinghouse-Motoren ein entgegengesetztes Verhältnis stattgefunden hat, indem die Temperaturerhöhung dort 10 bis 15% niedriger als

die in dem Luftspalt gemessene Temperaturerhöhung gewesen ist. Bei den Siemens-Motoren hat die Bauart keine Temperaturmessung in dem Luftspalt gestattet.

Bei Gleichstrommaschinen entstehen, wie bekannt, starke Brandwunden auf dem Kommutator, sobald eine Lamellenverbindung zerrissen ist. Solche Brandwunden sind bei den obenerwähnten Fehlern weder auf den Westinghouse-, noch den Siemens-Motoren beobachtet worden. Dagegen ist die Kommutatorabnutzung, die sonst kaum bemerkbar ist, bei solchen Gelegenheiten sehr groß gewesen.

Der A.E.G.-Motor ist 4-polig ausgeführt und hat vier Bürstensätze für den Kurzschlußstrom und zwei für den Felderregungsstrom. Der Westinghouse-Motor ist 6-polig und der Siemens-Motor 8-polig, und beide sind mit derselben Zahl Bürstensätze wie die Polzahl versehen. Die große Anzahl Bürstenhalter bei allen diesen Motoren macht die Bürsten schwer zugänglich. Auf den Siemens-Motoren sind aus diesem Grund die Bürstenhalter an einem Bürstenhalterring befestigt, der mittelst einer besonderen Vorrichtung umgedreht werden kann, wodurch alle Kohlen durch denselben Deckel in dem Gehäuse besichtigt werden können. Auf den Westinghouse- und A.E.G.-Motoren sind die Bürstenhalter fest, und deswegen ist es bei diesen schwieriger, die Bürsten zu besichtigen.

Nachdem die verschiedenen Ausrüstungen 10000 km zurückgelegt hatten, sind die Kommutatoren untersucht worden, und dabei haben die A.E.G.- und Westinghouse-Motoren ungefähr gleich gute Resultate gezeigt. Keiner dieser Kommutatoren hat während des Zurücklegens dieser Wegstrecke weder abgedreht noch abgeschliffen werden müssen und waren sie bei der Untersuchung den Kommutatoren erstklassiger Bahn-motoren für Gleichstrom vollständig gleichgestellt. Die Kommutatoren der Siemens-Motoren waren ein wenig mehr angegriffen als die anderen, aber waren darum nicht schlecht. Sie sind einigemale während dieser Zeit mit Sandpapier abgeschliffen. Das Funken auf den Kommutatoren dieser Motoren ist gewöhnlicherweise ein wenig größer als auf den übrigen Motoren. Es ist jedoch hier zu bemerken, daß die Motoren auf der von den Siemens-Schuckert-Werken gelieferten Lokomotive von den allerersten Einphasenmotoren, welche diese Firma gebaut hat, waren, wogegen sowohl die Westinghouse- wie die A.E.G.-Motoren Ergebnisse eines längeren Experimentierens sind. Die neuen Motoren, welche die Siemens-Gesell-schaft jetzt baut, dürften, nach allem zu urteilen, bedeutend bessere Kommu-tierung, als die von dieser Firma für die Versuchsbahn gelieferten zeigen. Wie im vorigen erwähnt, ist die normale Abnutzung der Kommutatoren während der Versuchszeit kaum bemerkbar gewesen.

Die Abnutzung von Kohlenbürsten ist indessen größer, als die für Gleichstrommotoren gewesen. So hat es sich erwiesen, daß, wenn man

damit rechnet, daß die Bürsten zu ihrer halben ursprünglichen Länge
abgenutzt werden können, ein Satz Kohlenbürsten pro Motor für eine
Wegstrecke von 13000 km für die Westinghouse- und Siemens-Lokomo-
tiven und 15000 km für die Motorwagen ausreichen sollte. Unter Voraus-
setzung desselben Preises pro Volumen für alle Kohlensorten, nämlich
1,7 Öre pro cm³, was ein relativ hoher Preis sein dürfte, belaufen sich die
Kosten für die Bürstenabnutzung auf 8 Öre für die Westinghouse-Motoren,
9 Öre für die Siemens-Motoren und 10 Öre für die A.E.G.-Motoren, alles
pro 100 Motor·km. Wenn man, zwecks eines besonderen Vergleichs, diese
Werte in Verhältnis zu dem Weg, welchen die Bürsten auf den Kommutatoren zurücklegen, ausrechnet, so belaufen sich die Kosten auf 5,2 Öre
für die Westinghouse-Motoren, 4,6 Öre für die Siemens-Motoren und
6,4 Öre für die A.E.G.-Motoren, alles pro 100 km Weg auf dem Kommu-
tatorumkreis. Die maximal zulässige Umfangsgeschwindigkeit der Kommutatoren ist 29 m pro Sekunde für die Westinghouse-Motoren und 24 m
für die Siemens- und A.E.G.-Motoren gewesen. Das Zuggewicht hat während
der Versuchszeit durchschnittlich 41 Tonnen pro Westinghouse-Motor,
51 Tonnen pro Siemens-Motor und 38 Tonnen pro A.E.G.-Motor betragen.

Bei Gleichstrombahnmotoren kommt bisweilen ein sehr lästiger Umstand vor. Wenn nämlich die Stromzuführung einen Augenblick aufhört,
was der Fall ist, wenn der Stromabnehmer aus einem oder dem anderen
Grund den Fahrdraht verläßt, so verschwindet das magnetische Feld des
Motors. Wenn der Strom im nächsten Augenblick wieder eingeschaltet
wird, steigt die Stromstärke schneller, als das magnetische Feld des Motors,
was zur Folge hat, daß starkes Funken des Kommutators und gewöhnlich
auch Überschlag zwischen den Bürstenhaltern und von den Bürstenhaltern
zu dem Eisen entsteht. Hierdurch werden oftmals Störungen des Betriebes hervorgerufen. Bei keinem der Einphasenkommutatormotoren hat
sich so etwas gezeigt, trotzdem nicht selten die Stromzufuhr bei Versuchen
mit wenig geeigneten Stromabnehmern plötzlich abgebrochen ist.

Der Westinghouse-Motor hat infolge zu starker Erwärmung die
relativ kleinste Arbeitsfähigkeit bei ununterbrochenem Betrieb gehabt.
Dieser Motor ist nur mit natürlicher Ventilation versehen, was, wie voraus-
zusehen sich für die Abkühlung als ungenügend erwiesen hat, so daß
der Unterschied zwischen der größten und der dauernden Leistung des
Motors sehr groß geworden ist. Der Siemens-Motor ist mit Ventilation
durch ein in der Lokomotive angebrachtes Gebläse ausgerüstet, das
Luft in den Motor zwischen dem Stator und dem Rotor hineinpreßt. Auf
dem A.E.G.-Motor wieder ist der Rotor mit einer Ventilationsvorrichtung
versehen, die Luft durch ein Loch in der Mitte der Motorachse saugt.
Diese beiden Ventilationssysteme sind näher untersucht worden, und es
hat sich dabei erwiesen, daß sie im Betrieb ungefähr gleichwertig gewesen

sind. Die Siemens-Motoren haben, bei für diesen Zweck veranstalteten Versuchsfahrten auf einer 5 km langen Strecke, mit einem Zuggewicht von 51 Tonnen pro Motor und einer mittleren Geschwindigkeit von 25 km in der Stunde, nach einer 8-stündigen Fahrt eine Schlußtemperatur über der Temperatur der äußeren Luft von ca. 105⁰ für den Kommutator und 50⁰ für das Ständerblech erhalten, wenn die Ventilationsvorrichtung keinen Dienst getan hat, gegen bzw. 85⁰ und 35⁰ bei Dienstleistung dieser Vorrichtung. Um ohne Ventilationsvorrichtung die letzterwähnten Werte der Temperaturerhöhung zu bekommen, ist es notwendig gewesen, das Zuggewicht bis auf ungefähr die Hälfte des vorigen zu vermindern. Die Temperaturmessung ist mit Thermometer gemacht worden. Der Motorwagenzug wurde auch Erwärmungsprüfungen auf einer 5 km langen Strecke unterzogen, wobei die Motoren in dem einen Motorwagen gekühlt gewesen sind, während die Ventilationsvorrichtung der übrigen Motoren außer Dienst gesetzt ist. Dabei erwies es sich, daß nach einem 10-stündigen Fahren mit einem Zuggewicht von 37 Tonnen pro Motor und einer durchschnittlichen Geschwindigkeit von 26 km in der Stunde eine Schlußtemperatur über der äußeren Temperatur von 85⁰ für den Kommutator und 60⁰ für die Luftspalte für die beiden ventilierten Motoren erhalten wurde. An den nicht ventilierten Motoren wurden verschiedene Werte, deren Mittelwerte sich auf 93⁰ bzw. 77⁰ beliefen, abgelesen. Von diesen Motoren wurde die niedrigste Temperaturerhöhung an dem Motor gemessen, der zu äußerst in dem Zuge plaziert war, und der deswegen außen offenbar besser abgekühlt wurde, als der nach innen befindliche Motor. Die Westinghouse-Motoren, welche, wie oben erwähnt ist, keine Ventilationsvorrichtung hatten, haben nach einem 8-stündigen Fahren mit einem Zuggewicht von 42 Tonnen pro Motor und einer durchschnittlichen Geschwindigkeit von 19 km in der Stunde eine Übertemperatur von 80⁰ am Kommutator und 90⁰ im Luftspalt gezeigt. Es hat sich jedoch als sehr schwierig erwiesen, das Verhältnis zwischen der Temperaturerhöhung und dem Zuggewichte zu bestimmen, indem die Regelung des Führers offenbar eine sehr wichtige Rolle gespielt hat, und darum sind die oben gegebenen Ziffern nur als annähernd aufzufassen. Von den im vorigen erwähnten Ventilationsvorrichtungen scheint die bei der Siemens-Lokomotive verwendete besonders für Maschinen, welche, wie z. B. Güterzuglokomotiven, lange Aufenthalte an den Bahnhöfen haben, vorzuziehen zu sein, weil die Motoren dann wesentlich abgekühlt werden können, wenn der Zug stillsteht.

Infolge der großen Geschwindigkeit und des großen Lagerdrucks des Motors hat für das Schmieren der Rotorlager extra gutes Maschinenöl verwendet werden müssen, und für den Zweck hat, nach vergleichenden Ölprüfungen, das „Elektra-Öl" von der Vakuum-Öl-Co., welches Öl von

9*

der Westinghouse-Gesellschaft empfohlen worden ist, sich als das beste erwiesen. Die Läufer- und Aufhängelager der Westinghouse-Motoren sind mit einem Typus der Schmierkammer, wie er oftmals auf Bahnmotoren verwendet wird, versehen. Dieselbe ist mit Putzwolle gefüllt, welche mit Öl getränkt ist. Es ist jedoch sehr schwierig, bei einer solchen Anordnung festzustellen, ob eine genügende Menge von Öl in den Lagern ist. Besonders wenn die Motoren warm sind, trocknet nämlich die Wolle recht schnell oben, was ein vorzeitiges Nachfüllen veranlaßt hat. Messungen haben einen Ölverbrauch von ungefähr 21 g pro Motor-km ergeben. Bei den Siemens-Motoren hat sich der Ölverbrauch ein wenig kleiner erwiesen, und zwar 17 g pro Motor-km. Hier wurde Zentralschmierung durch einen innerhalb der Lokomotive stehenden Schmierkasten angewendet. Den kleinsten Ölverbrauch haben die A.E.G.-Motoren gezeigt. Das Öl wird hier mittelst einer Ölpumpe in die Rotorlager hineingepreßt, wodurch es in Umlauf gebracht wird. Der Ölverbrauch ist deswegen sehr unbedeutend, wenn kein Rotorlager so locker ist, daß es das Öl herauslassen kann. Die Aufhängelager der A.E.G.-Motoren werden wie gewöhnliche Wagenachsenzapfen geschmiert, und sie verbrauchen ungefähr ebensoviel Öl wie ein gewöhnliches Wagenachsenlager. Während der kälteren Jahreszeit sind an den Siemens- und A.E.G.-Motoren Schwierigkeiten durch das Gefrieren des Öls entstanden. Nachdem indessen frostfreies Öl angeschafft worden ist, ist diese Schwierigkeit nicht weiter vorgekommen. Nach Prüfung wurde das „Arctic Ammonia Öl" von der Vakuum-Öl-Co., welches Öl erst bei − 25° erstarrt, als das für den Zweck geeignetste Öl befunden.

Die Lagerabnutzung hat sich für die Rotorlager als sehr groß erwiesen. Die größte Abnutzung haben die Rotorlager der Siemens-Motoren gezeigt, indem der erste Austausch dort schon nach einem Fahren von 4000 km vorgenommen werden mußte, weil sich die Lagerabnutzung dann auf 0,5 mm belief. Mit dem zweiten Lagersatz sind diese Motoren 7300 km gelaufen; es zeigte sich aber bei der Revision, die dann vorgenommen wurde, daß zwei der Läufer gegen das Ständerblech zu gleiten begonnen hatten. Bei diesen Motoren ist der Luftspalt nur 1,75 mm. Auf den A.E.G.-Motoren wurden die Lagerschalen, (mit Ausnahme einer, die infolge Warmlaufens schon nach einer Wegstrecke von 3000 km vertauscht wurde), nachdem die Lagerabnutzung sich auf 0,5 mm belief, vertauscht, was nach zurückgelegten 6600 km eintraf. Dieser Lageraustausch scheint jedoch unnötig früh vorgenommen worden zu sein, indem eine Lagerabnutzung von 1 mm bei diesen Motoren, welche einen Luftspalt von 3 mm haben, sicher erlaubt werden kann. Ohne Zweifel kam indessen bei diesen Lagern eine annormal große Abnutzung vor, so daß, wie vorher erwähnt, das ursprünglich verwendete Schmieröl sich beim kalten Wetter als ungeeignet erwies. Hierdurch entstand auch das oben erwähnte Warmlaufen. Die neuen Lagerschalen, welche später in die A.E.G.-Motoren hineingesetzt worden sind, sind bis Ende 1907 3500 km gelaufen; bei einer alsdann vorgenommenen Untersuchung konnte keine nennenswerte Abnutzung festgestellt werden. Auf der Westinghouse-Lokomotive, die bis Ende 1907 10100 km zurückgelegt hat, sind die Läuferlagerschalen bis zu dieser Zeit nicht ausgetauscht worden. Dann wurde jedoch befunden, daß sich die Abnutzung auf ungefähr 1 mm belief, weshalb Austausch vorgenommen wurde. Der Luftspalt ist bei diesen Motoren 3 mm. Hieraus ist also ersichtlich, daß die Westinghouse-Motoren die geringste Lagerabnutzung gehabt haben und dürfte wahrscheinlich der vorher erwähnte Umstand, daß die Läuferwicklung parallelgeschaltet ist, hierzu beigetragen haben.

Wie vorher erwähnt, hat das Zuggewicht während der Versuchszeit sich auf durchschnittlich 41 Tonnen pro Westinghouse-Motor, 51 Tonnen pro Siemens-Motor und 38 Tonnen pro A.E.G.-Motor belaufen. Die oben gegebenen Ziffern der Lagerabnutzung dürften jedoch als annormal angesehen werden. Bei Straßenbahnen hat es sich erwiesen, daß die Lagerschalen des Ankers wenigstens 25000 km zwischen jedem Austausch aushalten können, und an einigen Stellen hat man festgestellt, daß die Lagerschalen 80000 km und mehr Dienst tun können. Diese letzterwähnten Lagerschalen sind jedoch aus Gelbmetall ausgeführt und mit einer festgelöteten Abnutzfläche aus „Kingstonmetall“ von einer Dicke von 0,5 mm versehen gewesen. Diese Anordnung scheint der Verwendung gewöhnlicher Lagerschalen mit Weißmetall auch aus dem Grunde vorzuziehen zu sein, daß bei Warmlaufen der Rotor nicht gleich gegen das Ständerblech zu gleiten beginnt. Alle die Lagerschalen, welche anfangs für die Läuferlager der Versuchsmotoren verwendet worden sind, sind mit Weißmetall von einer Dicke von wenigstens 3,5 mm ausgegossen. Bei dem zu Ende 1907 vorgenommenen Austausch sind jedoch einige aus Gelbmetall mit Kingstonmetall gefütterte Lagerschalen hineingesetzt worden.

Nach Mitteilung von der A.E.G. haben die in Hamburg verwendeten Einphasenmotoren, die von derselben Sorte wie die der Versuchsbahn für die Motorwagen gelieferten sind, nach 20000 km nur eine Abnutzung der Läuferschalen von durchschnittlich $1/3$ mm gezeigt, und würde also Austausch für dieselben nicht früher als nach 60000 km erforderlich sein.

Für die Feststellung der Lagerabnutzung scheint es notwendig, auf den Motoren Sichtlöcher anzuordnen, mittelst deren man die Messung des Luftspaltes an der unteren Seite des Läufers mit Sicherheit ausführen kann, was bei keinem von den der Versuchsbahn gelieferten Motoren der Fall gewesen ist. Weiter ist zu wünschen, daß wenigstens das Rotorlager der Zahnradseite in zwei Teilen ausgeführt werden könnte, so daß der Austausch einer Lagerschale, ohne daß das Triebrad wie jetzt losgemacht werden muß, vorgenommen werden kann.

Sämtliche Motoren der Versuchsbahn sind mit ihrem einen Ende mittelst Aufhängelager auf den Lokomotiven- bzw. Wagenachsen aufgehängt, und das andere Ende ist in dem Lokomotiven- bzw. Drehgestellrahmenwerk mittels Federvorrichtung aufgehängt. Um die Drehkraft von der Läuferachse zu der Wagenachse zu überführen, sind Zahnradübersetzungen verwendet worden. Auf der Läuferachse ist ein Triebrad aus hartem Stahl und auf den Wagenachsen Zahnräder aus Stahlguß plaziert worden. Diese haben in zwei Teilen gemacht werden müssen, um ausgetauscht werden zu können. Bei den A.E.G.-Motoren ist das große Zahnrad aus Schmiedestahl nach einer neuen, sehr zweckmäßigen Methode ausgeführt worden. Hier ist die Wagenachse mit einem hydraulisch aufgepreßten Zentrum versehen worden, auf welchem danach der zweiteilige Zahnradkranz mittelst Schrauben befestigt wurde. Ende 1907 sind alle Zahnradübersetzungen untersucht worden, dabei hat aber, wie zu erwarten war, keine Abnutzung festgestellt werden können. Die Zahnradübersetzungen haben auch keine anderen Schwierigkeiten ergeben.

Eine eigentümliche Erscheinung ist bei den Versuchslokomotiven aufgetreten. Wenn die Umschalterwalze nämlich auf rückwärts gestellt ist und man die Lokomotiven mittelst einer Dampflokomotive vorwärts zu ziehen versucht, so ist sogleich Kurzschlußbremsung entstanden, die so stark gewesen ist, daß die Dampflokomotiven nur mit sehr geringer Geschwindigkeit vorwärts zu fahren vermocht haben. Dieser Umstand hat darauf beruht, daß auf den beiden elektrischen Lokomotiven die Motoren mittelst der Umschalterwalze parallelgeschaltet werden. Durch remanenten Magnetismus in einem Motor hat dieser als Gleichstromgenerator gearbeitet und den anderen Motoren Strom geliefert, welche dann auch als Generatoren in derselben Richtung wie der erste Spannung geleistet haben. Diese Motoren sind also als kurzgeschlossene, in Reihe geschaltete Seriengeneratoren gelaufen, wodurch eine sehr kräftige Bremsung entstanden ist. Eine solche Bremsung ist auch entstanden, wenn man die Umschalterwalze umgelegt hat, während eine Lokomotive vorwärts in Gang gewesen ist. Dieselbe Erscheinung entsteht auch, wie bekannt, bei gewöhnlichen Gleichstrommotoren; es scheint aber, als ob sie bei viel niedrigerer Geschwindigkeit bei Einphasenmotoren entsteht. Man könnte also bei Einphasenmotoren noch besser als bei Gleichstrom die Kurzschlußbremsung verwenden, wenn diese sonst geeignet wäre, was doch nicht der Fall sein dürfte, da die Motoren hierdurch allzu großen Beanspruchungen ausgesetzt werden. Bei den Motorwagen ist diese Erscheinung nie vorgekommen und kann mit den hier gewählten Schaltanordnungen auch nicht vorkommen. Es scheint auch für alle künftigen

Fälle ganz leicht zu sein, das Entstehen einer solchen unfreiwilligen Bremsung durch geeignete Schaltanordnungen zu verhüten.

Als einer der größten Fehler der Einphasenmotoren ist der Umstand angeführt worden, daß ihr Drehmoment pulsierend ist. Bei Einphasenmotoren schwankt dieses nämlich zwischen Null und dem doppelten Mittelwert mit einer Frequenz gleich der doppelten Periodenzahl. Es ist aber leicht theoretisch nachzuweisen, daß diese schnellen Schwankungen des Drehmomentes durch die Trägheit der Massen und die federnde Aufhängung so bedeutend verringert werden, daß, wenn federnde Aufhängung von derselben Art wie für die Motoren der Versuchsbahn verwendet wird, die Schwankungen des Drehmomentes bei den Rädern im allgemeinen kaum ein Prozent des totalen betragen.

Vergleichende Schlüpfungsversuche, welche in „The Electrical World" Jahrgang 1906, S. 713, veröffentlicht worden sind, sind bei der Westinghouse Electric & Manufacturing Co. in Pittsburg, Pa., U.S.A., ausgeführt. Bei diesen Versuchen wurde mit Einphasenmotor für 25 Perioden ungefähr 15% kleinere Zugkraft als mit Gleichstrommotor für dasselbe Adhäsionsgewicht erhalten. Bei den Versuchen waren die Motoren mit normaler Federaufhängung versehen. Diese relativ große Verminderung der Zugkraft dürfte, wenigstens teilweise, anderen Ursachen als der direkten Einwirkung der Periodenzahl zugeschrieben werden.

Bei der Versuchsanlage hat keine Schwierigkeit des pulsierenden Drehmomentes beobachtet werden können. Für die beiden Lokomotiven hat aber die höchste Zugkraft, welche infolge der Größe der verwendeten Motorstärke hat erhalten werden können, ungefähr ein Sechstel und für die Motorwagen ungefähr ein Achtel des Adhäsionsgewichtes betragen, und ist hierbei in normalen Fällen keine Schlüpfung vorgekommen.

Es hat sich jedoch erwiesen, daß die Westinghouse-Motoren beim Anlassen so stark gerüttelt haben, daß das Rütteln auf die Bahnplattformen neben der Lokomotive, wo es sich deutlich bemerken ließ, übertragen worden ist. Dieses ist aber nur mit den Westinghousemotoren der Fall gewesen und dürfte darum mehr mechanischen Ursachen als nur der Einwirkung der Periodenzahl zuzuschreiben sein. Solches Rütteln beim Anlassen kommt auch bei Drehstrommotoren vor, und hat dort allzuoft auf einer schlechten Wahl der Zahl der Nuten beruht.

Um die elektrischen Eigenschaften der verschiedenen Motoren näher zu untersuchen, ist eine Bremsvorrichtung, die in Fig. 92 gezeigt wird, verwendet worden. Wie hieraus hervorgeht, wurde der Motor zusammen mit dem dazu gehörigen Räderpaar in einen stillstehenden Bremsbock eingebaut. Erst wurden Versuche gemacht, die Bremsklötze gegen den Radkranz gleiten zu lassen; dies mißlang aber vollständig, weil die Radbahn ein wenig kegelförmig ist. Um diesen Übelstand zu beseitigen,

wurden spezielle Bremsscheiben angeschafft, welche an die Triebräder in
der Weise, wie es in der Figur gezeigt wird, befestigt wurden. Das Drehmoment wurde anfangs mittels eines Federdynamometers, das anstatt der
Aufhängefedern des Motors eingesetzt wurde, gemessen. Diese Vorrichtung
war unzweckmäßig, und wurde deswegen bald gegen eine andere Dynamo-
metervorrichtung vertauscht, die aus einem mit Öl gefüllten Zylinder mit
einem Kolben besteht, auf welchen man das Drehmoment des Motors wirken
ließ. Der Druck wurde mittelst eines Quecksilbermanometers abgelesen.

Fig. 92. Abbremsanordnung zur Motorprüfung.

Um einen ruhigen Ausschlag an diesem zu erhalten, wurde ein Luftpuffer
zwischen dem Quecksilber und dem Öl eingesetzt. Für die Messung von
Geschwindigkeiten wurde der vorher in dem Kapitel über das Kraftwerk beschriebene von der A.E.G. gelieferte Geschwindigkeitsmesser verwendet. Die
Fig. 93, 94 u. 95 zeigen Kurven für die Motoren der Versuchsanlage. Zum
Vergleich werden von den Fig. 96, 97 u. 98 Kurven für neuere und größere
Motoren von denselben Firmen, welche die Ausrüstungen der Versuchsanlage
geliefert haben, gezeigt. In der nachstehenden Tabelle sind Angaben bezüglich der Umdrehungszahlen, der PS und der Gewichte dieser Motoren gegeben. Zum Vergleich sind in dieser Tabelle auch Angaben für Motoren für
15-periodischen Einphasenstrom, Drehstrom und Gleichstrom aufgenommen.

Verfertiger	Bezeichnung	Stromart	Perioden-zahl	P. S.	Umdre-hungen pr. Minute	Spannung	Übersetzung	Gewicht	Gewicht pr. P. S.	Gewicht pr. mkg	Gebrauchsort
Westinghouse Elektr. & Mfg. Co.	Nr. 105	Einphasen-Strom	25	150	750	250	3,89	2220	14,8	15,5	Die Schwedisch. Staatsbahnen u. a.
	Nr. 130	do.	25	250	240	220	Direkt gekupp.	7550	30,2	10,1	Die New York, New Haven-u. Hartfordbahn
Siemens-Schuckert-Werke	W B M-28/40	do.	25	110	590	320	5,2	2450	22,3	18,3	Die Schwedisch. Staatsbahnen
	W B M-280	do.	25	175	700	300	3,7	2700	15,4	15,1	Die Rotterdam—Haag—Schevening.-Bahn u. a.
Allgem. Elektrizitäts-Gesellschaft	W E-51 V	do.	25	115	600	750	4,24	2700	23,5	19,7	Die Schwedisch. Staatsbahnen u. a.
	W E-80	do.	25	350	400	850	3,3	5500	15,7	8,8	Die Pennsylvania-Bahn
Westinghouse Electr. & Mfg. Co.	—	do.	15	500	240	275	Direkt gekupp.	8830	17,7	5,9	Die Seebach-Wettingen Versuchsbahn
Maschinenfabrik Oerlikon	—	do.	15	200	650	260	3,1	3400	17,0	15,4	Die Veltliner-Bahn
Ganz & Co.	—	Drehstrom	15	1500	225	3000	Direkt gekupp.	24800	16,5	5,2	Der Simplontunnel
Brown, Boveri & Co.	—	„	16	1150	240	3000	„	10750	9,4	3,1	Die Burgdorf—Thunbahn
	—	„	40	150	300	750	1,88 und 3,72	4000	26,7	11,2	
Siemens-Schuckert-Werke	—	Gleichstrom	—	130	720	1000	—	2500	19,2	19,3	Die Köln—Bonn-Bahn
General Electric Co.	G E-65	„	—	240	370	600	2,23	3700	15,4	8,0	Die Paris—Orleansbahn u. a.
	G E-65	„	—	165	570	600	2,48	2460	14,9	11,9	Die Milano—Gallarate-Bahn u. a.
	G E-51	„	—	80	630	600	4,32	1720	21,5	18,9	
	G E-52	„	—	23	490	600	4,78	785	34,1	23,4	

Zeichenerklärung zu den Bildern 93—98.

N = Leistung in PS,
KG = Zugkraft in kg,
KM = Geschwindigkeit in km pro St.,
η = Wirkungsgrad.

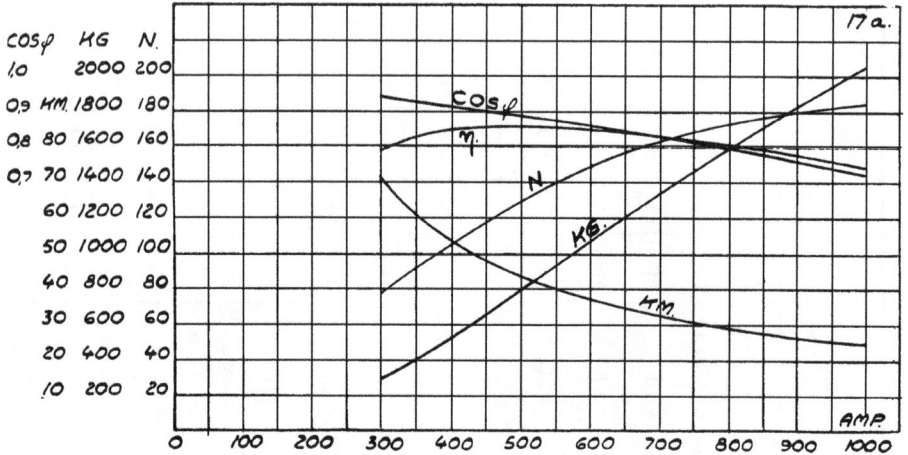

Fig. 93. Schaulinien des Westinghouse-Motors 105 (Lokomotive Nr. 1).

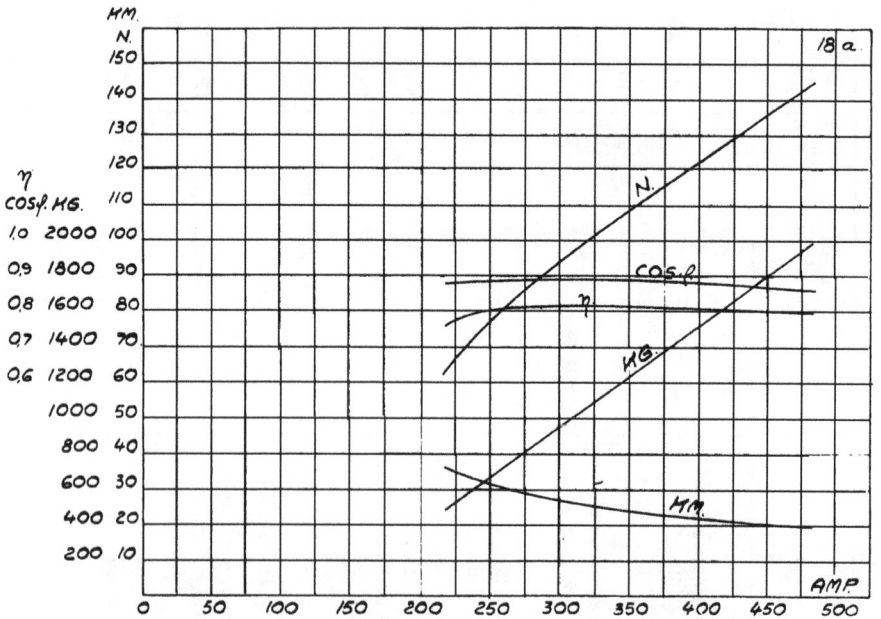

Fig. 94. Schaulinien des Siemens-Motors WBM 28/40 (Lokomotive Nr. 2).

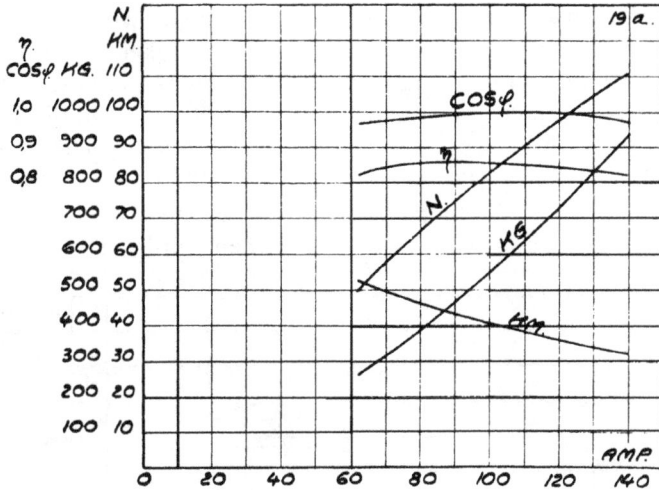

Fig. 95. Schaulinien des A.E.G.-Motors WE-51 V (Motorwagen).

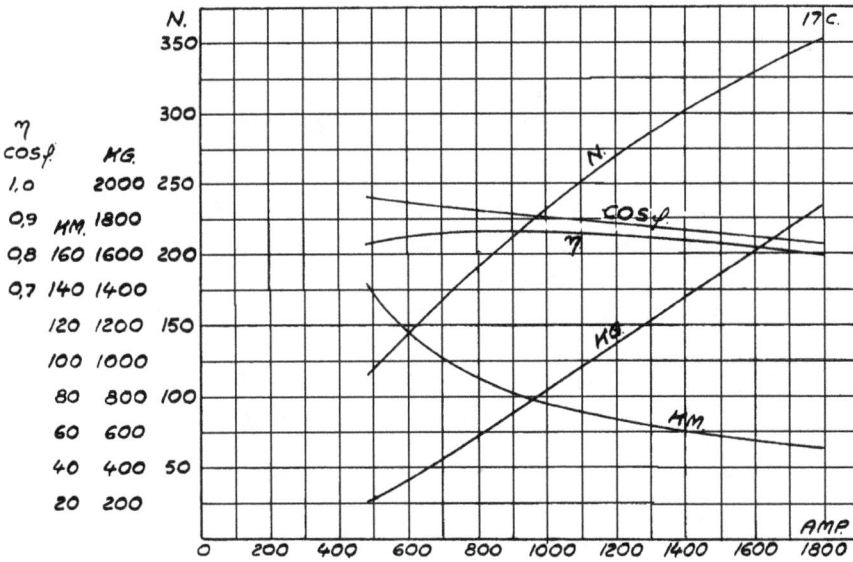

Fig. 96. Schaulinien des Westinghouse-Motors 130.

Aus dieser Tabelle geht hervor, daß die von Brown, Boveri & Cie.
der Simplonbahn gelieferten Drehstrommotoren diejenigen sind, welche,
trotz ihrer geringen Geschwindigkeit, das kleinste Gewicht pro PS haben.
Diese Motoren sind aber nur für zwei Geschwindigkeiten gebaut. Will
man bei Drehstrommotoren mehrere Geschwindigkeiten erhalten, so stellt
sich die Sache schlechter, was aus den Angaben für die Ganz-Lokomotive
hervorgeht. Für diese Lokomotive ist das ganze Motorgewicht 24800 kg
und die größte PS-Zahl 1500, also 16,5 kg pro PS. Diese Ziffer ist also
höher als die, welche für Einphasenmotoren erhalten wird, wenn keine
Rücksicht auf die Umdrehungszahl genommen wird. Die Einphasen-

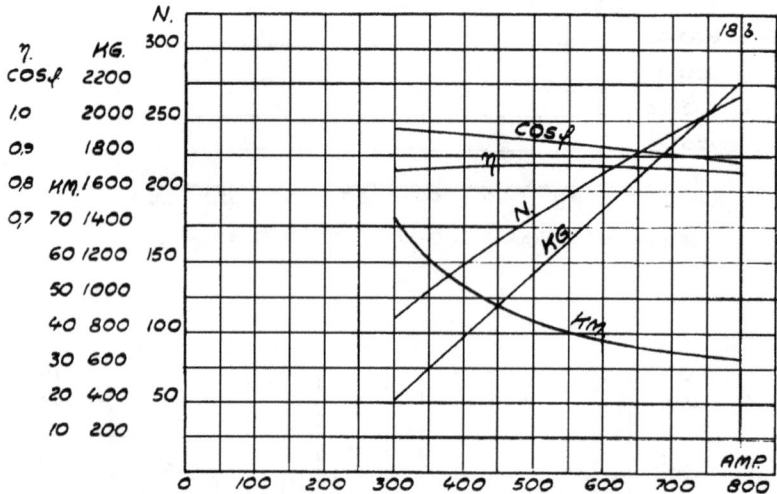

Fig. 97. Schaulinien des Siemens-Motors WBM-280.

motoren scheinen nach der Tabelle, hinsichtlich des Gewichtes pro PS
normalen Gleichstrommotoren vollständig gleichwertig zu sein. Doch
dürften sie für praktische Fälle etwas minderwertiger sein, weil das Verhältnis zwischen Stundenbelastung und dauernder Belastung nicht so
günstig für einen Einphasenmotor wie für einen Gleichstrommotor werden
kann. Von den Motoren der Versuchsanlage hat, wie ersichtlich ist, der
A.E.G.-Motor das größte Gewicht pro PS. In das Gewicht dieses Motors
ist aber das Gewicht des Ventilators und der Ölpumpe, welche mit dem
Motor zusammengebaut sind, eingerechnet. Wenn man dagegen auch
auf die Umdrehungszahl Rücksicht nimmt und das Gewicht pro mkg
Drehmoment der verschiedenen Motoren untersucht, so werden für die
Einphasenmotoren, besonders für die Motoren der Versuchsanlage, bedeutend schlechtere Ziffern als für die übrigen erhalten, und besonders
die Drehstrommotoren für niedrige Periodenzahl zeigen bei diesem

Vergleich bedeutend günstigere Werte. Dieser Vergleich dürfte aber von einem mehr theoretischen Interesse sein, weil, wenn Zahnradübersetzung ohne Schwierigkeit verwendet werden kann, was bei gewöhnlich vorkommenden Geschwindigkeiten der Fall ist, das Gewicht pro PS von entscheidender Bedeutung wird.

Die Periodenzahl.

Die Tabelle zeigt weiter, daß ein Westinghouse-Motor für 15 Perioden bedeutend leichter als einer für 25 Perioden ist. U. a. ist aus dieser Veranlassung in Amerika die Frage von der Periodenzahl sehr viel besprochen worden. Die Westinghouse-Gesellschaft hat die Verwendung

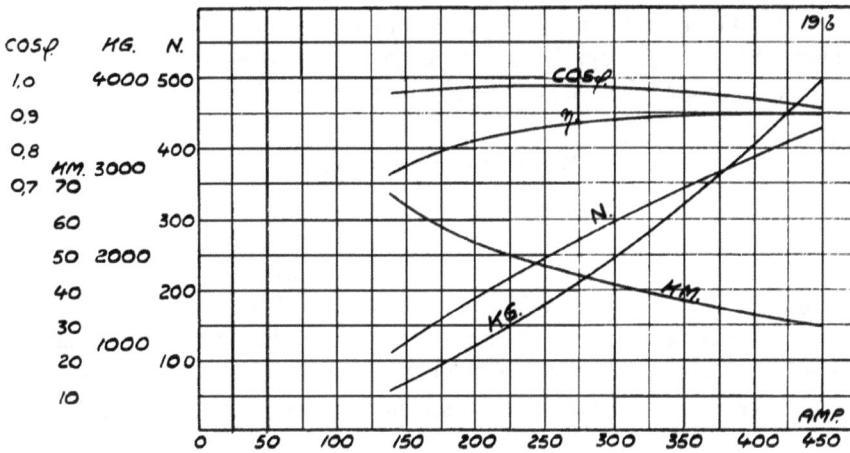

Fig. 98. Schaulinien des A.E.G.-Motors WE-80.

von 15 Perioden als für ihren Motortypus am günstigsten vorgeschlagen. Niedrigere Periodenzahl als 15, wozu in bezug auf die Kommutierung zu raten wäre, kann, nach dem was die Erfahrung erwiesen hat, nicht verwendet werden, weil in solchem Falle die Einwirkung des pulsierenden Drehmomentes auf die Zugkraft zulässige Grenzen überschreiten würde. Die Frage gilt also, ob 15 oder 25 Perioden für Einphasenmotoren verwendet werden sollen. Für die niedrigere Periodenzahl spricht der Umstand, daß man wenigstens bei einigen Motorbauarten dadurch leichtere und kleinere Motoren erhält. Die Transformatoren werden dagegen schwerer, und der Wechselstrom bei dieser Periodenzahl kann nicht gut zur Beleuchtung verwendet werden. Für eine höhere Periodenzahl spricht der Umstand, daß dieselbe seit langer Zeit ein normaler Wert bei mehreren großen Kraftübertragungsanlagen im Auslande ist und jetzt auch für die Anlage des schwedischen Staates bei Trollhättan festgestellt worden

ist. Bei dieser Periodenzahl kann außerdem eine tadellose Glühlampen-
beleuchtung erhalten werden. Auf an sie gerichtete Anfragen haben
die . Allgemeine Elektrizitäts-Gesellschaft und die Siemens-Schuckert-
Werke bezüglich der von ihnen verwendeten Systeme mitgeteilt, daß die
Verwendung von 15 Perioden das Gewicht der Motoren nicht nennenswert vermindern, aber wohl das der Transformatoren vergrößern würde,
warum sie es für das geeignetste hielten, 25 Perioden zu verwenden.

Weil der Repulsionsmotor bei niedrigerer Geschwindigkeit besser,
aber bei höherer schlechter als der Reihenschlußmotor arbeitet, schlug
Danielssohn in der E. T. Z. 1907, Heft 22 vor, daß ein Einphasenmotor so
angeordnet werden sollte, daß er bei niedrigeren Geschwindigkeiten als
Repulsions- und bei höheren als Reihenschlußmotor arbeitet. Diese Idee
ist bei der General Electric Co. von dem Ingenieur E. F. Alexandersson
weitergeführt, der in der Nummer für Januar 1908 von „Proceedings of
American Institute of Electrical Engineers“ diesen Motor beschreibt.

Die Regelungssysteme.

Einphasige Bahnmotoren müssen, wie oben erwähnt, im allgemeinen
für verhältnismäßig niedrige Spannung gebaut werden, was zur Folge hat,
daß die Stromstärken, welche für größere Motoren erforderlich werden,
recht bedeutend sind. Es ist klar, daß hierdurch Schwierigkeiten bei dem
Bau von Apparaten, welche durch Umschaltung dieser Ströme Anlassen,
Geschwindigkeitsregelung und Anhalten bewirken sollen, entstehen.

Die Westinghouse-Gesellschaft suchte bei ihren ersten Konstruktionen
auf diesem Gebiet diese Schwierigkeit durch die Verwendung eines In-
duktionsreglers für die Regelung der Spannung im Motorstromkreis zu
vermeiden. Ein- und Abschaltung des Motorstroms wurde an der Hochspannungsseite der Transformatoren der Motoren mittels eines Ölstrom-
unterbrechers vorgenommen. Der Umschalter für vorwärts und rückwärts,
der doch keinen Strom zu unterbrechen braucht, wurde hierdurch der
einzige Apparat, dessen Kontakte von der ganzen Motorstromstärke durchflossen werden mußten. Die elektrische Lokomotive Nr. 1 war, als sie
auf der Versuchsbahn zuerst in Gebrauch genommen wurde, mit dem
oben beschriebenen Regelungssystem versehen, welches jedoch im Gebrauch mit einer ganzen Reihe von Fehlern behaftet war. Bei den
immer wiederkommenden Transformatorumschaltungen entstanden in den
Generatoren bisweilen starke Stöße, welche den bei Kurzschlüssen vorkommenden gleichkamen, obschon sie nicht völlig so stark waren. Das
Auftreten dieser Stöße läßt die hohe momentane magnetische Sättigung und den davon herrührenden sehr großen Erregungsstrom, bevor die normalen Verhältnisse eingetreten sind, erklären. Es zeigte sich

auch, daß der Ölstromunterbrecher für das Stromunterbrechen ungeeignet war, weil seine Kontakte dadurch bald so stark verbrannt wurden, daß sie öfter, als man es für zulässig ansehen konnte, geputzt werden mußten. Weiter zeigte der Induktionsregler eine besonders große Streuung, wodurch das Anlassen mit großer Belastung unmöglich war, wenn die Spannung in der Fahrdrahtleitung aus dem einen oder anderen Grunde ein wenig zu niedrig war. Der Induktionsregler verursachte außerdem eine bedeutende Verschlechterung der Phasenverschiebung, und durch Messungen ist ermittelt worden, daß der Induktionsregler bis auf 22% der zugeführten Kilowattampèrezahl beim Anlassen verbraucht hat und daß die durchschnittliche Phasenverschiebung bei Versuchsfahrten, wenn der Induktionsregler verwendet wurde, nicht größer als 0,62, bei ähnlichen Versuchsfahrten aber etwa 0,81 war, seitdem ein neues Regelungssystem ohne Induktionsregler eingesetzt worden war.

Anläßlich wenig zufriedenstellender Erfahrungen dieser Art verließ die Westinghouse-Gesellschaft ihr ursprüngliches Regelungssystem und arbeitete ein neues aus, welches die Firma als Ersatz der Versuchsanlage zu liefern sich erbot, ein Anerbieten, das natürlich mit Dankbarkeit angenommen wurde. Die erforderlichen Einzelheiten der Veränderung für dieses neue System sind von dem Personal der Versuchsbahn in die Lokomotive montiert. Bei diesem neuen System erhielt der Haupttransformator der Lokomotive eine neue Niederspannungswickelung, die mit den erforderlichen Ausführungen für die Spannungsregelung der Motoren versehen war. An der Hochspannungsseite soll bei

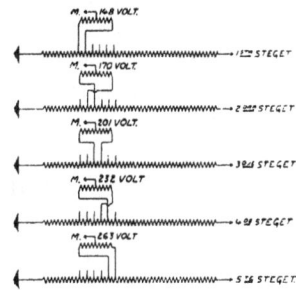

Fig. 99. Regelung an der elektrischen
Lokomotive Nr. 1.

diesem System der Transformator immer eingeschaltet sein. Das Schaltbild Fig. 89 zeigt die Anordnung dieses Regelungssystems. Durch Verwendung eines spannungsteilenden Transformators („preventive coil") für die Spannungsregelung gewinnt man bei diesem System zwei Vorteile. Der Motorstrom wird nämlich von der mittleren Ausführung dieses Hilfstransformators genommen und seine beiden äußeren Ausführungen werden je zu seinen zwei nebeneinander liegenden Niederspannungsausführungen auf dem Haupttransformator geschaltet. Diese beiden Ausführungen führen deswegen nur je die halbe Stromstärke, und der Motorstromkreis erhält eine Spannung, die der Mittelwert zwischen den Spannungen der beiden Ausführungen ist. Die Regelung der Spannung geschieht weiter in der Weise, welche von Fig. 99 angegeben wird. Aus dieser Figur geht hervor, daß bei dem Übergang von einer Stellung zu einer anderen nur eine von den Ausführungen des Hilfstransformators umgeschaltet wird. Hierdurch wird der Strom bei solchem Übergang nicht vollständig unterbrochen, sondern nur etwas gedrosselt, weil der halbe Hilfstransformator dann als induktiver Widerstand in dem Motorstromkreis wirkt. Der Umstand, daß der Strom bei den Übergängen nicht vollständig unterbrochen wird, hat sich sehr wertvoll erwiesen, weil man dadurch Stromstöße vermeidet. Für die Regelung gibt es auf dem Haupttransformator sechs Niederspannungsausführungen, und dadurch werden fünf Spannungsstufen erhalten. Um die für diese Regelung der Umschaltungen erforderliche Spannung im Motorstromkreis zu bewirken, werden Fernschalter verwendet. Für die Veränderung der Bewegungsrichtung wird eine gewöhnliche Umschalterwalze verwendet. Alle diese Schalter werden mittelst Druckluft bewegt, die durch Ventile, welche elektromagnetisch gesteuert werden, geregelt wird. Bei dem ursprünglichen Steuerungssystem wurde diese Regelung durch eine mitgeführte kleine Akkumulatorenbatterie mit 14 Volt Spannung ausgeführt. Infolge dieser niedrigen Spannung entstanden aber oft Unterbrechungen, weil die Kontakte durch Oxydation isoliert wurden, so daß das Regelungssystem unbrauchbar wurde. Bei dem neuen Steuerungssystem wird anstatt der Magnete Wechselstrom mit 47 Volt Spannung verwendet. Die höhere Steuerstromspannung hat sich als entschieden vorteilhaft erwiesen, aber durch die Verwendung von Wechselstrom wird man für die Regelung mehr abhängig von der Linienspannung.

Der Führer besorgt die Steuerung mittelst eines Fahrschalters (siehe Fig. 69), der den Strom zu den Magneten der Hüpfschalter regelt. Dieser Fahrschalter ist mit zwei Griffe versehen, einem kleinen für die Fahrtwendung und einem größeren für die Geschwindigkeitsregelung. Zwischen diesen Griffen gibt es eine Verschlußvorrichtung gewöhnlicher Bauart.

Auf der elektrischen Lokomotive Nr. 2 wird der Fahrschalter von der ganzen Motorstromstärke, welche für diese Lokomotive maximal 1500 Amp. ist, durchflossen. Für die Spannungsregelung im Motorstromkreis gibt es 10 Fahrschaltstellungen. Bei der ersten von diesen ist ein Serienwiderstand für die Verminderung der Stromstärke bei der ersten Einschaltung eingeschaltet; in den folgenden Stellungen des Fahrschalters erhalten die Motoren von verschiedenen Ausführungen auf dem Haupttransformator Strom von immer höherer Spannung. Um die Anzahl von Niederspannungsausführungen auf diesem Transformator zu verringern, ist derselbe, wie aus dem Schaltungsschema Fig. 90 hervorgeht, mit zwei Niederspannungswickelungen, wovon die eine eine Spannung von 160 Volt liefert, ausgeführt worden. Die andere Wicklung liefert insgesamt 80 Volt und ist mit Ausführungen für je 20 Volt versehen. Durch eine derartige Schaltung dieser Wicklung, daß sie entweder gegen oder

mit der anderen Niederspannungswicklung wirkt, werden, wie das Schaltbild zeigt, Spannungsstufen von 160 bis zu 320 Volt in Abständen von
20 Volt erhalten. Der Übergang von einer Stellung zu einer anderen
geschah anfangs mittelst einer Vorrichtung, die ihrem Prinzip nach dieselbe
war, wie sie bei Zellenregulatoren für Akkumulatorbatterien verwendet
wird. Die Unterbrechungsstellen waren unter Öl verlegt und waren
außerdem mit magnetischer Funkenlöschung versehen. Dieser Unter-
brechungsapparat erwies sich aber als weniger geeignet, indem seine
Kontakte sehr bald verbrannt wurden. Nachdem das Öl weggenommen
war, schien er ein wenig besser, obschon noch nicht vollständig zufriedenstellend zu arbeiten. Um diesen Apparat zu schonen, hatte der Lieferant
vorgeschrieben, daß der Strom bei Ausschaltung mittelst des Hochspan-
nungsstromunterbrechers des Haupttransformators unterbrochen werden
sollte, und nachdem die Anlaßkurbel zu der Nullstellung zurückgeführt
war, sollte der Strom wieder eingeschaltet werden. Zur Vermeidung des
ersterwähnten Stromstoßes bei der Transformatoreinschaltung verwenden
die Siemens-Schuckert-Werke einen Widerstand geeigneter Größe, welcher
nur im ersten Einschaltungsaugenblicke mit dem Transformator an der
Hochspannungsseite in Serie geschaltet zu sein braucht. Wie dieser
Widerstand eingeschaltet ist, geht aus dem Schaltbild auf Fig. 90 näher
hervor.

Für die Regelung wird bei der elektrischen Lokomotive Nr. 2 ein
dem bei Straßenbahnen verwendeten ähnlicher Fahrschalter, mit einem
Hebel für den Fahrtwender und einem Steuerrad für die Geschwindigkeitsregelung (siehe Fig. 72), verwendet. Außerdem gibt es auf diesem Fahrschalter einen Hebel für die Betätigung des Hochspannungsstromunter-
brechers. Zwischen allen diesen Griffen gibt es eine Anzahl Verschlußvorrichtungen. Der Fahrschalter hat, wie die gewöhnlichen, zwei Walzen
mit Kontakten, mittelst welcher die Umschaltungen gemacht werden. Die
Unterbrechungsgeschwindigkeit wird bei einem mit der Hand gesteuerten
Fahrschalter von dem Führer abhängig und konnte offenbar nicht so groß
werden, wie es erforderlich war, um die Abnutzung an dem vorher erwähnten Stromunterbrecher innerhalb zulässiger Grenzen herunterzubringen.
Er wurde deswegen vollständig weggenommen und durch einen mittelst
Magneten direkt gesteuerten Unterbrecher ersetzt. Bei Übergang von
einer Stellung zu einer anderen wird einen Augenblick Strom in die
Magneten des Relaisunterbrechers von dem Fahrschalter geschickt, wobei
derselbe den Motorstrom unterbricht, und die Umschaltung geschieht also,
ohne daß ein Lichtbogen an der Trommel des Fahrschalters zu entstehen
braucht. Diese neue Vorrichtung hat sich als sehr dauerhaft und zufriedenstellend erwiesen. Ihr einziger Fehler ist, daß sie, im Gegensatz zu dem
Apparat, welcher für denselben Zweck vorher verwendet wurde und im

Unterschied zu dem Regelungssystem der amerikanischen Lokomotive, bei jeder Umschaltung den Motorstromkreis unterbricht, wodurch, wenn der Strom wieder eingeschaltet wird, unangenehme Rucke entstehen.

Bei den Motorwagenausrüstungen ist, wie vorher erwähnt, die Motorspannung verhältnismäßig hoch, 750 Volt, und die Stromstärke also niedriger als bei den Lokomotiven, warum hier so große Schwierigkeiten für die Regelungsapparate nicht vorkommen. Die maximale Stromstärke pro Motorwagen beläuft sich hier auf ungefähr 400 Amp. Um jedoch die Anzahl Niederspannungsausführungen zu verringern, ist die Niederspannungswickelung des Transformators in vier Abteilungen, wovon zwei 75 Volt, eine 375 Volt und eine 225 Volt Spannung hat, ausgeführt. Durch das Zusammenstellen von diesen hat man sechs Fahrstufen mit Spannungen von 375 Volt bis zu 750 Volt und mit 75 Volt zwischen jeder derselben erhalten. Bei Übergang von der dritten zu der vierten Stufe wird durch eine sinnreiche Schaltung die Größe des Erregerstroms gleichzeitig verändert, so daß er, wiewohl er vorher dem Ständerstrom gleich gewesen ist, nun mit Hilfe eines Serientransformators 33% größer gemacht wird. Die Schaltung wird von dem Schema Fig. 88 gezeigt.

Für die Regelung werden bei den Motorwagenausrüstungen, wie bei der elektrischen Lokomotive Nr. 1, ein Magnetschließer für die Spannungsregelung und eine magnetisch gesteuerte Fahrschaltertrommel für die Vorwärts- und Rückwärtsschaltung verwendet. Diese Fernschalter werden hier direkt mittelst Magneten, welche mit Wechselstrom von 190 Volt Spannung arbeiten, betätigt. Für die Steuerung hat der Führer einen Fahrschalter (siehe Fig. 64), womit der Steuerungsstrom geregelt wird. Dieser hat, wie auf der elektrischen Lokomotive Nr. 1, zwei Griffe, von welchen einer für vorwärts und rückwärts und einer für die Geschwindigkeitsregelung bestimmt ist. Diese sind mit einer Verschlußvorrichtung, die in derselben Weise wirkt, wie es bei Straßenbahnfahrschaltern gewöhnlich der Fall ist, verbunden. Der große Handgriff, mit welchen die Geschwindigkeitsregelung geschieht, ist an dem Fahrschalter befestigt. Der kleine ist in der Nullstellung wegnehmbar. Wie bei der elektrischen Lokomotive Nr. 1 können mittelst desselben Fahrschalters mehrere Motorwagen gesteuert werden, wenn ihre Steuerungsleitungen nur mittelst eines Schaltungskabels zwischen den Wagen verbunden werden. In dieser Weise sind die beiden Motorwagen des Motorwagenzuges in gewöhnlichen Fällen mittelst des Fahrschalters in der Führerkabine an dem vorderen Ende des Zuges gesteuert worden.

Die Hüpfschalter, welche für die Steuerung verwendet wurden, sind, wie schon erwähnt ist, einerseits solche, welche direkt mittelst Magneten, und andererseits solche, welche mit Druckluft gesteuert worden sind. Von diesen haben sich die mit direkter Magnetsteuerung entschieden überlegen erwiesen, indem sie eine viel schnellere Unterbrechung bewirken konnten. Die Druckluftsteuerung auf der elektrischen Lokomotive Nr. 1 war anfangs sehr unsicher, was davon herrührte, daß Schmutz, der in den Steuerungsventilen stecken blieb und diese dienstunbrauchbar machte, in den Luftleitungen vorhanden war. Nachdem die Luftleitungen aber sorgfältig reingemacht worden waren, ist keine Störung aus dieser Ursache mehr vorgekommen. Um den Unterbrechungsfunken im Hüpfschalter zu löschen, ist magnetische Funkenlöschung verwendet worden. Für die druckluftgesteuerten Schalter in der elektrischen Lokomotive Nr. 1 hat hat diese Funkenlöschung infolge der erwähnten geringen Unterbrechungsgeschwindigkeit so stark gemacht werden müssen, daß starke Knalle bei den Unterbrechungen entstanden sind. Auf den direkt magnetgesteuerten Hüpfschaltern ist die magnetische Funkenlöschung bedeutend schwächer gemacht worden, hat aber genügende Wirkung infolge der größeren Unterbrechungsgeschwindigkeit getan. Wie schon erwähnt ist, sind auch Ölstromunterbrecher versucht, infolge starken Brennens der Kontakte aber ungeeignet befunden worden. In dieser Hinsicht am schlechtesten erwies sich der ursprüngliche Umschaltungsapparat auf der elektrischen Lokomotive Nr. 2, der 1500 Amp. bei niedriger Spannung zu unterbrechen hatte. Das in den Ölstromunterbrechern verwendete Öl erstarrt auch bei Kälte, was unter solchen Umständen die Steuerung mit denselben so gut wie unmöglich macht. Um bei den Wechselstrommagneten der Hüpfschalter den bei solchen Magneten gewöhnlichen summenden Laut, welcher besonders für Motorwagenausrüstungen als unzulässig gehalten werden muß, zu entfernen, hat es sich notwendig erwiesen, dieselben zweiphasig auszuführen. Zwei verschiedene Methoden sind dabei verwendet worden. Bei den Stromschließern der Motorwagen sind die Magneten mit drei Eisenschenkel ausgeführt worden. Auf zweien dieser Schenkel sind Magnetspulen plaziert, von welchen der eine direkt zu der Steuerungsspannung eingeschaltet wurde, während der andere in Reihe mit einem induktionsfreien Widerstand eingeschaltet worden ist. Die Magnete, welche für die Hüpfschalter auf den elektrischen Lokomotiven verwendet worden sind, haben nur je eine Spule gehabt, welche in Reihe mit einem induktionsfreien kleinen Widerstand zu den Steuerungsapparaten eingeschaltet worden sind. Um ein zweiphasiges Feld in diesem Falle zu erhalten, ist der halbe Magnetkern mit einem Kurzschlußring aus Kupfer umschlossen worden. Diese letztere Bauart scheint infolge ihrer größeren Einfachheit und Betriebssicherheit vorzuziehen zu sein.

Bei einigen Hüpfschaltern ist es vorgekommen, daß die Magnete ihre Anker nicht losgelassen haben, obschon der Steuerungsstrom unterbrochen worden ist, was offenbar auf der Stärke des remanenten Magnetismns beruht. Dieser Fehler wurde dadurch abgeholfen, daß der Steuerungsstrom nicht vollständig unterbrochen, sondern stattdessen ein großer Widerstand in Serie mit der Magnetwicklung eingeschaltet wurde. Einem schwachen Wechselstrom ist also erlaubt, die Magnetwicklung zu passieren; er ruft ein schwaches Feld hervor, das entmagnetisierend wirkt und verursacht, daß der Magnet seinen Anker immer sicher losläßt.

Um Kurzschlüsse zu verhindern, welche dadurch entstanden sind, daß mehrere Hüpfschalter, als beabsichtigt gewesen ist, gleichzeitig zugeschlagen sind, sind die Relaisschließer mit elektrischen Verschlußkontakten „interlock" versehen worden. Diese haben mehrmals Fehler verursacht, indem sie in einigen Fällen ausgebogen worden sind, so daß sie keinen Kontakt gemacht haben und in anderen Fällen dadurch isoliert worden sind, daß sie, wie vorher erwähnt ist, mit einer Oxydhaut überzogen worden sind. Um Fehler aus dieser letzteren Ursache zu vermeiden, ist es vorteilhaft, verhältnismäßig hohe Spannung für die Steuerung zu verwenden. Bei den Motorwagenausrüstungen, wo die Steuerspannung 190 Volt war und die Verschlußkontakte mit Silber belegt waren, ist kein Fehler aus dieser Ursache vorgekommen.

An den Fahrschaltern in der elektrischen Lokomotive Nr. 1 und in dem Motorwagenzug gibt es Notausschalter, die selbsttätig ausschalten, wenn der Führer den Handgriff losläßt. Die Vorrichtung in der elektrischen Lokomotive Nr. 1 besteht darin, daß der Handgriff des Fahrschalters von einer Feder zu der Nullstellung zurückgeführt wird, sobald der Führer denselben losläßt. Diese Vorrichtung ist jedoch für den Führer, der die ganze Zeit, während welcher der Strom eingeschaltet sein soll, mit seiner Hand gegen die Feder des Griffes zu drücken hat, sehr unbequem, und ist es für ihn unbestreitbar sehr verlockend, mit einem Bindfaden den Griff in der gewünschten Lage festzubinden. Die an dem Fahrschalter der Motorwagen verwendete Vorrichtung ist dagegen vollständig zufriedenstellend. Sie besteht aus einer kleinen Stromunterbrechungsvorrichtung, welche so lange zugeschlagen gehalten wird, wie der Führer den Knopf, der sich oben auf dem Griff des Regelungsgriffs befindet, herunterdrückt. Dieser Knopf läßt sich nur durch den Druck der Hand heruntergedrückt halten. Läßt der Führer den Steuergriff los, so springt dieser Knopf durch die Einwirkung einer Feder auf, und gleichzeitig wird der Steuerungsstrom von der oben erwähnten Stromunterbrechungsvorrichtung unterbrochen. Der Knopf in dem Steuerungsgriff kann danach nicht weiter heruntergedrückt werden, bevor die Regelungskurbel zu der Nullstellung zurückgeführt worden ist.

Um Transformatoren und Motoren gegen Überlastung zu schützen, sind einerseits Höchststromunterbrecher und andererseits Sicherungen verwendet worden. Die Anordnung der Höchststromunterbrecher geht aus den Schaltbildern hervor. Diese Apparate hatten alle durch das Rütteln zu leiden und haben deswegen so eingestellt werden müssen, daß sie nur bei großer Überlastung wirken, um nicht zur Unzeit Unterbrechung zu bewirken. Es dürfte jedoch keine Schwierigkeiten bieten, diese Apparate so zu verbessern, daß sie für diesen Zweck tadellos werden. Von den verwendeten Sicherungen ist nur eine einzige in Betätigung gekommen, und die Ursache dabei war die, daß der schwache Draht durch die Erschütterungen entzweigegangen war.

Die Transformatoren.

Die sämtlichen verwendeten Haupttransformatoren sind Öltransformatoren. Die Transformatoren für die Motorwagen und für die elektrische Lokomotive Nr. 1 sind Manteltransformatoren, während der für die elektrische Lokomotive Nr. 2 verwendete Transformator von dem Kerntypus ist. Diesem letzteren Typus scheint aus dem Grund der Vorzug entschieden gegeben werden zu müssen, als er bedeutend leichter zu reparieren ist, indem die Spulen leicht abgenommen werden können. Die Gehäuse der Transformatoren auf dem Motorwagenzug und der elektrischen Lokomotive Nr. 2 sind aus Blech und waren sehr schwer dicht zu halten. Dies ist besonders mit dem letzteren derselben der Fall gewesen, welcher stärkerem Rütteln ausgesetzt worden ist. Der Ölkasten des Transformators auf der elektrischen Lokomotive Nr. 2 ist aus Stahlguß und hat sich als vortrefflich erwiesen.

Für die Abkühlung des Transformators gibt es auf der elektrischen Lokomotive Nr. 1 keine speziellen Vorrichtungen. Die Gehäuse der Transformatoren der Motorwagen sind für diesen Zweck mit Wellblech bekleidet, und auf der elektrischen Lokomotive Nr. 2 gab es anfangs eine Rohrleitung rings um die Lokomotive, durch welche das Öl des Transformators mittelst einer kleinen Ölpumpe in Zirkulation gebracht werden sollte. Dies erwies sich aber als ungeeignet, da es schwer war, die Rohrleitung dicht zu halten und war außerdem überflüssig, da der Transformator auch ohne diese Abkühlungsvorrichtung nicht sehr warm wurde, weshalb man dieselbe wegnahm.

Bei den Motorwagenausrüstungen ist der Haupttransformator mitten unter dem Wagen plaziert. Dieses scheint aber im gewissen Grade ungeeignet zu sein und wird es bei so hohen Spannungen wie 15000 Volt und darüber noch mehr, weil dann Kabel und Kabelausführungen verwendet werden müssen, welche nach den Erfahrungen bei solchen hohen Spannungen kaum vollständig betriebssicher erhalten werden können. Eine ein wenig bessere Anordnung ist die bei der elektrischen Lokomotive Nr. 1 verwendete. Wie schon erwähnt, ist der Transformator auch dort unter dem Boden in der Führerkabine angebracht; seine Ausführung erfolgte an den beiden Enden des Transformatorgehäuses innerhalb Kappen, welche durch den Boden und in Schränke der Führerkabine der Lokomotive hineinreichen. Hierdurch können Hochspannungskabel vollständig vermieden werden. Es wird aber anderseits schwieriger, bei Reparaturen die Transformatoren wegzunehmen. Die Anordnung bei der elektrischen Lokomotive Nr. 2 mit dem Transformator in einem besonderen Raum in der Lokomotive dürfte prinzipiell die beste sein. Jedoch ist die Ausführung in der Hinsicht unzweckmäßig, als es auch hier schwierig ist, den Transformator behufs Reparatur herauszunehmen. In dieser Hinsicht dürfte es am besten sein, den Transformator als stehenden Kerntransformator, an dem Deckel des Ölkasten aufgehängt, auszuführen, so daß er, nachdem ein in dem Wagendach befindlicher Deckel weggenommen ist, dadurch aus dem Öl hinausgehoben und auf eine geeignete Stelle zwecks Reparatur gestellt werden kann.

Vorher ist erwähnt, wie von der Firma Siemens-Schuckert-Werke gezeigt ist, daß ein Stromstoß bei der Transformatoreinschaltung dadurch vermieden werden kann, daß ein Widerstand in dem ersten Einschaltungsaugenblicke mit dem Transformator in Reihe geschaltet wird. Eine solche Anordnung wird aber recht kompliziert und teuer, weil die Widerstände recht bedeutende Dimensionen haben müssen, und kann die Betriebssicherheit einigermaßen gefährdet werden, da der Widerstand für hohe Spannung konstruiert werden muß. Die von anderer Stelle vorgeschlagene Weise, in dem Haupttransformator eine niedrigere Kraftliniendichte als die gewöhnlich vorkommende zu verwenden, dürfte darum vorzuziehen sein, umsomehr als hierdurch auch bei einem Unterbrechen der Stromentnahme Stromstöße verhindert werden.

Auf den Motorwagen und in der elektrischen Lokomotive Nr. 1 gibt es außer den Haupttransformatoren auch kleine Transformatoren für den Steuerungsstrom und für die Beleuchtung. In der elektrischen Lokomotive Nr. 1 wurde dieser kleine Transformator weggenommen, als das Steuerungssystem verändert wurde; auf den Motorwagen sind sie noch vorhanden. Es scheint aber ungeeignet, solche kleine Transformatoren, besonders bei höheren Spannungen, zu verwenden, weil dadurch einerseits die Hochspannungsinstrumentierung vergrößert wird und andererseits ein kleiner Transformator niemals ebenso betriebssicher für hohe Spannungen wie große Transformatoren gemacht werden kann.

Wie schon erwähnt, ist kein Überspannungsschutz für die Transformatoren erforderlich gewesen, und während der Versuchszeit sind kein einziges Mal Fehler durch Überschläge in demselben eingetroffen. In dem Transformator auf der elektrischen Lokomotive Nr. 2 ist einmal ein Fehler dadurch entstanden, daß die Isolation zwischen zwei Windungen der Niederspannungswicklung durch das Rütteln verdorben wurde. Dabei entstand Kurzschluß und eine geringe Explosion. Nachdem diese Isolation aber im verbesserten Zustand erneuert war, ist kein weiterer Fehler vorgekommen.

Die Beleuchtung.

Bei der Versuchsbahn wurden Versuche vorgenommen, um die Zweck-
mäßigkeit des Bahnstroms für Zugbeleuchtung zu ermitteln. Bei diesen
Versuchen sind nur Kohlenfadenlampen geprüft worden, weil andere
Lampensorten, infolge hoher Anschaffungskosten und größerer Zerbrech-
lichkeit, bei dem niedrigen Preis, welcher für den Bahnstrom berechnet werden kann, ökonomisch nicht mit Kohlenfadenlampen konkurrieren können.
Bei den Versuchen wurden gefunden, daß Lampen mit Kohlenfäden für niedrigere
Stromstärke als 0,5 Amp. nicht verwendet werden können, weil das Schwanken in dem Licht, welches durch die niedrige Perio-
denzahl entsteht, dann lästig wird. Anderseits hat die Erfahrung schon
gezeigt, daß Lampen mit Kohlenfäden nicht für grö-
ßere Stromstärke als 1,5 Amp. verwendet werden können, weil die Lampe
in solchem Falle bald schwarz und unbrauchbar wird. Lampen mit 1,5
Amp. in dem Kohlenfaden sind in dem Motorwagen-
zug verwendet worden, während Lampen mit 0,5

Fig. 100. Beleuchtung der Motorwagen.

Amp. in dem aus zweiachsigen Wagen bestehenden Zug, welcher mit dem
ersteren im Lokalverkehr zwischen Stockholm und Järfva abwechselnd
verwendet, und welcher von der elektrischen Lokomotive Nr. 1 gezogen wurde, geprüft worden sind. Diese beiden Sorten von Lampen
haben sich als sehr gut erwiesen. Die Lampen mit der größeren Stromstärke haben jedoch den Vorteil vor den anderen, daß ihre Lichtstärke
bei Spannungsschwankungen weniger geändert wird. Fig. 100 zeigt, wie

die Beleuchtung in dem Motorwagenzug angeordnet ist. Die Beleuchtungsspannung ist da 35 Volt und wird von einem speziellen kleinen, in der
Hochspannungskammer aufgestellten Transformator erhalten. Von diesem
ist die Beleuchtung in dem Motorwagen und dem nächsten Anhängewagen gespeist. Mehr als einen Anhängewagen von dem Motorwagen
zu speisen, dürfte sich kaum machen lassen, weil der Spannungsabfall
dann zu groß würde, wenn nicht unbequem schwere Leitungen zur
Verwendung kommen. Wenn ein langer Zug mit Beleuchtungsstrom
von der Lokomotive gespeist werden soll, wird es deswegen wahrscheinlich notwendig, höhere Spannung für den Beleuchtungsstrom zu verwenden.

Für den von der elektrischen Lokomotive Nr. 1 gezogenen Zug wurde
die Beleuchtungsspannung versuchsweise zu 220 Volt genommen, und
dieser Strom wird von dem Haupttransformator der Lokomotive genommen.

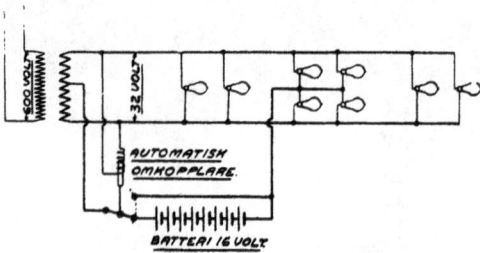

Zu der Beleuchtung werden hier
110 Volt 16 HK-Lampen verwendet, und diese Lampen sind
zu je zwei in Reihe geschaltet.
Es ist jedoch unbequem, Lampen
in Reihenschaltung zu haben,
einerseits weil beide Lampen er-
löschen, wenn die eine fehlerhaft wird, und anderseits weil
sie dann immer gleichzeitig

Fig. 101. Schaltbild der Notbeleuchtung der Motorwagen.

brennen müssen. Weiter ist es mit Rücksicht auf die Sicherheit als
besser anzusehen, niedrigere Spannung zu verwenden. Aus diesen Gründen scheint es geeignet zu sein, falls elektrische Heizung verwendet
wird, in jeden Wagen einen kleinen Transformator hineinzusetzen, welcher
zu der Leitung, die der Heizung des Wagens Strom liefert, primär eingeschaltet wird und welcher der Wagenbeleuchtung mit z. B. 35 Volt
Spannung den Strom liefert.

In dem Motorwagenzug ist eine Anordnung für Reservebeleuchtung
verwendet worden. In jedem Motorwagen ist in einem Schrank ein kleiner
Akkumulator aufgestellt, von welchem erforderlichenfalls 4 Stück 3 HK-
Reservelampen in jedem Wagen gespeist werden. Diese Reservebeleuchtung ist mit einem selbsttätigen Apparat versehen, welcher dieselbe einschaltet, sobald die Stromzuführung von der Leitung aufhört. Es hat sich
aber als ungeeignet erwiesen, spezielle Reservelampen zu verwenden,
einerseits wegen des Raumes und anderseits weil diese sich leicht in
Unordnung befinden, wenn sie Dienst tun sollen. Aus diesem Grund ist
eine Anordnung nach dem obenstehenden Schaltbild Fig. 101 geprüft
worden, welche mehrere Vorteile bietet, u. a. daß die Spannung der für

die Reservebeleuchtung erforderlichen Batterie nur die Hälfte der Spannung für die Wechselstrombeleuchtung zu sein braucht.

Bei künftigen Anlagen für elektrischen Eisenbahnbetrieb dürfte es notwendig werden, da die Beleuchtung der Wagen gewöhnlich mittelst des Bahnstroms geschieht, jeden Wagen mit einer solchen kleinen vertauschbaren Batterie zu versehen, um zu verhindern, daß, bei Unterbrechung des Stromes oder wenn die Wagen beim Rangieren oder aus einem anderen Grund von der Lokomotive losgekuppelt werden müssen, es in den Wagen vollständig dunkel ist. Für diese Reservebeleuchtung dürften Metallfadenlampen infolge ihres geringen Stromverbrauchs sehr geeignet sein.

Die Wärmeleitung.

Heizung mittelst des Bahnstromes ist in dem Motorwagenzug versucht worden. Der Strom zu den Heizungskörpern ist von dem Haupttransformator der Motorwagen mit einer Spannung von 525 Volt abgenommen und hier, wie bei der Beleuchtung, ist der Strom zu den Heizkörpern in einem Motorwagen und in dem ihm zunächst folgenden Anhängewagen von dem Transformator des Motorwagens abgenommen. Um die größte Belastung auf dem Kraftwerk der Versuchsanlage zu vermindern, ist auf jedem Motorwagen ein Fernstromschließer für die Ein- und Ausschaltung des Stromes für die Wärmeleitung verwendet worden. Dieser Stromschließer, welcher, wie die übrigen, mittelst des Fahrschalters des Führers gesteuert worden ist, schaltet den Heizungsstrom nur dann ein, wenn die Fahrschalterkurbel in der Nullstellung steht und also kein Strom für das Vorwärtstreiben des Zuges erforderlich ist. Eine derartige Anordnung ist für einen solchen Fall wie die Versuchsanlage und für Lokalbahnen offenbar

Fig. 102. Heizkörper im Motorwagenzug.

sehr geeignet, ist aber für längere Bahnen mit langen Steigungen, wo die Motoren während langer Zeit ununterbrochen mit Strom arbeiten, so daß die Heizung während dieser Zeit nicht eingeschaltet wird, ungeeignet.

Vier verschiedene Sorten von Heizkörpern sind geprüft worden. Von der Allgemeinen Elektrizitäts-Gesellschaft wurde mit der Ausrüstung des Motorwagenzuges eine Anzahl von Heizkörpern geliefert, deren äußeres Aussehen in Fig. 102 gezeigt wird. Diese Heizkörper bestehen aus auf Porzellan gewickeltem Widerstandsdraht. In der Hauptsache haben sie sich als zufriedenstellend erwiesen, geben aber einen schwachen Ton ab, wenn sie von dem Wechselstrom durchflossen werden, was für die Reisenden weniger angenehm ist.

Für die Erwärmung des Führerstands in der elektrischen Lokomotive Nr. 2 sind einige von den Siemens-Schuckert-Werken gelieferten Heizkörper aufgestellt, welche in Fig. 103 gezeigt werden. In diesen

Heizkörpern ist der Widerstandsdraht auf einer Schieferscheibe gewickelt und das ganze Widerstandselement in einem Gußeisenkasten mit Rillen eingeschlossen. Hierdurch kann sich nicht, wie bei den vorhergehenden Heizkörpern, Staub auf den Widerstandsdrähten lagern, was vorteilhaft ist, weil sonst bei der Verbrennung des Staubes ein für die Reisenden unangenehmer Geruch entsteht.

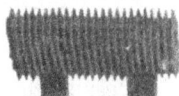

Fig. 103. Heizkörper in der elektrischen Lokomotive Nr. 2.

Fig. 104 zeigt sog. Kryptolelemente, welche in einem Abteil zweiter Klasse in dem Motorwagenzug geprüft worden sind. In diesen Heizkörpern besteht das Widerstandsmaterial aus einer Art in besonderer Weise bereiteter Kohlenkörner, welche in Glasröhren eingelegt sind, die für die Stromzuleitung an den Enden mit Metallkappen versehen sind. Diese Elemente sind vollständig geräuschlos, haben sich aber weniger zuverlässig erwiesen, indem einige der Glasröhren, nachdem sie eine Zeit in Gebrauch gewesen, zersprungen sind. Dies soll jedoch nicht der Fall sein, wenn sie für Gleichstrom verwendet werden.

Außer den obenerwähnten Heizkörpern sind auch solche von dem Personal der Versuchsanlage angefertigt, die aus von C. Schniewindt,

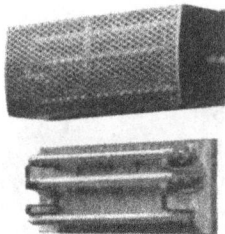

Fig. 104. Kryptol-Heizkörper.

Fig. 105. Heizkörper aus Widerstandsmatten.

Neuenrade in Westfalen, gelieferten sog. Widerstandsmatten bestehen. Das Aussehen dieser Heizkörper geht aus Fig. 105 hervor. Diese haben den Vorteil eines niedrigeren Preises und sind mechanisch stark und vollständig geräuschlos, auch wenn sie für Wechselstrom verwendet werden.

Versuche mit elektrischer Heizung.

Vergleichende Versuche in bezug auf die Beheizung von Drehgestellwagen mit elektrischem Strom bzw. mit Dampf von einem besonderen Heizwagen sind angestellt worden. Dabei ist sowohl die innere wie die äußere Temperatur auf freihängenden Thermometern in bestimmten Zeitabschnitten abgelesen worden. Gewisse Messungen sind so ausgeführt, daß die Wagen eine Stunde erwärmt worden sind, danach eine Stunde

abgekühlt, dann wieder erwärmt usw. Während aller dieser Versuchs-
reihen sind die Wagen still gestanden, mit geschlossenen Türen und
Fenstern. Ebenso ist während des Lokalverkehrs die Temperatur möglichst gleich gehalten und sowohl die Leistungsaufnahme wie die Innen-
und Außentemperaturen beobachtet worden.

Alle diese Messungen haben ergeben, daß für Instandhaltung eines
Temperaturunterschiedes etwa 0,2 bis 0,3 KW pro Grad Celsius zu verwenden sind. Die Messungswerte schwanken dazwischen, sowohl bei
stillstehenden und geschlossenen Wagen, wie bei den Wagen im Lokalverkehr. Die erste Heizung der Wagen erfordert etwa

$$\left(0,3 + \frac{40}{t}\right)$$

Θ Kilowatt pro Wagen, wenn wir mit Θ den zu erreichenden Temperatur-
unterschied und mit t die Erwärmungszeit in Minuten bezeichnen.

Bei elektrischem Betrieb hat man die Wahl zwischen elektrischer
Heizung oder Heizung mit einem besonderen Dampfkessel. Um einen
Vergleich anstellen zu können wird damit gerechnet, daß jeder Dampfkessel täglich 12 Stunden im Gebrauch ist, wovon 3 Stunden für das
Anheizen nötig sind, und daß 30 kg rauchlose Steinkohle pro Stunde
verbraucht werden bei einem Preise von 20 Kr. pro Tonne, ebenso wie
daß die Kosten für Löhne, Reparaturen und Abschreibung zu 70 Öre zu
rechnen sind. Die Kosten pro Dampfkessel werden dann auf 15,60 Kr.
pro Tag steigen. Die vergleichenden Versuche haben weiter ergeben,
daß im Durchschnitt 1 kg Steinkohle dieselbe Erwärmung wie 1,69 KW-
Stunden ergeben, entsprechend einem Wirkungsgrade bei der Dampferwärmung von 18 %. Eine Heizung von 9 Stunden durch einen Dampfkessel entspricht also 456 KW-Stunden, und der Strompreis darf 3,4 Öre
pro KW-Stunde sein, ohne daß die elektrische Erwärmung mehr kostet,
als die Dampferwärmung. Zu diesem und noch niedrigerem Preis kann im
allgemeinen elektrische Energie von größeren Wasserzentralen erhalten
werden; der elektrische Betrieb der schwedischen Staatsbahnen würde
sich bei höherem Strompreis kaum rentieren können. Es scheint also,
als müsse der elektrischen Beheizung der Wagen auch aus wirtschaft-
lichen Gründen der Vorzug gegeben werden.

Bremsvorrichtungen.

Bei den Staats-Eisenbahnen wird für Personen- und Schnellzüge
beinahe ausschließlich die Vakuumbremse verwendet. Es wurde deswegen
notwendig, elektrische Antriebsvorrichtungen für dieses Bremssystem anzuschaffen. Der Motorwagenzug und die elektrische Lokomotive Nr. 2
wurden mit solchen Bremsvorrichtungen bestellt, und diese sind von The
Vacuum Brake Company verfertigt.

In dem Motorwagenzug ist jeder Wagen mit einer Vakuumpumpe versehen, die von einem kleinen 3 PS Einphasenmotor getrieben wird. In dem Führerstand gibt es einen Bremsschalter, womit einerseits der obenerwähnte Pumpmotor gesteuert und anderseits die Bremsung geregelt wird. Die beiden Pumpmotoren des Motorwagenzuges sind mittelst einer Leitung, die durch den ganzen Zug geht, zusammengeschaltet. Dadurch wird es möglich, bei dem Loslassen der Bremse beide Pumpen arbeiten zu lassen, und sie laufen dann mit einer Geschwindigkeit von ca. 1000 Umdrehungen pro Minute. Um nachher das Vakuum zu erhalten, läuft in normalen Fällen nur die eine Pumpe mit einer Geschwindigkeit von etwa 500 Umdrehungen. Die Größe des Vakuums wird mittelst eines Sicherheitsventils geregelt, das sich öffnet und Luft in die Leitung hineinläßt, wenn das Vakuum einen bestimmten Wert übersteigt.

Die elektrische Lokomotive Nr. 2 hatte anfangs ähnliche Anordnungen wie die Motorwagen. Hier gab es aber nur einen Motor, der zwei Vakuumpumpen, je von derselben Größe, wie die auf dem Motorwagenzug, trieb. Für das Leermachen der Zugleitung liefen diese Pumpen mit einer Geschwindigkeit von 1000 Umdrehungen und für das Beibehalten des Vakuums mit ungefähr 400 Umdrehungen.

Die elektrische Lokomotive Nr. 1 war, als sie an die Versuchsbahn geliefert wurde, nur mit einer Handbremse versehen, welche sich aber, wie zu erwarten war, als ungenügend erwies. Wie vorher erwähnt, wird bei dieser Lokomotive für das Steuerungssystem Druckluft benutzt, welche von einem mittelst eines 5 PS-Einphasenmotors getriebenen Kompressor erhalten wurde. Man hielt es darum für zweckmäßig, hier gewisse Versuche zu machen, um die Druckluft auch für die Bremsung des Zuges zu verwenden. Es waren hierbei hauptsächlich zwei Möglichkeiten zu prüfen, nämlich einerseits das Vakuum mittelst eines Ejektors in derselben Weise wie mit Dampf zu erhalten und anderseits die Möglichkeit, in einer praktischen und einfachen Weise die gewöhnlichen Vakuumbremsvorrichtungen der Staatsbahnen so zu verändern, daß sie sowohl für Vakuum wie für Druckluft verwendet werden konnten.

Die Versuche, Vakuum mittels eines Ejektors und Druckluft zu beschaffen, ergaben sogleich negative Resultate. Während man mit Dampf von 6 kg Überdruck in 20 Sek. in der Vakuumleitung eines Drehgestellwagens 55 cm Vakuum erhalten konnte, zeigte es sich, daß man mit Druckluft von 6 kg Überdruck unter denselben Verhältnissen erst nach 2 Minuten 36,5 cm Vakuum erhielt und daß es unmöglich war, in dieser Weise die Luftverdünnung über diesen Wert zu erhöhen.

Der andere Ausweg erwies sich ein wenig besser. Das Vakuumbremssystem wird dabei in der Weise, welche von der nebenstehenden Fig. 106 schematisch angegeben wird, angeordnet. Auf dieser Figur ist *K* das gewöhnliche Kugelventil, *R* das Hilfsreservoir, *H* das Rohr, welches zu der Hauptleitung eingeschaltet wird, und *T* ein Vierweghahn. Mittels dieses Hahns kann das Bremssystem entweder für Vakuum, wie *A* zeigt, oder für Druckluft mit ca. 1 kg Überdruck, in der Weise wie *B* zeigt, umgeschaltet werden. Diese Druckluft wurde mittels eines Reduzierventils von dem Druckluftbehälter der Lokomotive, wo der Luftdruck zwischen 6 und 8 kg Überdruck schwankt, erhalten.

Mit diesem veränderten Bremssystem wurde die elektrische Lokomotive Nr. 1 und 2 mit Drehgestellwagen versuchsweise ausgerüstet. Es

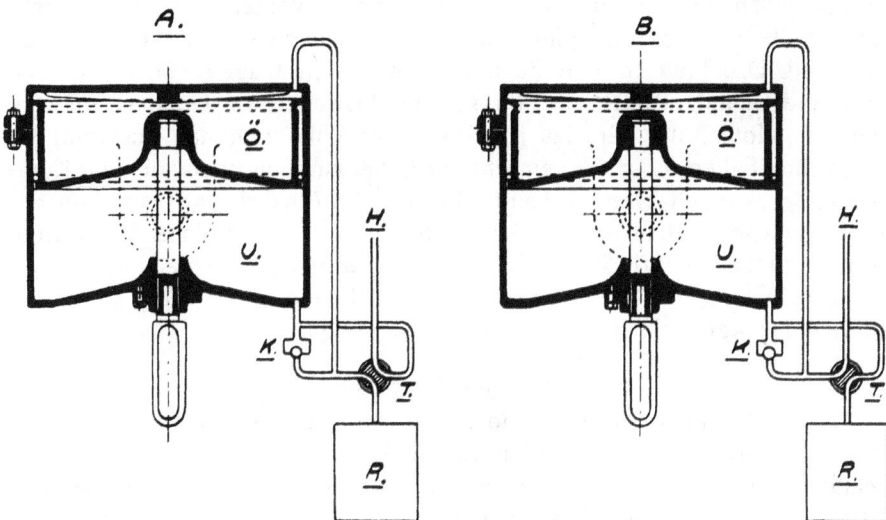

Fig. 106. Vereinfachte Darstellung einer Bremsanordnung sowohl für Vakuum (A) als Druckluft (B).

zeigte sich aber sogleich, daß, trotzdem mehrere notwendige Veränderungen an den Einzelheiten für das Vakuumbremssystem gemacht worden waren, die Verluste doch so groß waren, daß der Kompressor der Lokomotive Luft nur der Bremsvorrichtung in der Lokomotive selbst liefern konnte. Auch für die Lokomotive mußte aber dieses Bremssystem bald aufgegeben werden, weil es sich als wenig zuverlässig erwies, da sich die Vakuumbremse, trotz verschiedenen Bemühungen, nicht mit Vorteil für Druckluft verwenden ließ. Die Lokomotive wurde darum stattdessen mit einer normalen Vakuumbremsvorrichtung und motorgetriebenen Vakuumpumpe, welche von der elektrischen Lokomotive Nr. 2 genommen wurde, versehen. Von dieser Maschine wurde nämlich der Motor, welcher dort vorher die beiden Vakuumpumpen angetrieben hatte, und die eine dieser Pumpen weggenommen, während die zweite Vakuumpumpe zu dem

Motor in der elektrischen Lokomotive Nr. 2, der dort den Luftkompressor, die Ölpumpe und den Ventilator trieb, gekuppelt wurde.

Signalgebung.

Für die Signalgebung wird sowohl auf den Lokomotiven wie auf den Motorwagen Druckluft verwendet. Auf den elektrischen Lokomotiven wird diese von motorgetriebenen Luftpressern erhalten. Auf dem Motorwagenzug wurden zuerst Versuche mit den damals erhaltenen Vakuumpfeifen angestellt; da aber die Ergebnisse schlecht waren, wurden achsengetriebene Kompressoren angeschafft. Die Motorwagen müssen jedoch jeden Morgen erst 3 bis 4 km fahren, bevor es genügend Druckluft für die Signalgebung gibt. Es hat sich nämlich so gut wie unmöglich erwiesen, Druckluft in den Behältern unter den Wagen von einem Tag zum andern aufzuspeichern. Es scheint deswegen vorteilhafter zu sein, daß der Motor, der für das Antreiben der Vakuumpumpe bestimmt ist, in solchen Fällen so groß gemacht wird, daß zu demselben auch ein Kompressor gekuppelt werden kann. Im Mai 1907 wurde indessen von der Firma Joseph Higham, Ltd., Manchester, eine Vakuumpfeife konstruiert, welche an der elektrischen Lokomotive Nr. 2 geprüft wurde und sich als recht zufriedenstellend erwies, wenn sie auch einen nicht völlig so starken und reinen Laut wie die Pfeife für Druckluft gab.

Das Sandstreuen.

Vorrichtungen für das Sandstreuen sind auf den elektrischen Lokomotiven erprobt worden, werden aber bei den Motorwagen, infolge ihres relativ großen Adhäsionsgewichtes, nicht als nötig erachtet. Für die elektrische Lokomotive Nr. 2 wird eine mechanische Sandstreuvorrichtung verwendet, auf der elektrischen Lokomotive Nr. 1 hingegen geschieht das Sandstreuen mit Hilfe von Druckluft, was sich als sehr vorteilhaft erwiesen hat.

Der Energieverbrauch der Züge.

In dem Kapitel über das Kraftwerk sind schon die Instrumente erwähnt worden, welche für Messung des Energieverbrauchs der Züge angeschafft wurden und von welchen die Spannungs-, Strom- und Leistungsmesser in dem Kraftwerk angebracht werden mußten, weil das Rütteln das Ablesen unmöglich machte. Hierdurch kommen die Linienverluste mit in das Ergebnis. Diese haben sich bei einer Fahrt mit 6000 Volt ausnahmsweise auf maximal 5 % belaufen. Der Mittelwert des Spannungsabfalls während einer ganzen Versuchsfahrt hat jedoch für die unten angegebenen Fahrten niemals 2 % überschritten, und keine Korrektion ist hierfür bei den Berechnungen des Wattstundenverbrauchs mitgenommen worden, weil dieser aus anderen Gründen mit solcher Genauigkeit nicht bestimmt werden kann, daß einem Fehler von 2 % eine größere Bedeutung beigemessen ist, um so mehr als der so gemessene Wert größer wie der wirkliche ist. Beim Fahren mit 12 000 Volt belaufen sich die infolge des Spannungsabfalls entstehenden Fehler nur auf ein Viertel des oben erwähnten. Messungen beim Fahren mit höherer Spannung als 12 000 Volt haben nicht ausgeführt werden können, weil die Meßinstrumente hierfür nicht geeignet waren.

Der vorher erwähnte von der A. E.-G. gelieferte Geschwindigkeitsmesser ist für die Messung der Zuggeschwindigkeit benutzt worden, wobei anfangs auf demselben Ablesungen jede zehnte Sekunde und später jede fünfte Sekunde genommen worden sind. Trotzdem daß dieser Geschwindigkeitsmesser bei Kontrollprüfungen im Kraftwerk jede wünschenswerte Genauigkeit zu liefern erwies, ergab es sich anfangs daß, wenn der erhaltene Wert der Mittelgeschwindigkeit für eine Versuchsfahrt, der Kontrolle wegen mit der Fahrzeit multipliziert wurde, die so berechnete Weglänge nicht mit dem in der Wirklichkeit zurückgelegten Weg übereinstimmte, sondern oftmals 6 % kürzer war. Seitdem aber die Bremsvorrichtung für die Achse, von welcher der Generator des Geschwindigkeitsmessers getrieben wurde, außer Dienst gesetzt worden war, verschwand dieser Fehler, und der Geschwindigkeitsmesser hat seitdem immer gute Ergebnisse geliefert.

Für die Messung der Zugkraft der Lokomotiven bzw. der Motorwagen ist ein Federdynamometer, bis zu 5 Tonnen zeigend, angewendet worden. Dieser Dynamometer wurde bei Zugkraftmessungen zwischen den Zughaken der Lokomotive bzw. des Motorwagens und des ersten Wagens angebracht. Die Ausschläge auf diesem Dynamometer haben infolge der Abwesenheit der hierfür erforderlichen Dämpfungsvorrichtung nicht vollständig ruhig erhalten werden können. Die Ablesungen sind deswegen mehr schätzungsweise gemacht worden, und es ist darum klar, daß sich keine allzu große Genauigkeit von diesen Messungen erwarten läßt. Jedoch zeigt die recht gute Übereinstimmung zwischen den Resultaten der Messungen in verschiedenen Fällen, daß der Fehler bei der Bestimmung des Mittelwerts der Zugkraft, resp. der Zugarbeit, sich auf mehr nicht als höchstens ein paar Prozent bei längeren Fahrten belaufen dürfte. Bei den Messungen, bei welchen Zugkraftablesungen gemacht worden sind, sind diese gleichzeitig mit den Geschwindigkeitsablesungen vorgenommen worden. Für den Motorwagenzug haben die Zugkraftablesungen natürlich nur dann gemacht werden können, wenn nur der vordere Motorwagen der ziehende gewesen ist.

Ablesungen sind für ungefähr 100 Versuchsfahrten vorgenommen worden, welche mit verschiedenen Zusammensetzungen der Züge, Haltepunktabständen und Mittelgeschwindigkeiten ausgeführt sind, und sind Kurven für diese gezeichnet worden. Die Fig. 110 bis 125, die am Ende dieses Kapitels wiedergegeben sind, zeigen als Beispiel solche Kurven für 16 Versuchsfahrten, davon 6 für den Motorwagenzug, 6 für die elektrische Lokomotive Nr 1, und 4 für die Lokomotive Nr. 2. Die Kurven für Spannung, Stromstärke und elektrische Leistungsaufnahme dieser Figuren sind sämtlich mittels der vorher erwähnten funkenregistrierenden Instrumente aufgenommen worden. Bei den von den Figuren gezeigten Versuchsfahrten ist die Spannung, mit Ausnahme der Fahrten, welche von den Fig. 118 bis 121 gezeigt werden, im Kraftwerk für Hand geregelt worden. In den letzteren hat der erwähnte selbsttätige Spannungsregler Dienst getan. Die Ablesungen von Geschwindigkeit und Zugkraft sind bei diesen Versuchsfahrten jede fünfte Sekunde genommen worden. Die in den Figuren gezeigten Kurven für die Pferdekräfte geben die Leistung beim Zughaken an, schließt also die Arbeit nicht ein, die für die Beförderung der Lokomotive bzw. des Motorwagens erforderlich ist. Um die gesamte Arbeit und den Effekt bei den Triebrädern zu erhalten, welche Werte für die Berechnung des Wirkungsgrades erforderlich sind, ist der oben erwähnte Wert im Verhältnis zu dem Zuggewicht vergrößert worden, was natürlich voraussetzt, daß der Zugwider-

Fig. Nr.	Motoren	Zuggewicht	Bahnstrecke	Länge in km	Durchschnittsgeschwindigkeit	Durchschnittl. Effektfaktor	Durchschnittl. Wirkungsgrad	Wattstunden pro Tonnen-km
110 a	Motorwagen	144,5	Stockholm C.—Tomteboda (Vorsignal)	2,30	35,8	0,81	—	35,7
110 „	„	„	Tomteboda (Vorsignal)—Tomteboda	0,46	18,4	0,63	—	52,7
110 b	„	„	Tomteboda—Järfva	4,12	39,0	0,81	—	21,4
111 a	„	„	Järfva—Tomteboda (Vorsignal)	3,31	37,3	0,84	—	32,8
111 „	„	„	Tomteboda (Vorsignal)—Tomteboda	0,75	23,5	0,65	—	45,9
111 b	„	„	Tomteboda—Stockholm C.	2,82	38,4	0,74	—	18,0
112 a	Elektr.-Lok. Nr. 1	116	Stockholm C.—Karlberg	1,92	32,0	0,72	0,69	34,9
„ „	„	„	Karlberg—Tomteboda (Vorsignal)	0,30	15,0	0,56	0,61	73,9
„ „	„	„	Tomteboda (Vorsignal)—Tomteboda	0,49	18,2	0,59	0,62	64,7
112 b	„	„	Tomteboda—Hagalund	1,85	30,8	0,74	0,67	45,4
„ „	„	„	Hagalund—Järfva	2,26	36,6	0,72	0,62	17,7
113 a	„	„	Järfva—Hagalund	2,24	34,9	0,77	0,71	42,8
„ „	„	„	Hagalund—Tomteboda	1,80	33,1	0,63	0,76	22,0
113 b	„	„	Tomteboda—Karlberg	0,82	22,2	0,64	0,66	43,7
„ „	„	„	Karlberg—Stockholm C.	1,96	28,5	0,61	0,63	10,7
114 a u. b	Motorwagen¹)	144,5	Järfva—Värtan	9,78	39,9	0,85	0,73	16,4
115 a u. b	„¹)	„	Värtan—Järfva	9,82	38,7	0,87	0,75	19,5
116 a u. b	„	„	Järfva—Värtan	9,78	48,3	0,87	—	17,5
117 a u. b	Elektr.-Lok. Nr. 1	80	Värtan—Järfva	9,82	48,2	0,90		22,0
118 a u. b	„	„	Järfva—Värtan	9,94	42,5	0,82	0,74	18,7
119 a u. b	„	„	Värtan—Järfva	9,65	36,1	0,79	0,71	21,2
120 a, b u. c	„	185	Järfva—Värtan	10,05	32,1	0,79	0,77	13,3
121 a, b u. c	„	„	Värtan—Järfva	10,05	31,0	0,79	0,74	16,2
122 a, b u. c	Elektr.-Lok. Nr. 2	149,4	Järfva—Värtan	9,65	36,7	0,80	0,72	14,5
123 a, b u. c	„	„	Värtan—Järfva	9,65	34,4	0,82	0,72	19,9
124 a, b u. c	„	265	Järfva—Värtan	9,91	34,1	0,82	0,76	11,1
125 a, b u. c	„	„	Värtan—Järfva	9,91	28,7	0,82	0,77	16,7

¹) Nur der vordere Motorwagen ziehend. Bei den übrigen Versuchsfahrten mit dem Motorwagenzug sind beide Wagen ziehend gewesen.

stand pro Tonne derselbe für die Lokomotive bzw. den Motorwagen wie
für den übrigen Zug ist. Da dieser Widerstand aber ein wenig größer
für die Lokomotive oder den Motorwagen als für den übrigen Zug ist,
u. a. durch den Luftwiderstand auf der vorderen Seite des Zuges, wird
der in der vorstehenden Tabelle so berechnete Wert des Wirkungsgrades,
der auch den Verlust in der Leitung vom Kraftwerk enthält, ein wenig
niedriger, als der wirkliche Wirkungsgrad von der Hochspannungsseite
auf der Lokomotive bzw. dem Motorwagen zu den Triebrädern.

In der Tabelle sind auch die aus den Kurven berechneten Mittelwerte von Geschwindigkeit und Leistungsfaktor wie auch dem Wattstundenverbrauch angeführt.

Aus dieser Tabelle geht hervor, daß der mittlere Leistungsfaktor bedeutend besser für die Motorwagen als für die elektrischen Lokomotiven
ist. Der Wert des Leistungsfaktors der Motorwagen würde doch noch ein
wenig größer geworden sein, wenn die Haupttransformatoren derselben
nicht einen außergewöhnlich großen Felderregungsstrom hätten. Diese
Transformatoren wurden zur Zeitersparnis bei dem vorher erwähnten Austausch der elektrischen Ausrüstungen der Motorwagen mehr provisorisch
umgebaut.

Aus der Tabelle geht weiter hervor, daß die erhaltenen Mittelwerte
des Leistungsfaktors, Wirkungsgrades und Energieverbrauches innerhalb
sehr weiter Grenzen geschwankt haben, was ja auch in Hinsicht auf den
großen Unterschied bezüglich des Zuggewichtes, der Stationsentfernung
und der Mittelgeschwindigkeit zu erwarten war. Bei kurzer Stationsentfernung kommt, wie aus den Kurven hervorgeht, nur Anlassen und Bremsen
vor, und weil einerseits der Wirkungsgrad während des Anlassens bedeutend niedriger als während der Fahrt ist und weil anderseits ein Energieverlust bei der Bremsung entsteht, wird deswegen der Energieverbrauch
in solchem Falle bedeutend größer als bei längerer Stationsentfernung.
Bei kurzer Stationsentfernung schwankt der Energieverbrauch auch sehr,
wie aus der Tabelle hervorgeht, was auf der verschiedenen Regelung des
Führers beruht.

Bei längeren Stationsentfernungen spielen Anlassen und Bremsen
dagegen eine untergeordnetere Rolle, und deswegen werden dann bedeutend
niedrigere Werte des Energieverbrauchs erhalten. Die Werte welche in
der Tabelle für Fahrten zwischen Värtan und Järfva aufgenommen wurden,
sind sehr niedrig, ein Umstand, der nur daraus erklärt werden kann, daß
die Züge trotz dem hügeligen Gelände (siehe Fig. 107) den ganzen Weg
zwischen den beiden Bahnhöfen ohne Bremsen anders als bei den Endpunkten haben zurücklegen können. Die bei der Talfahrt erhaltene Energie
ist dabei in dem Zug in lebendige Kraft umgewandelt worden, ohne daß
die maximale Geschwindigkeit überschritten worden ist. Bei ausgeführten

Berechnungen hat es sich erwiesen, daß im allgemeinen bei den Steigungsverhältnissen, die auf den schwedischen Staatsbahnen vorhanden sind, dieser Fall eintritt und das Bremsen bei der Talfahrt nur verhältnismäßig selten in Frage zu kommen braucht.

Bei elektrischem Eisenbahnbetrieb mittels Drehstroms, wo der Zug mit beinahe konstanter Geschwindigkeit die ganze Strecke fährt, kann die lebendige Kraft in dieser Weise offenbar nicht ausgenutzt werden. Die Leistung, die bei einer solchen Eisenbahn dadurch wiedergewonnen werden kann, daß die Motoren als Generatoren arbeiten, wird offenbar mit einem weit schlechteren Wirkungsgrad erhalten, weshalb der Energieverbrauch eines mit Drehstrommotoren getriebenen Zuges auf der Strecke Värtan — Järfva—Värtan offenbar bedeutend größer gewesen wäre, als der bei diesen Versuchen beobachtete. Anders würde sich natürlich der Vergleich stellen, wenn die Bahn besonders lange und fortlaufende Steigungen hätte, wie es bei Bergbahnen der Fall ist.

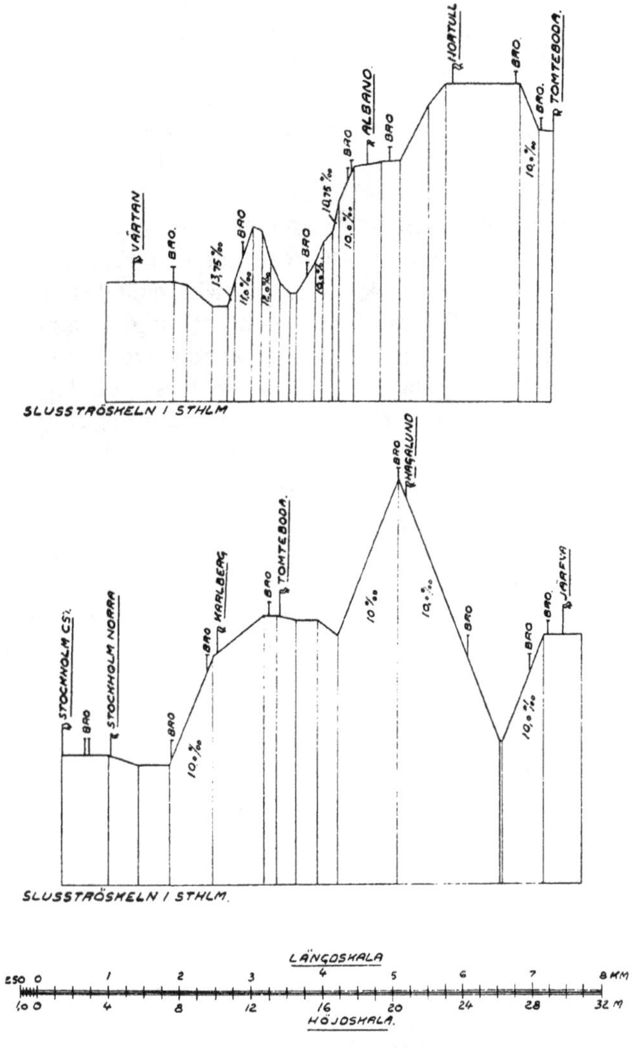

Fig. 107. Streckenprofile.

Bei den obenerwähnten Berechnungen betreffend den Energieverbrauch ist für die Bestimmung des Zugwiderstandes folgende nach Davis aufgestellte Formel (Street Railway Journal 1904. Dec. 3.) verwendet worden:

$$\omega = 2 + 0{,}04 \, V + 4{,}5 \cdot 10^{-4} \, V^2,$$

11*

wobei $a =$ der Zugwiderstand in kg pro Tonne und V die Geschwindigkeit in km pro Stunde ist.

Hierbei ist jedoch zu merken, daß die Formeln von Davis das Zuggewicht und die Anzahl von Wagen berücksichtigen. In der erwähnten Formel sind deswegen hierfür für die schwedischen Staatsbahnen geeignete Mittelwerte eingeführt.

Diese Formel hat Werte ergeben, die mit dem bei den Versuchsfahrten erhaltenen gut übereinstimmen.

Um eine Vorstellung zu geben, wie der mittlere Leistungsfaktor, die mittlere Geschwindigkeit und der Energieverbrauch für eine gewisse Lokomotive infolge verschiedener Stationsentfernung und Zuggewichtes schwanken, sind die Kurven auf den Fig. 108 und 109 nach der oben gegebenen Formel des Traktionswiderstandes berechnet worden.

Bei den Berechnungen ist angenommen worden, daß zwei verschiedene Lokomotiven angewendet worden sind, und zwar eine (Fig. 108) für eine zugelassene maximale Geschwindigkeit von 60 km pro Stunde, und eine andere (Fig. 109) für 100 km pro Stunde. Für beide Lokomotiven ist angenommen worden, daß sie mit je 4 Einphasenmotoren zu 175 PS von bekanntem Typus versehen gewesen sind. Weiter ist für die Berechnungen angenommen worden, daß das Bremsen in demselben Augenblick begonnen hat, da der Strom ausgeschaltet worden ist, und daß die Verzögerung beim Bremsen sich auf 0,5 m pro Sekunde belaufen hat. Auf jeder der beiden Figuren sind, um die Einwirkung des Zuggewichtes zu zeigen, Kurven für drei verschiedene Zuggewichte gezeichnet worden. Die Kurven sind unter Annahme von horizontaler Bahn berechnet, gelten aber natürlich auch, wenn Steigungen vorkommen, falls, wie vorher erwähnt ist, diese nicht so lang sind, daß das Bremsen bei der Talfahrt in Frage zu kommen braucht.

Während des Winters, als die Versuche vorgenommen wurden, ist nur einmal so starkes Schneewetter vorgekommen, daß ein Schneepflügen notwendig gewesen ist. Dabei wurde der Energieverbrauch für den Motorwagenzug mit ein wenig über 1 KW-Stunde pro Zug-km oder in diesem Falle mit etwa 7 Wattstunden pro Tonnen-km vergrößert. Hierbei ist jedoch zu merken, daß diese Vergrößerung des Energieverbrauches offenbar beinahe von dem Zuggewicht unabhängig ist und also niedrigere Werte in bezug anf Wattstundenverbrauch pro Tonnen-km für lange Züge zeigt. Bei dieser Messung kamen jedoch nicht mehr als 0,5 m hohe Schneehaufen auf der Bahn vor und kann man natürlich bei schweren Schneeverhältnissen einen bedeutend höheren Energieverbrauch erwarten.

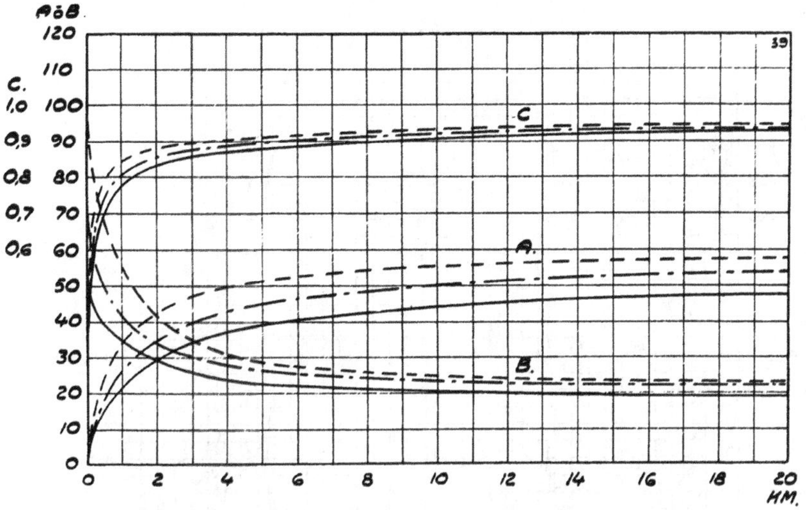

Fig. 108. Berechnete Kurven für eine elektrische Lokomotive mit vier Einphasenmotoren von 175 PS mit
einer Übersetzung entsprechend einer größten Geschwindigkeit von 60 km pro St.
— — — — — — für ein Zuggewicht von 215 Tonnen (mit Lok.)
— · — · — · — · — — „ „ „ „ 410 „ „ „
———————— „ „ „ „ 600 „ „ „
A = durchschnittliche Geschwindigkeit in km pro St.
B = Wattst. pro Tonnenkm.
C = Mittelwert des Leistungsfaktors.
KM = Haltepunktsentfernung in km.

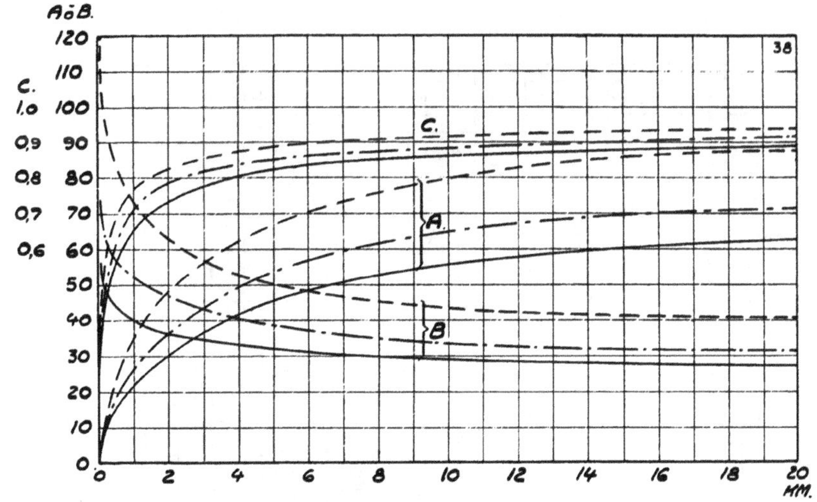

Fig. 109. Berechnete Kurven für eine elektrische Lokomotive mit vier Einphasenmotoren von 175 PS mit
einer Übersetzung entsprechend einer größten Geschwindigkeit von 100 km pro St.
— — — — — — für ein Zuggewicht von 130 Tonnen (mit Lok.)
— · — · — · — · — — „ „ „ „ 245 „ „ „
———————— „ „ „ „ 360 „ „ „
A = durchschnittliche Geschwindigkeit in km pro St.
B = Wattst. pro Tonnenkm.
C = Mittelwert des Leistungsfaktors.
KM = Haltepunktsentfernung in km.

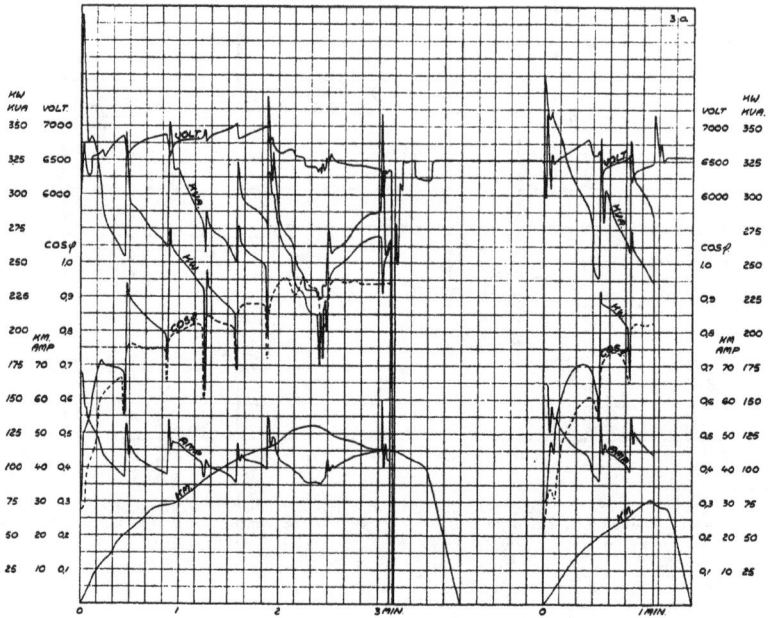

Fig. 110a. Der Motorwagenzug. Stockholm—Tomteboda Vorsignal—Tomteboda.

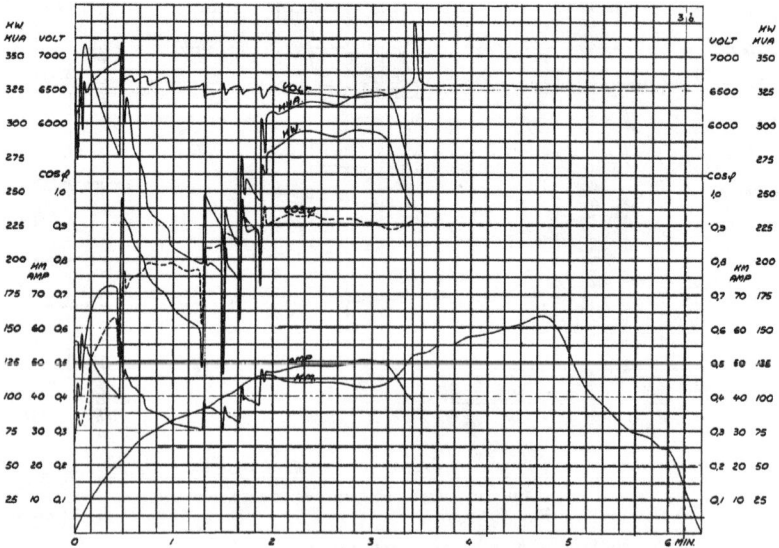

Fig. 110b. Der Motorwagenzug. Tomteboda—Järfva.

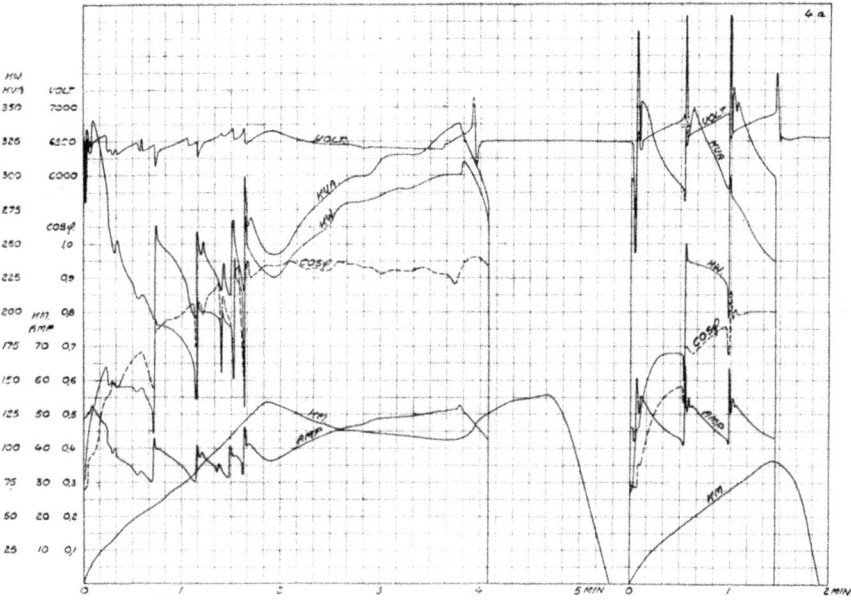

Fig. 111a. Der Motorwagenzug. Järfva – Tomteboda Vorsignal – Tomteboda.

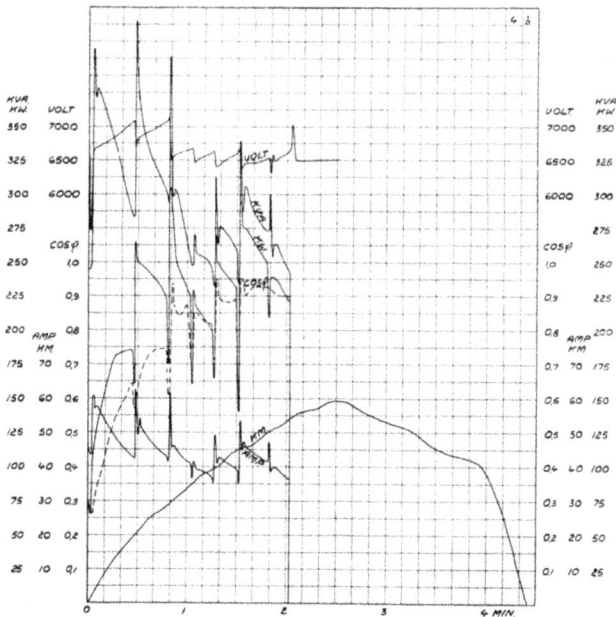

Fig. 111b. Der Motorwagenzug. Tomteboda – Stockholm.

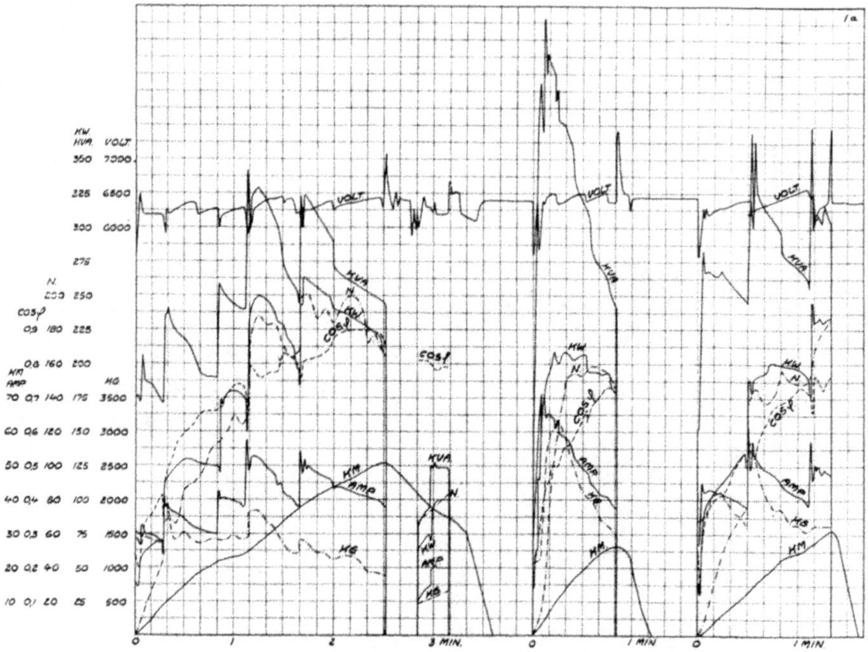

Fig. 112a. Die elektrische Lokomotive Nr. 1 in Lokalzugdienst.
Stockholm—Karlberg—Tomteboda Vorsignal- Tomteboda.

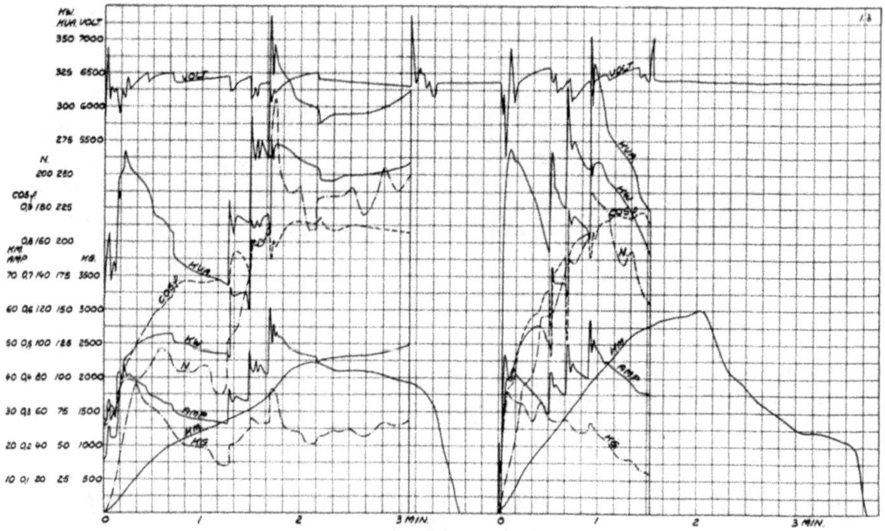

Fig. 112b. Die elektrische Lokomotive Nr. 1 in Lokalzugdienst. Tomteboda—Hagalund—Järfva.

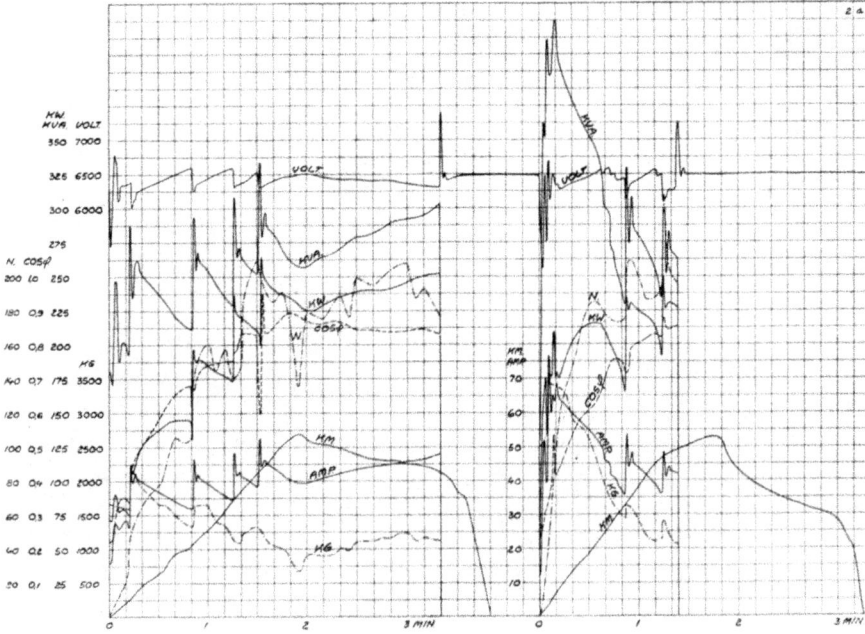

Fig. 113a. Die elektrische Lokomotive Nr. 1 in Lokalzugdienst. Järfva—Hagalund—Tomteboda.

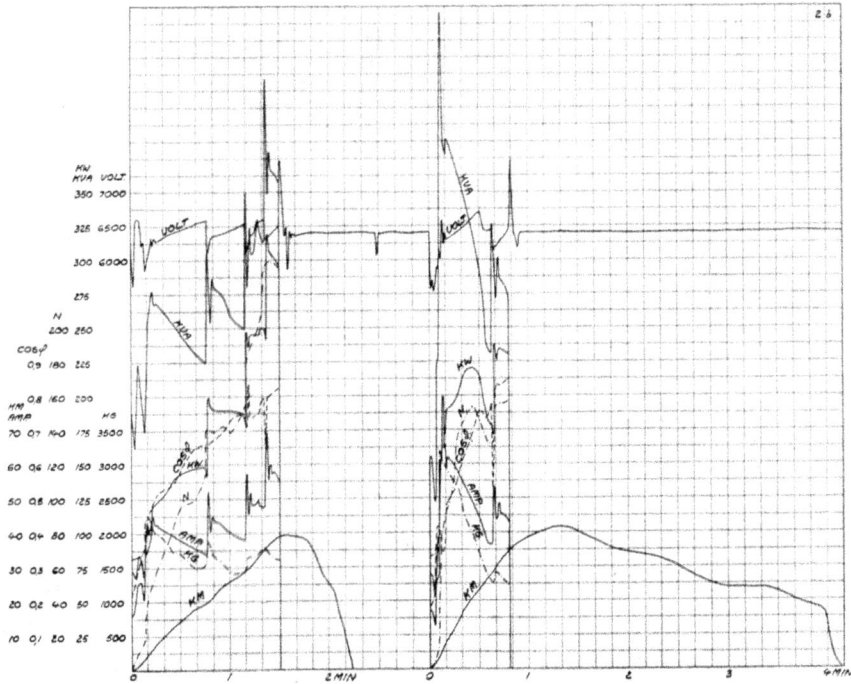

Fig. 113b. Die elektrische Lokomotive Nr. 1 in Lokalzugdienst. Tomteboda—Karlberg—Stockholm.

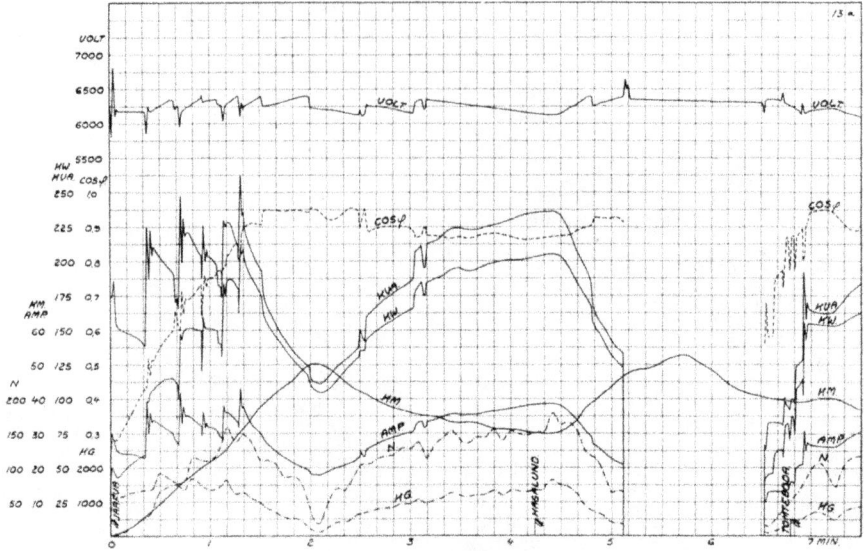

Fig. 114a. Der Motorwagenzug, nur der erste Wagen ziehend. Järfva—Värtan I.

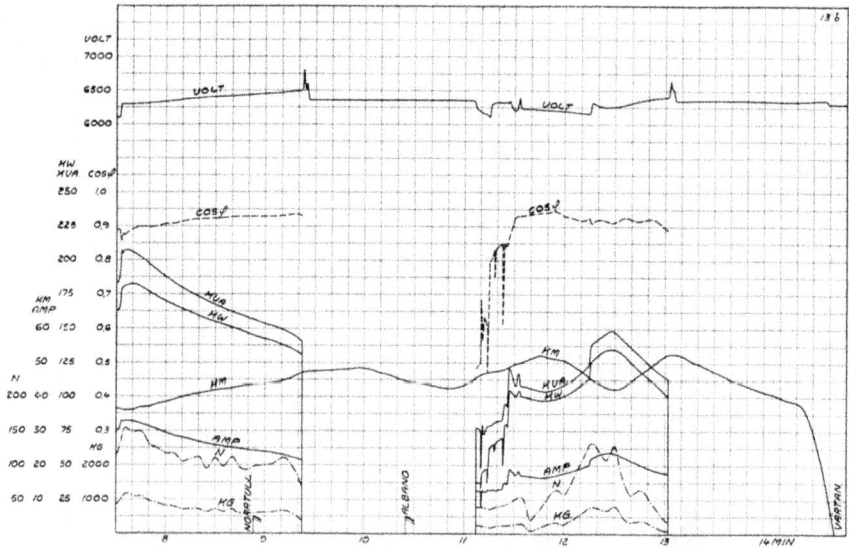

Fig. 114b. Der Motorwagenzug, nur der erste Wagen ziehend. Järfva—Värtan II.

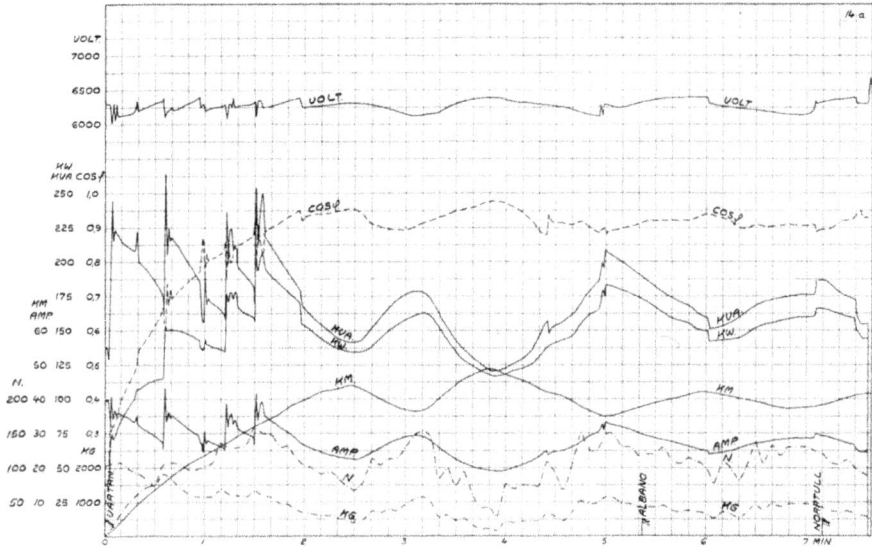

Fig. 115a. Der Motorwagenzug, nur der erste Wagen ziehend. Värtan–Järfva I.

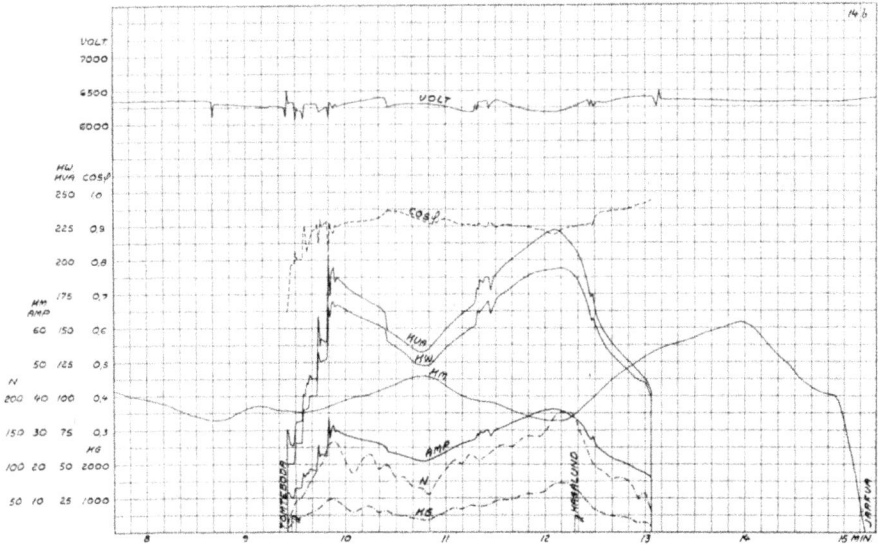

Fig. 115b. Der Motorwagenzug, nur der erste Wagen ziehend. Värtan–Järfva II.

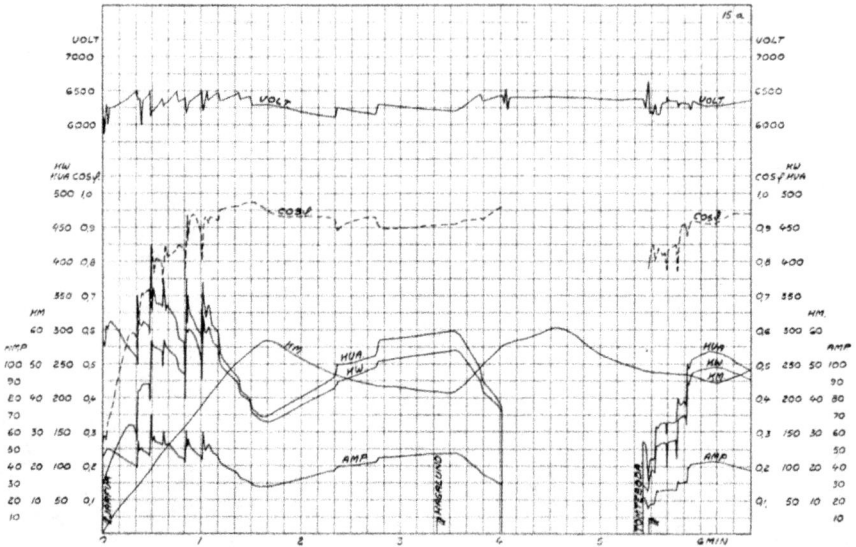

Fig. 116a. Der Motorwagenzug Järfva—Värtan I.

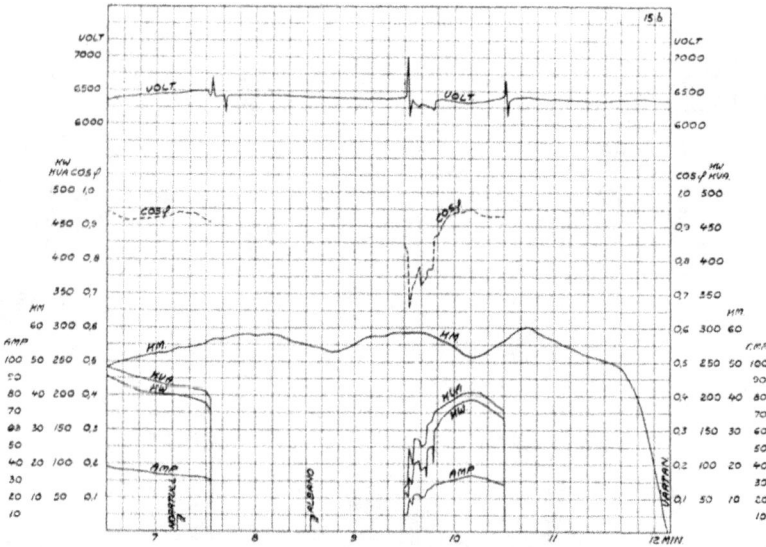

Fig. 116b. Der Motorwagenzug Järfva—Värtan II.

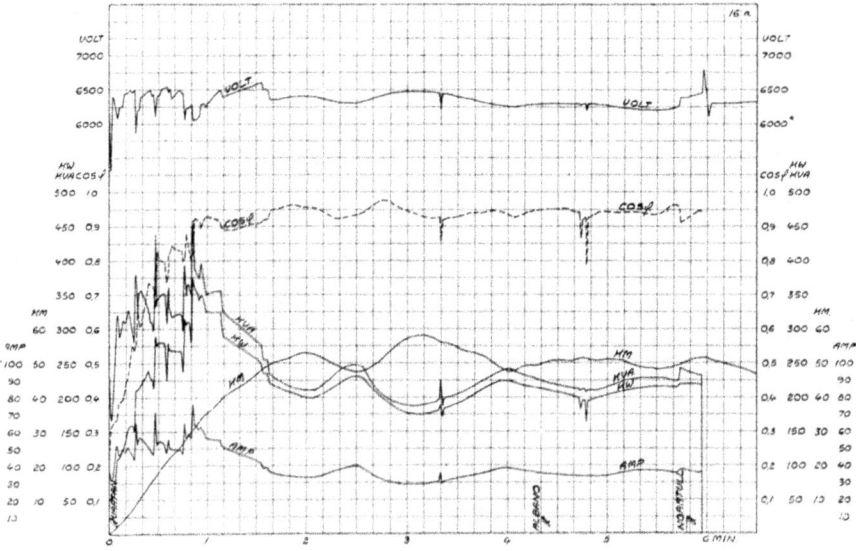

Fig. 117a. Der Motorwagenzug Värtan–Järfva I.

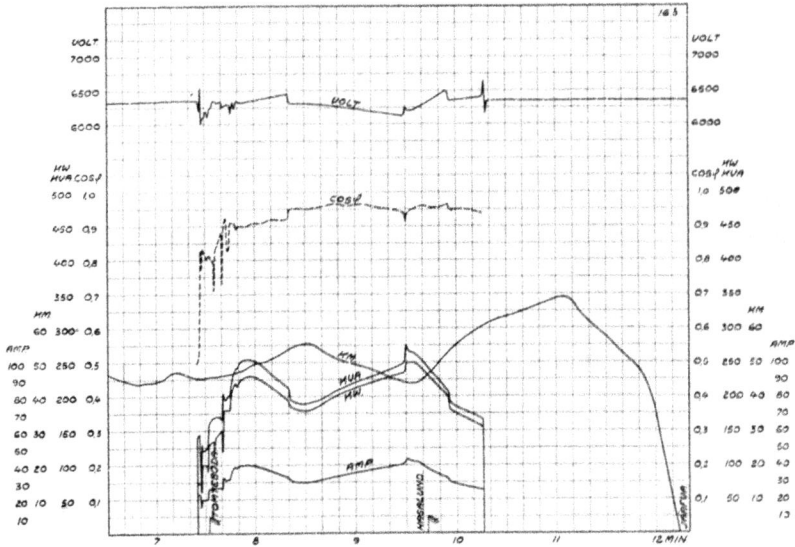

Fig. 117b. Der Motorwagenzug Värtan–Järfva II.

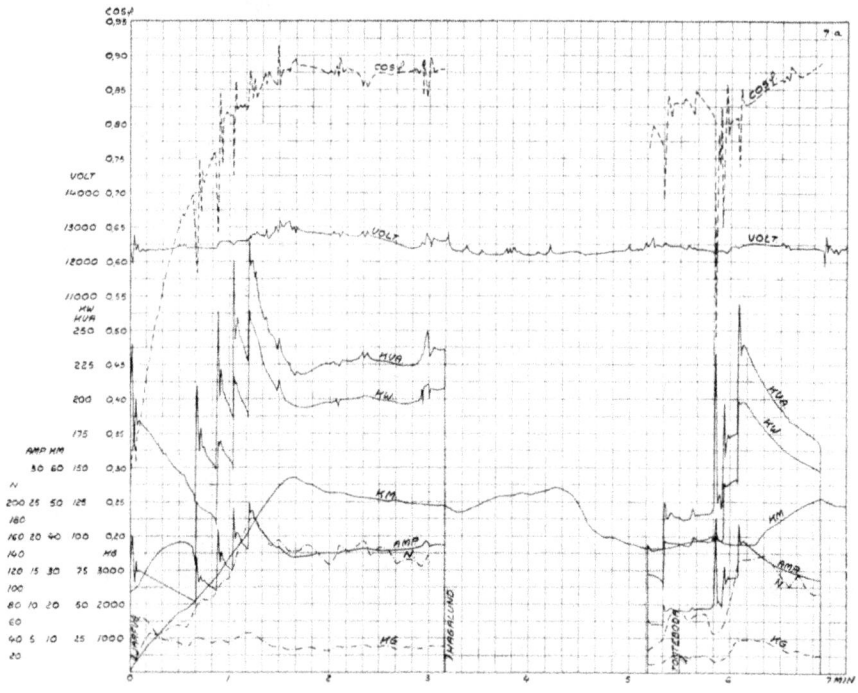

Fig. 118a. Die elektrische Lokomotive Nr. 1. Gesamtzuggewicht 80 Tonnen. Järfva—Värtan I.

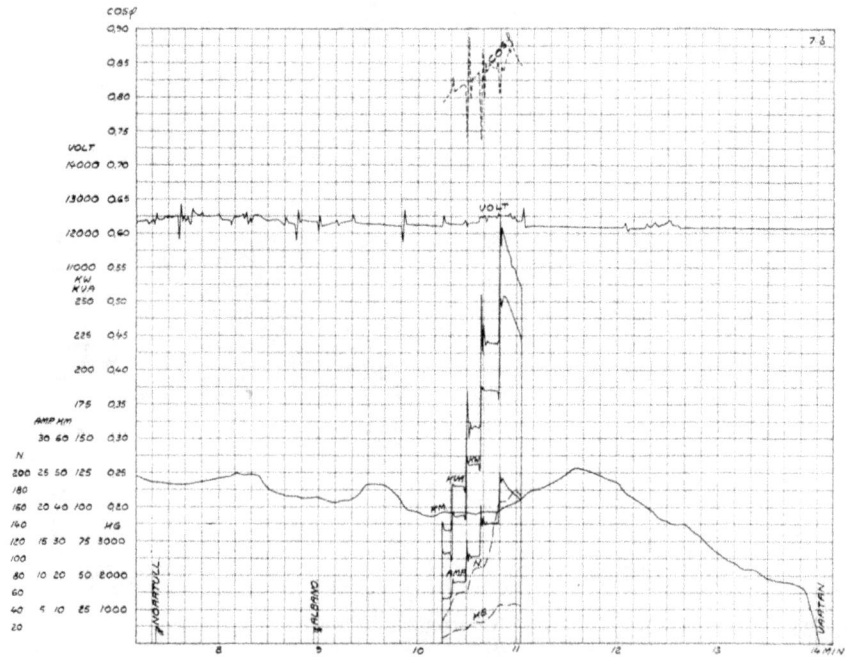

Fig. 118b. Die elektrische Lokomotive Nr. 1. Gesamtzuggewicht 80 Tonnen. Järfva—Värtan II.

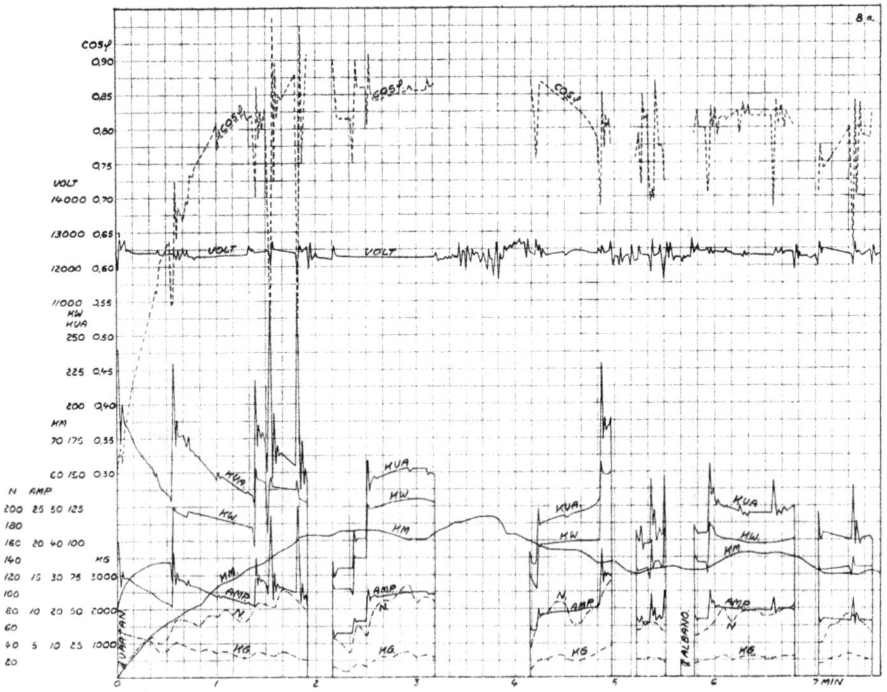

Fig. 119a. Die elektrische Lokomotive Nr. 1. Gesamtzuggewicht 80 Tonnen. Värtan–Järfva I.

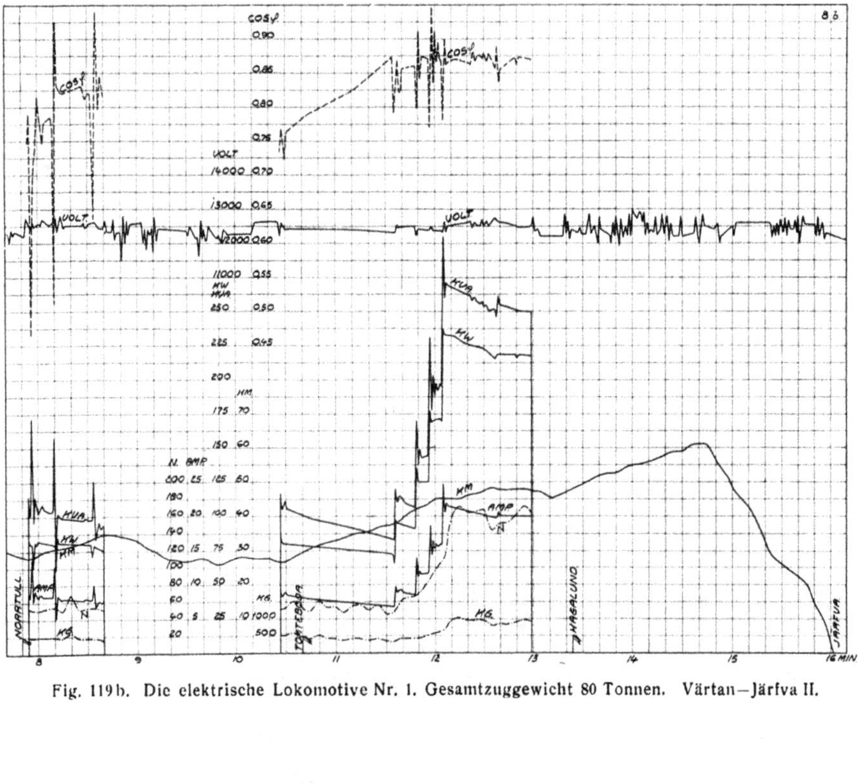

Fig. 119b. Die elektrische Lokomotive Nr. 1. Gesamtzuggewicht 80 Tonnen. Värtan–Järfva II.

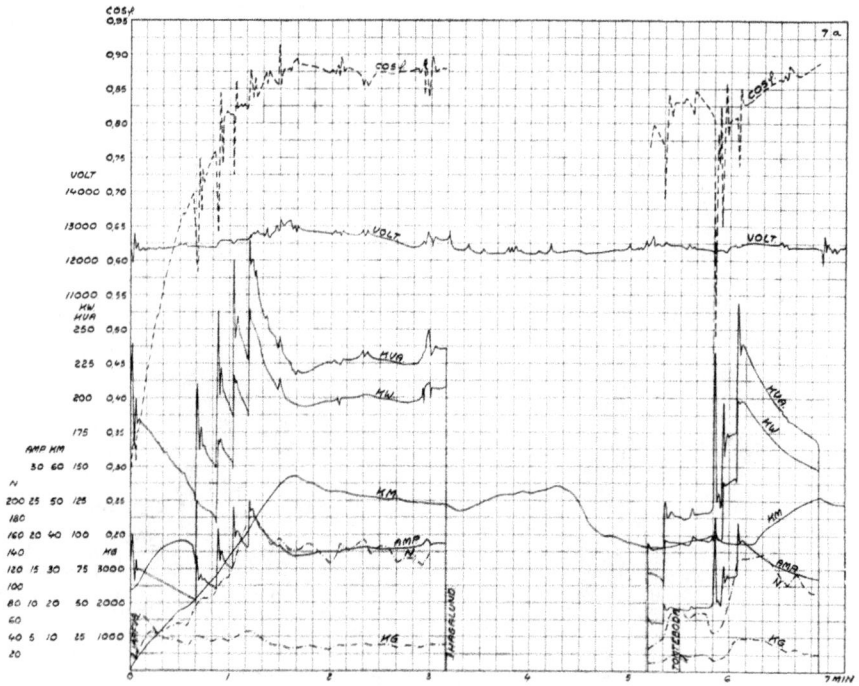

Fig. 118a. Die elektrische Lokomotive Nr. 1. Gesamtzuggewicht 80 Tonnen. Järfva—Värtan I.

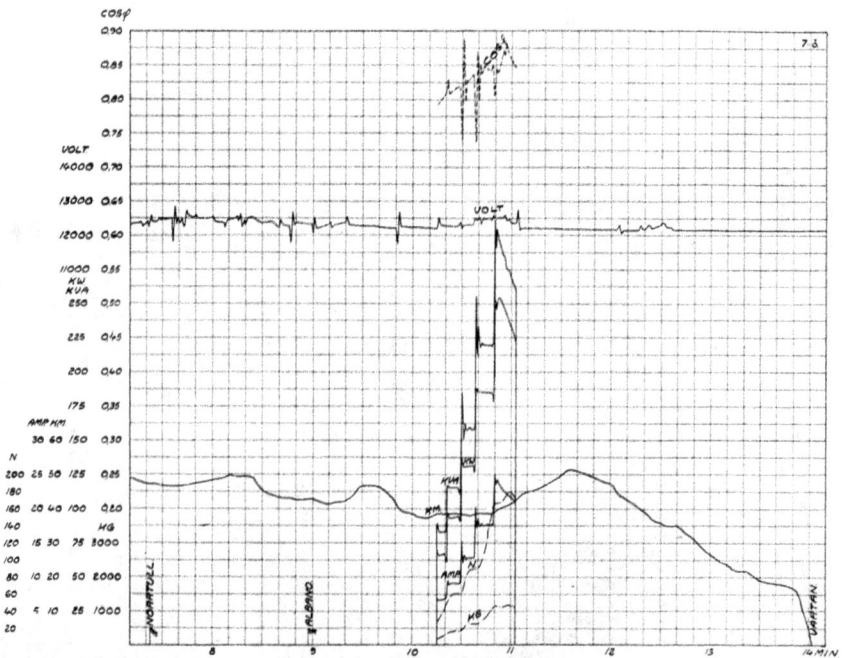

Fig. 118b. Die elektrische Lokomotive Nr. 1. Gesamtzuggewicht 80 Tonnen. Järfva—Värtan II.

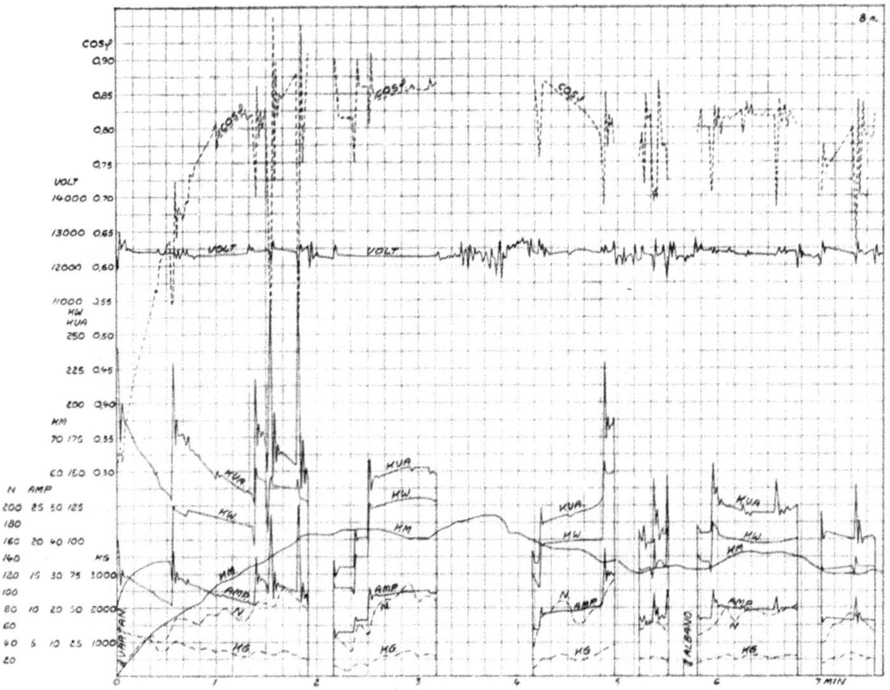

Fig. 119a. Die elektrische Lokomotive Nr. 1. Gesamtzuggewicht 80 Tonnen. Värtan–Järfva I.

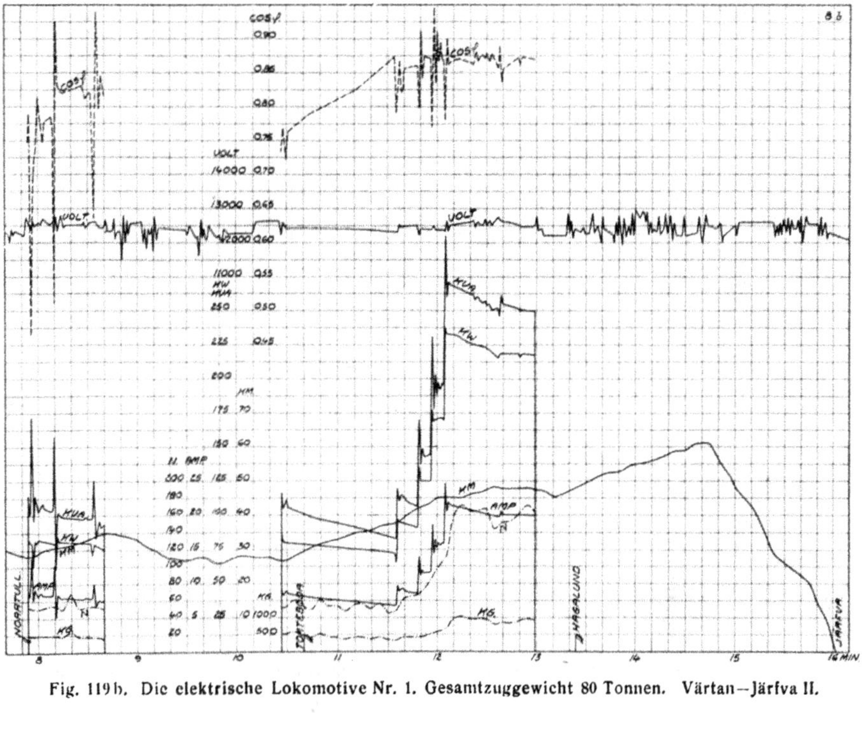

Fig. 119b. Die elektrische Lokomotive Nr. 1. Gesamtzuggewicht 80 Tonnen. Värtan–Järfva II.

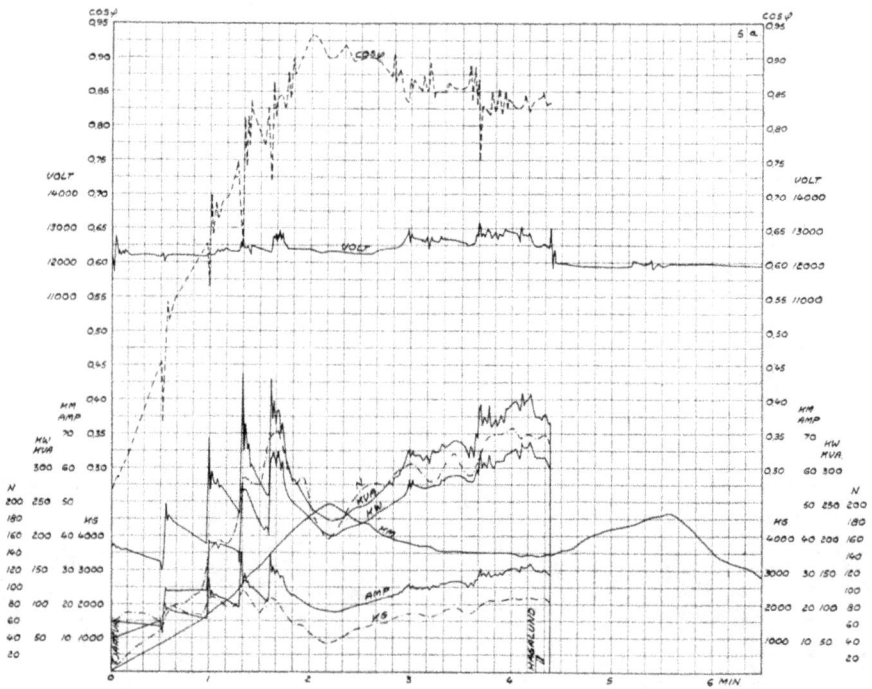

Fig. 120a. Die elektrische Lokomotive Nr. 1. Gesamtzuggewicht 185 Tonnen. Järfva—Värtan I.

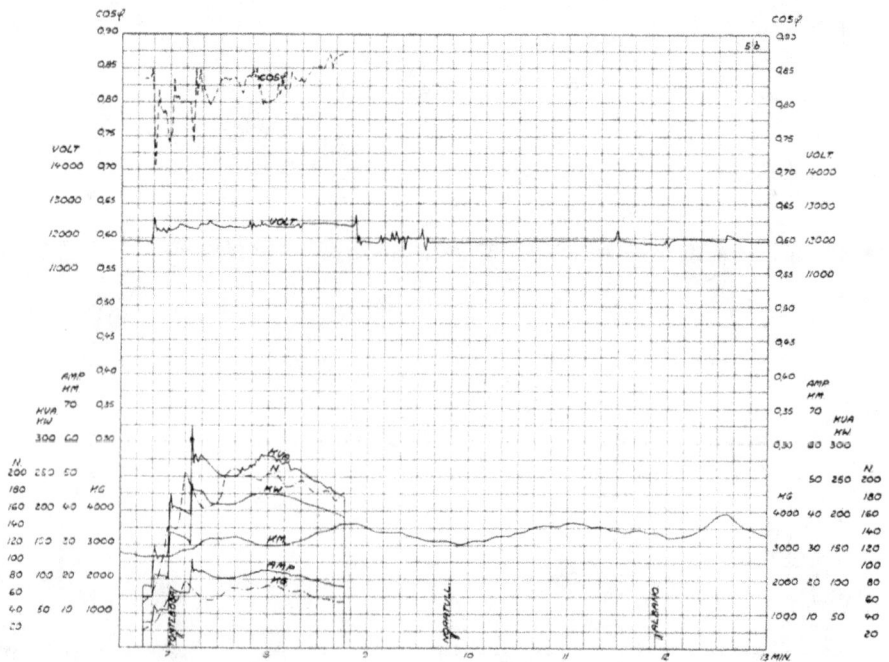

Fig. 120b. Die elektrische Lokomotive Nr. 1. Gesamtzuggewicht 185 Tonnen. Järfva—Värtan II.

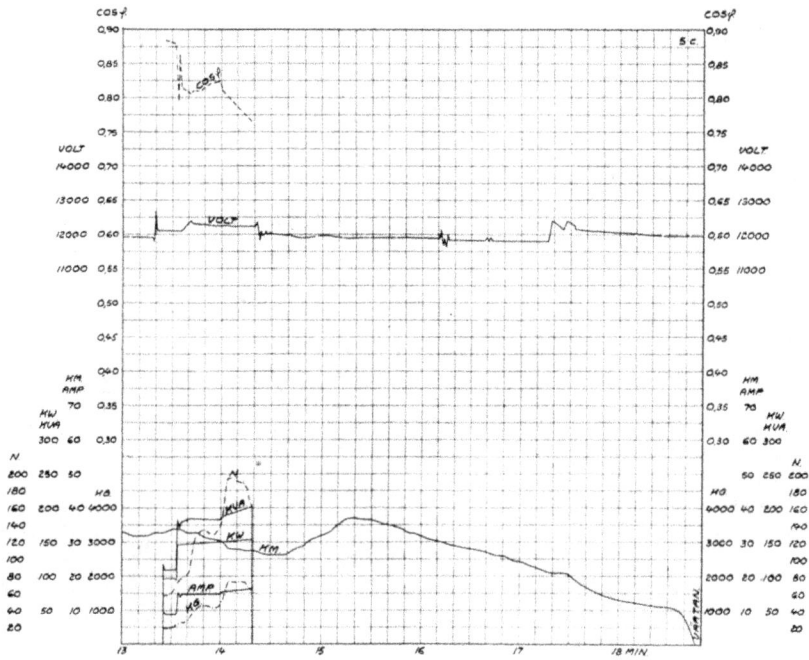

Fig. 120 c. Die elektrische Lokomotive Nr. 1. Gesamtzuggewicht 185 Tonnen. Järfva—Värtan III.

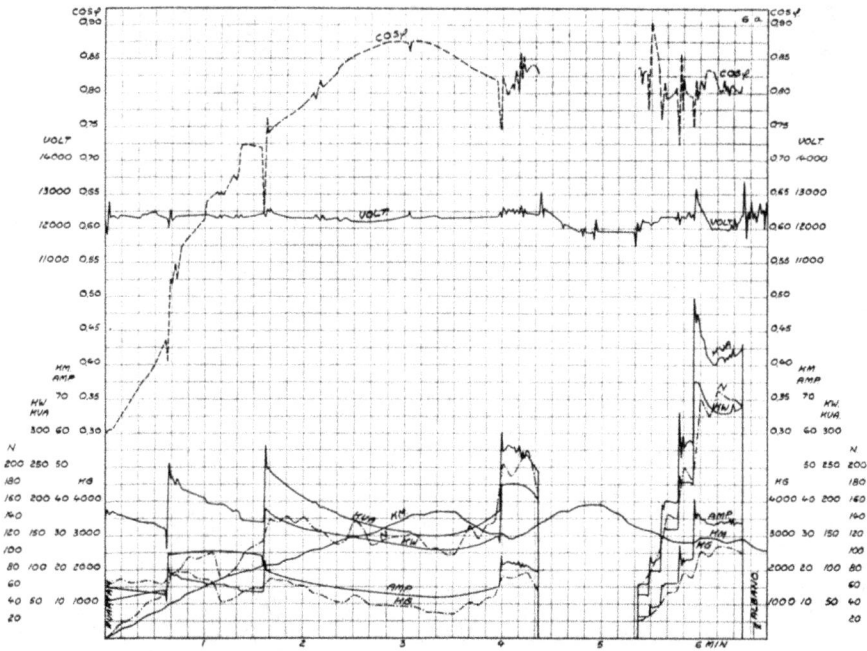

Fig. 121 a. Die elektrische Lokomotive Nr. 1. Gesamtzuggewicht 185 Tonnen. Värtan—Järfva I.

Dahlander, Eisenbahnbetrieb. 12

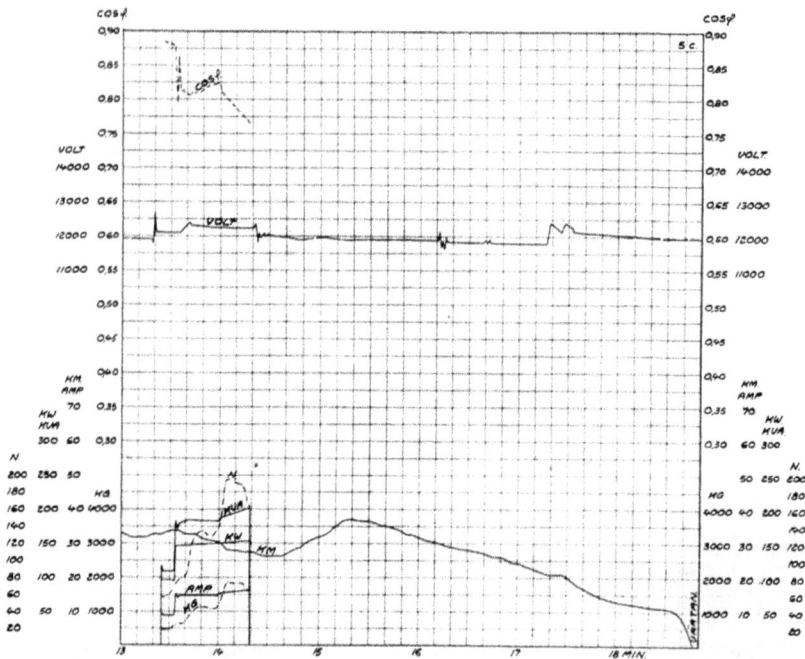

Fig. 121 b. Die elektrische Lokomotive Nr. 1. Gesamtzuggewicht 185 Tonnen. Värtan – Järfva II.

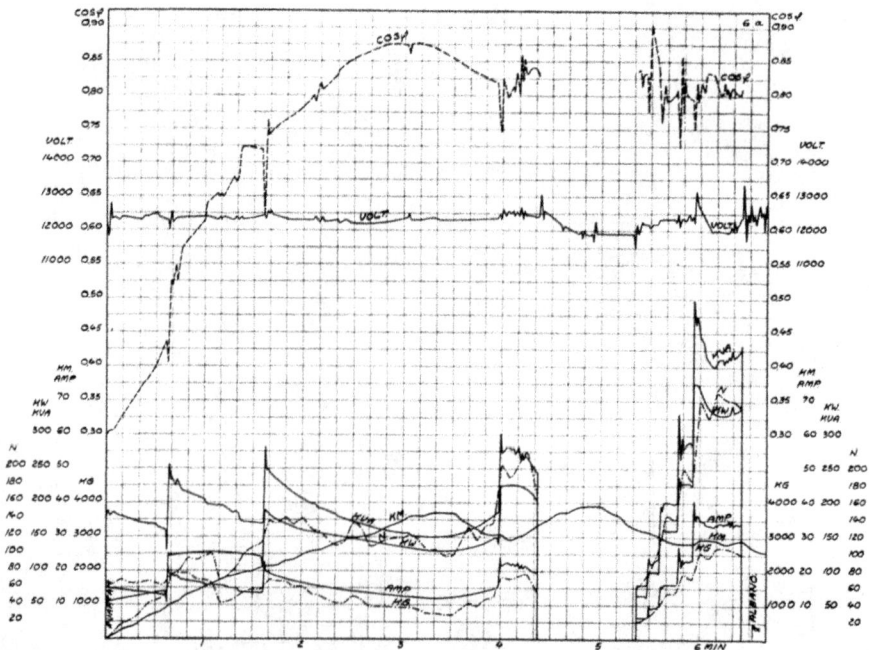

Fig. 121 c. Die elektrische Lokomotive Nr. 1. Gesamtzuggewicht 185 Tonnen. Värtan—Järfva III.

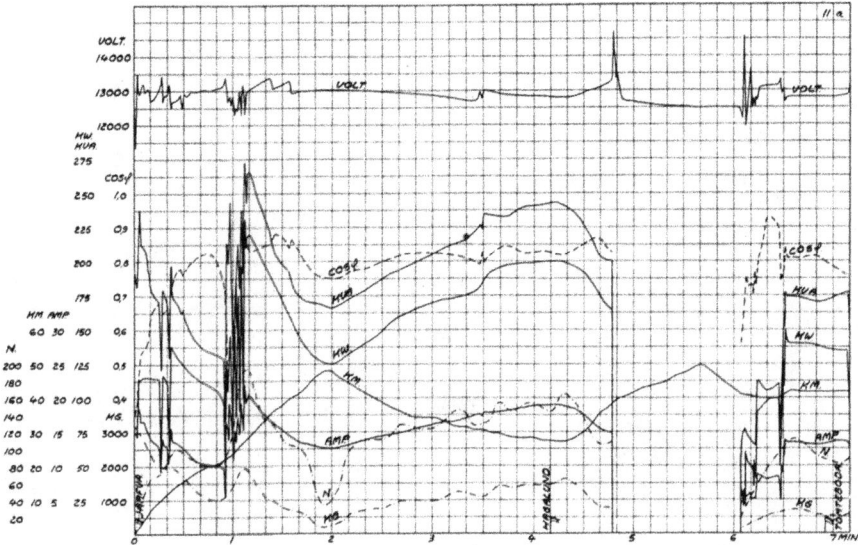

Fig. 122a. Die elektrische Lokomotive Nr. 2. Gesamtzuggewicht 149,4 Tonnen. Järfva–Värtan I.

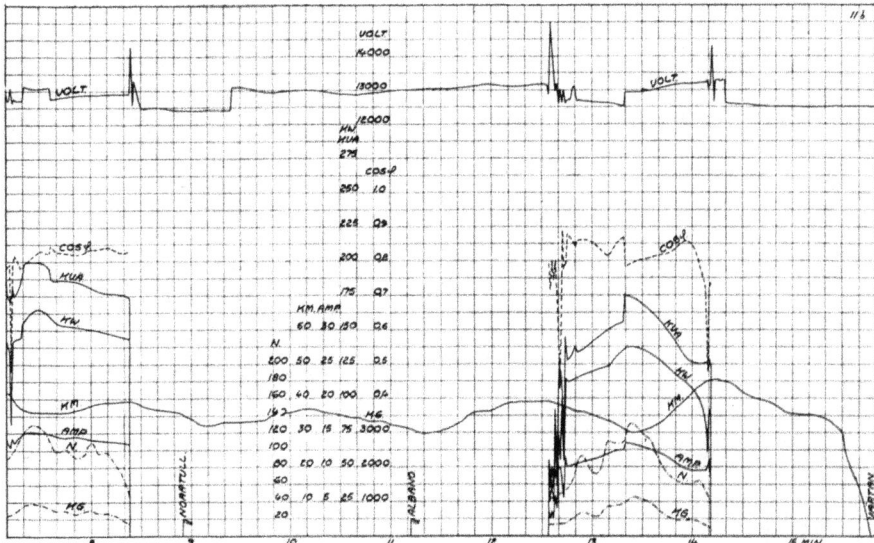

Fig. 122b. Die elektrische Lokomotive Nr. 2. Gesamtzuggewicht 149,4 Tonnen. Järfva–Värtan II.

12*

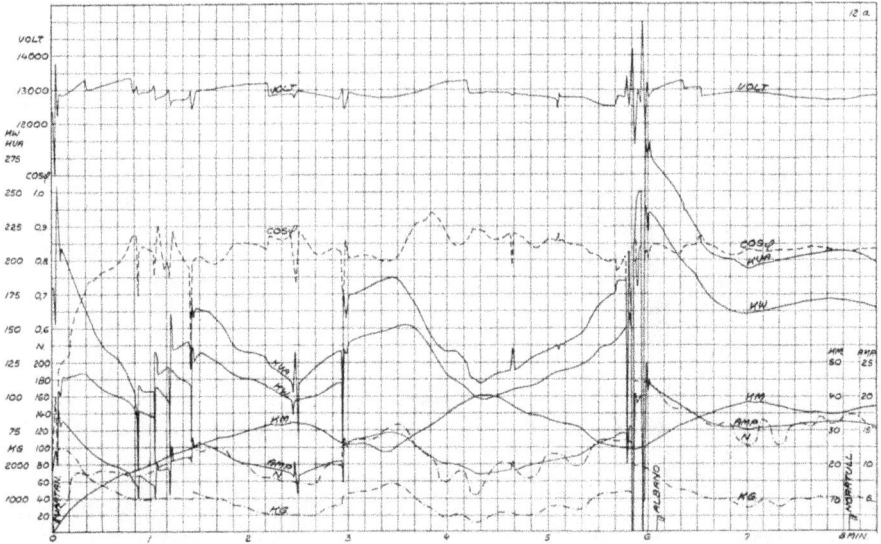

Fig. 123a. Die elektrische Lokomotive Nr. 2. Gesamtzuggewicht 149,4 Tonnen. Värtan—Järfva I.

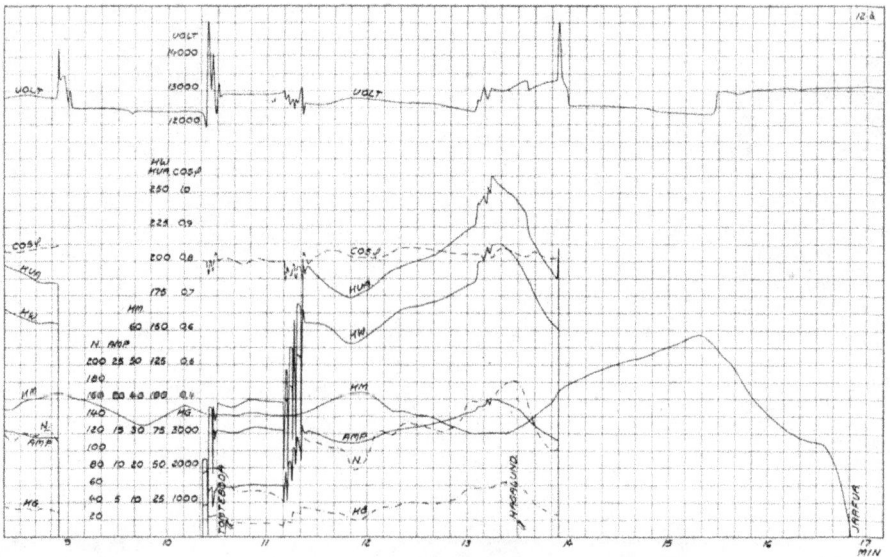

Fig. 123b. Die elektrische Lokomotive Nr. 2. Gesamtzuggewicht 149,4 Tonnen. Värtan—Järfva II.

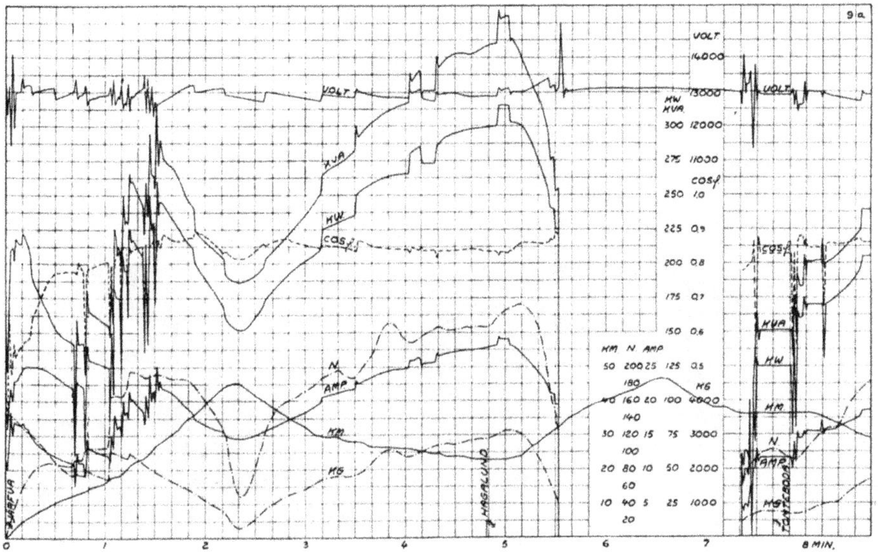

Fig. 124a. Die elektrische Lokomotive Nr. 2. Gesamtzuggewicht 265 Tonnen. Järfva—Värtan I.

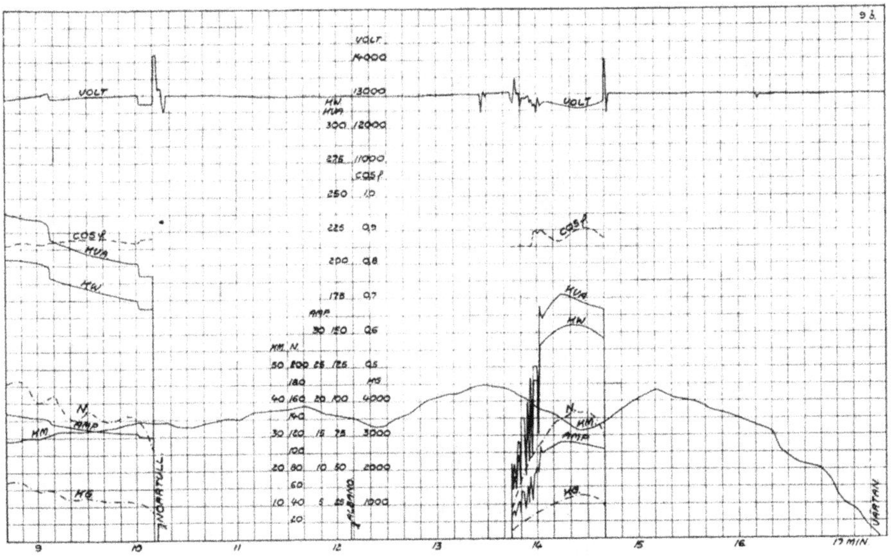

Fig. 124b. Die elektrische Lokomotive Nr. 2. Gesamtzuggewicht 265 Tonnen. Järfva—Värtan II.

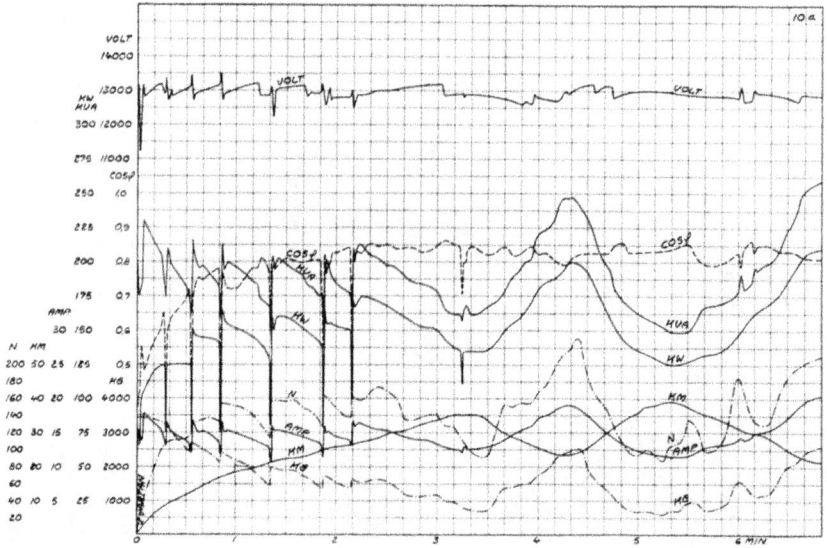

Fig. 125a. Die elektrische Lokomotive Nr. 2. Gesamtzuggewicht 265 Tonnen. Värtan—Järfva I.

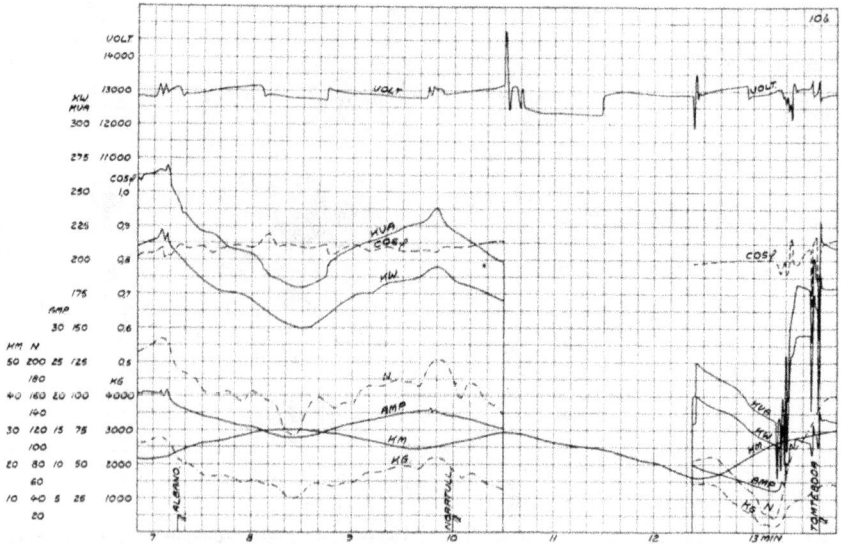

Fig. 125b. Die elektrische Lokomotive Nr. 2. Gesamtzuggewicht 265 Tonnen. Värtan—Järfva II.

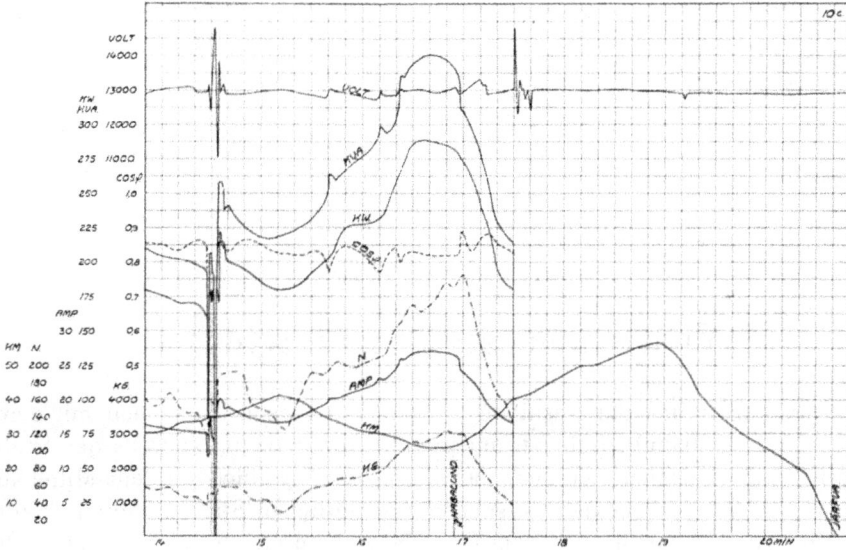

Fig. 125c. Die elektrische Lokomotive Nr. 2. Gesamtzuggewicht 265 Tonnen. Värtan—Järfva III.

Zeichenerklärung zu den Figuren 110 125.

Volt = die Fahrdrahtspannung am Kraftwerk.
Amp. = die Stromstärke im Fahrdraht.
KVA = Volt × Amp. × 10⁻³.
KW = elektrische Leistungsabgabe des Kraftwerks.
Km = Zuggeschwindigkeit in km pro Stunde.
Kg = Zugkraft in kg am Zughaken.
N = berechnete PS-Zahl der Motoren.

Zusammenfassung und Schlüsse.

In bezug auf die Resultate, welche bei diesen Versuchen mit elektrischem Eisenbahnbetrieb gewonnen sind, mag anfangs betreffs des Kraftwerks daran erinnert werden, daß dieses ja eigentlich nur ein Mittel für das Erzeugen des bei den Versuchen erforderlichen Stroms und aus natürlichen Gründen nur in geringem Grade selbst ein Gegenstand der Versuche gewesen ist. Dies hindert nicht, daß die Erfahrungen, welche während des Betriebs bezüglich der elektrischen Ausrüstung des Kraftwerks gewonnen worden sind, allgemeine Anwendung verdienen, und von einer gewissen Bedeutung sind. Es ist zu bemerken, daß das Kraftwerk der Versuchsanlage unter insofern ungünstigeren Verhältnissen gearbeitet hat, als es mit dem Kraftwerk für eine größere Anlage für elektrischen Eisenbahnbetrieb der Fall ist, daß die prozentualen Belastungsschwankungen und also die Stöße in der Maschinerie und die Schwierigkeiten für die Spannungsregelung die denkbar größten und weit größer als diejenigen sind, welche bei einem Kraftwerk, das mehrere Züge gleichzeitig treibt, unter normalen Verhältnissen entstehen werden.

Was die Fahrdrahtleitung betrifft, so ist durch die Versuche die Möglichkeit festgestellt worden, so hohe Spannungen, wie sie für die schwedischen Staatsbahnen aus ökonomischen Gründen wünschenswert sind, zu verwenden. Es ist auch konstatiert worden, daß man mittels geeigneter Schutzvorrichtungen die Gefahr für die Reisenden und die Eisenbahnbeamten so vermindern kann, daß im allgemeinen keine Bedenken aus diesem Gesichtspunkt bezüglich der Verwendung hochgespannter Fahrdrahtleitungen oder ihrer Einführung an Bahnhöfen zu bestehen brauchen. Für das Stromabnehmen bereiten diese hohen Spannungen keine Schwierigkeiten, im Gegenteil, da die Stromstärke, welche durch den Stromabnehmer überführt werden soll, in demselben Verhältnis vermindert wird, wie die Spannung wächst. Mit Hilfe geeigneter Isolatoren und im übrigen sorgfältig ausgearbeiteter Konstruktionseinzelheiten, scheint man auch bei diesen Spannungen auf einen hohen Grad von Betriebssicherheit rechnen zu können. Bezüglich dieser Einzelheiten sind während der Versuche vielseitige und wertvolle Erfahrungen gesammelt worden, nicht zum geringsten Teil dadurch, daß bei der Versuchsanlage mehrere, weniger zufriedenstellende Anordnungen und Einzelheiten geprüft sind, deren Fehler genau studiert worden sind und welche den Anlaß zu verbesserten Bauarten gegeben haben. Infolge dieser Erfahrungen ist auch ein spezielles System von neuen, besonders einfachen Vorrichtungen für das Tragen der Fahrdrahtleitung ausgearbeitet worden, welches hochgestellte Ansprüche zufriedenzustellen scheint, für die Verhältnisse an den schwedischen Staatsbahnen sehr geeignet sein dürfte und welches besonders für einfache Geleise eine einfache und zweckmäßige Kombination der Aufhängeanordnungen der Fahrdrahtleitung und der Speiseleitungen gestattet. Um gleichmäßige Zugspannung und gleichmäßigen Durchhang von dem Fahrdraht zu erhalten und um die Fehler und Kosten, welche mit den bisherigen gewöhnlichen Anordnungen verbunden sind, zu vermeiden, werden bei diesem System Spanngewichte verwendet, mit welchen sehr befriedigende Erfahrungen gemacht wurden. Da zufolge der Natur der Versuchsanlage größere Geschwindigkeit als 60 bis 70 km in der Stunde im allgemeinen nicht erhalten werden konnte, und auch dies nur während sehr kurzer Zeitabschnitte, haben bei sehr großen Geschwindigkeiten keine Beobachtungen in bezug auf das Stromabnehmen gemacht werden können. Genügend Erfahrung ist aber hinsichtlich der Umstände, welche auf das Stromabnehmen einwirken, gewonnen, daß infolgedessen und der bekannten Erfahrungen von anderen Anlagen allgemeine Schlüsse bezüglich der Stromabnahme bei verschiedenen Geschwindigkeiten und Anordnungen gezogen werden können.

Die Untersuchungen und Messungen, welche in bezug auf die Benutzung der Schienen für die Stromrückleitung vorgenommen worden sind, haben das Ergebnis gezeigt, daß der elektrische Widerstand der Schienenleitung bedeutend kleiner ist, als man zu vermuten Anlaß hatte, was auf dem Umstand beruht, daß ein großer Teil des Stroms den Weg durch die Erde nimmt. Die elektrischen Schienenverbindungen, welche bei allen mit Gleichstrom betriebenen Bahnanlagen notwendig sind, scheinen bei hochgespanntem Wechselstrom im allgemeinen entbehrt werden zu können. Durch die Verbindung aller nahegelegenen Gegenstände aus Metall mit den Schienen kann die Möglichkeit einer Gefahr infolge sonst bestehender Spannungsunterschiede verhütet werden. Spannungsunterschiede zwischen entfernten Punkten auf der Schienenleitung können jedoch gewisse Schwierigkeiten, ebenso wie Störungen in naheliegenden Fernsprech- und Telegraphenleitungen verursachen. Die Verwendung der Schienen für die Rückleitung des Bahnstroms führt jedoch so wesentliche

Vorteile mit sich, daß die dadurch verursachten Schwierigkeiten im Vergleich damit unbedeutend sind.

In bezug auf die Einwirkung des Bahnstroms auf Schwachstromleitungen sind lehrreiche Versuche gemacht worden, und mehrere Methoden für das Aufheben oder die Verminderung solcher Störungen sind mit mehr oder weniger Erfolg geprüft worden. Im Zusammenhang hiermit sind hierhergehörende Fragen einer eingehenden theoretischen Behandlung unterzogen worden, mittels welcher es möglich ist, in dieser Hinsicht die durch die Versuche gewonnenen Ergebnisse gewissermaßen zu verallgemeinern und dadurch auch bezüglich der Störungen dieser Art, welche bei langen Leitungen für elektrischen Eisenbahnbetrieb entstehen, und der Mittel, welche zur Vorbeugung derselben anzuwenden sind, gewisse Schlüsse zu ziehen. Auf diesem Gebiet ist jedoch noch viel zu erforschen; aber soviel läßt sich indessen sagen, daß die Kosten, welche zur Vorbeugung der durch den Bahnstrom verursachten Störungen im Fernsprech- und Telegraphenverkehr nötig werden können, nicht solche Werte erreichen, daß die ökonomischen Voraussetzungen für den elektrischen Eisenbahnbetrieb dadurch einen wesentlichen Einfluß bekommen.

Bezüglich des Rollmaterials sind es in erster Linie die Motoren, welche von Bedeutung sind. Die bei den Versuchen gewonnene Erfahrung zeigt deutlich, daß die Wechselstromkommutator-Motoren schon einen so hohen Standpunkt erreicht haben, daß sie in bezug auf Betriebssicherheit, Wirkungsgrad und Regelungsfähigkeit alle praktischen Ansprüche an einen guten Eisenbahnmotor erfüllen. Die Kommutierung verursacht nun keine Schwierigkeiten mehr; der Kommutator hat auch erwiesen, daß er keine höheren Kosten für Instandhaltung und Reparaturen verursacht. Seit dem Zeitpunkt, da die bei den Versuchen verwendeten Motoren erst konstruiert wurden, sind bedeutende Fortschritte in bezug auf die Ausarbeitung der Einzelheiten und das Ausnutzen des Materials bei solchen Motoren gemacht worden, wodurch man u. a. erreicht hat, daß das Gewicht nicht unbedeutend verkleinert ist, so daß nunmehr das Gewicht eines Bahnmotors für Wechselstrom das Gewicht eines solchen Motors für Gleichstrom nicht sehr zu überschreiten braucht. Sowohl der kompensierte Reihenschlußmotor, wie der kompensierte Repulsionsmotor haben bei den Versuchen gute Resultate erzielt und scheint kein Grund vorzuliegen, dem einen oder dem anderen einen bestimmten Vorzug zu geben. Die Nachteile, mit welchen diese Kommutatormotoren prinzipiell behaftet und welche in der geschichtlichen Übersicht erwähnt sind, sind also durch sinnreiche Vorrichtungen und konstruktive Verbesserungen zu so kleinen Dimensionen reduziert worden, daß ihnen in keiner Weise eine entscheidende Bedeutung zugemessen werden kann. Durch die Versuche ist die Bedeutung der Abkühlung dieser Motoren mittels hineingepreßter Luft zur Erhöhung ihrer Arbeitsfähigkeit deutlich gezeigt worden, und die für diesen Zweck benutzten Vorrichtungen haben sich zufriedenstellend im Arbeiten erwiesen.

In bezug auf die Detailvorrichtungen für Steuerung und Regelung der Motoren und für das Stromabnehmen vom Fahrdraht und seine Leitung innerhalb der Lokomotiven und Motorwagen ist eine wertvolle vergleichende Erfahrung gewonnen worden, und haben die bei den Versuchen gelieferten Vorrichtungen im großen und ganzen gute Ergebnisse gezeitigt. Dasselbe gilt in bezug auf die Verwendung des Stroms für Heizung, Beleuchtung und Bremsung elektrischer Züge.

Es scheint in diesem Zusammenhang hervorgehoben werden zu müssen, daß die Versuche, mit sehr unbedeutenden Ausnahmen, nur mit einer einzigen Periodenzahl und zwar 25, für welche die Motoren konstruiert waren, ausgeführt worden sind. Wie in dem Abschnitt über das Kraftwerk schon erwähnt ist, konnten die Dampfturbinen durch Austausch der Regulatoren dazu gebracht werden, mit niedrigerer Geschwindigkeit als die normale zu arbeiten, so daß auch sowohl 15 wie 20 Perioden erhalten werden konnten, und sind auch solche Versuche gemacht worden. Da aber bei diesen niedrigen Periodenzahlen sowohl die Leistung des Kraftwerks wie die der Motoren bedeutend heruntergebracht wurde, konnte den Versuchen damit, was die Eigenschaften bei verschiedenen Periodenzahlen betrifft, kein größerer Wert zugemessen werden. Dies scheint jedoch von keiner besonderen Bedeutung zu sein, da ohnedies Angaben zur Beurteilung der Frage über die geeignetste Periodenzahl erhalten werden können. Daß diese zwischen 15 und 25 liegen muß, scheint offenbar. Die niedrigere dieser Periodenzahlen führt einen wesentlich höheren Preis der Transformatoren und Generatoren als die höhere Periodenzahl mit sich, bietet dagegen aber gewisse Vorteile in bezug auf die Konstruktion kompensierter Serienmotoren für große Leistung, wenigstens betreffs des Typus, welcher nicht mit Wendepolen versehen ist. Dagegen wird betreffs des kompensierten Repulsionsmotors in dieser Beziehung nichts gewonnen. Bei der niedrigeren Frequenz wird aber bei allen diesen Typen die vorher erwähnte Neigung zur Schlüpfung der Treibräder beim Anlassen und die damit folgende Schwierigkeit, das Adhäsionsgewicht auszunutzen, vergrößert. Ohne auf diese Frage näher einzugehen, ist der Verfasser jedoch der Ansicht, daß die Vorteile, welche durch das Wählen einer niedrigeren Frequenz als 25 gewonnen werden, kleiner als die damit verbundenen Ungelegenheiten sind. Es scheint auch, als ob man an mehreren Orten im Auslande zu der Meinung gekommen ist, daß 25 Perioden für den fraglichen Zweck die im großen und ganzen geeignetste Periodenzahl wäre.

In bezug auf die in diesem Berichte mitgeteilten Resultate der Versuche mit elektrischem Betrieb auf den schwedischen Staatsbahnen ist es unzweifelhaft, daß vieles davon mehreren Fachleuten in verschiedenen Teilen der Welt bekannt ist und daß in mancher Hinsicht ähnliche Erfahrungen an anderen Orten gemacht worden sind. Die Erfahrungen auf und die Kenntnis von diesem neuen technischen Gebiet — Eisenbahnbetrieb mittelst hochgespannten Wechselstroms — liegt aber bei so vielen, und die Personen, welche den besten Überblick über dieses Gebiet haben, sind im allgemeinen an gewisse Geschäftsrücksichten gebunden, weshalb sie nur so viel veröffentlichen wie sie mit ihrem Vorteil vereinbar finden. Durch die Versuche ist einerseits ein guter Überblick über den Standpunkt der Technik auf diesem Gebiet und andererseits eine eingehende und wertvolle Erfahrung bezüglich der verschiedenen Vorrichtungen und Systeme, welche für den Zweck in Frage kommen können, gewonnen. Außerdem sind sichere Anhaltspunkte für die Berechnung der Kosten sowohl der Anlage, wie des Betriebes elektrischer Eisenbahnen mit Wechselstrom gewonnen.

Schließlich glaube ich behaupten zu können, daß das Problem des elektrischen Betriebs auf den schwedischen Staatsbahnen infolge der Fortschritte der Elektrotechnik während der letzten Jahre jetzt technisch gelöst ist. Obschon natürlich immer Veränderungen der Einzelheiten gemacht werden, scheint es kaum denkbar, daß ein einfacheres, besseres und billigeres System als das bei den Versuchen verwendete System mit einphasigem Wechselstrom in der nächsten Zukunft hervorkommen kann. Es scheint mir kein Grund vorzuliegen, aus diesem Anlaß das Einführen von elektrischem Betrieb auf den Staatsbahnen aufzuschieben.

Es ist aber klar, daß eine solche durchgreifende Veränderung der bestehenden Verhältnisse, welche das Einführen einer ganz neuen Art von Betriebskraft notwendigerweise mit sich führt, mit gewisser Vorsicht geschehen muß, so daß die erste größere Anlage für elektrischen Betrieb allmählich ausgeführt wird, damit bei den Teilen derselben, welche später ausgeführt werden, die bei dem ersten Teil gewonnene Erfahrung angewendet wird. Trotz der Erfahrungen, welche einerseits durch die jetzt abgeschlossenen Versuche und andererseits durch ausländische Anlagen zur Verfügung stehen, ist es klar, daß bei der Ausführung einer künftigen größeren Anlage für elektrischen Betrieb doch eine Menge neuer Erfahrungen gemacht werden muß, da nicht alles mit voller Bestimmtheit vorausgesehen werden kann. So viel ist jedoch jetzt offenbar, daß die unvorhergesehenen Schwierigkeiten, welche eintreffen können, ohne sehr große Kosten überwunden werden können.

Illustrierte Technische Wörterbücher in sechs Sprachen.

Nach der Methode Deinhardt-Schlomann bearbeitet von A. Schlomann.

Ferner:

Band II

Die Elektrotechnik

Bearbeitet unter redaktioneller Mitwirkung von

Ingenieur **C. Kinzbrunner.**

Der Band enthält etwa 15000 Worte in jeder Sprache, etwa 4000 Abbildungen und zahlreiche Formeln.

In Leinwand gebunden Preis M. 25.—.

Dieser Band gibt so recht ein Bild von Anlage, Größe und Bedeutung der „I. T. W." Man verlange ausführlichen Prospekt sowie Probebogen aus diesem Bande.

Band III

Dampfkessel, Dampfmaschinen Dampfturbinen

Bearbeitet unter redaktioneller Mitwirkung von

Ingenieur **Wilhelm Wagner.**

Etwa 7300 Worte in jeder Sprache, nahezu 3500 Abbildungen und zahlreiche Formeln enthaltend.

In Leinwand gebunden Preis M. 14.—.

Band IV

Verbrennungsmaschinen

Bearbeitet unter redaktioneller Mitarbeit von

Dipl.-Ingenieur **K. Schikore.**

Etwa 3500 Worte in jeder Sprache, über 1000 Abbildungen und zahlreiche Formeln.

In Leinwand gebunden Preis M. 8.—

Urteile der Presse auf der nächsten Seite.

Illustrierte Technische Wörterbücher in sechs Sprachen.

Nach der Methode Deinhardt-Schlomann bearbeitet von A. Schlomann.

In der Drucklegung befinden sich ferner folgende Bände, die voraussichtlich im Laufe des Jahres 1909 erscheinen werden:

„Motorfahrzeuge.“ — **„Eisenbahn-Bau und -Betrieb.“** — **„Eisenbahnmaschinenwesen.“** — **„Hebemaschinen und Transporteinrichtungen.“** — **„Werkzeuge und Werkzeugmaschinen.“** — **„Eisenhüttenwesen.“** — **„Eisenbetonbau.“**

Ferner sind in Vorbereitung:

„Hydraulische Maschinen“, „Baukonstruktionen“, „Architektonische Formen“, „Wasserbau“, „Brückenbau und Eisenkonstruktionen“, „Technische Chemie“, „Bergwerksbau und die in den Bergwerken verwendeten Spezialmaschinen“, „Bau und Ausrüstung der Fluß- und Seeschiffe“, „Die Maschinen und technischen Verfahren bei der Verarbeitung der Faserstoffe“. Dann die Bearbeitung des militärtechnischen, des aeronautischen Gebietes u. a. m.

Einige Urteile über die „Illustrierten Technischen Wörterbücher“.

Das Wörterbuch ist dazu berufen, dem in Technikerkreisen seit langer Zeit gefühlten Bedürfnis nach einem zuverlässigen Hilfsmittel bei dem Studium fremdsprachlicher Literatur abzuhelfen.
Elektrotechnische Zeitschrift, 1908, Heft 8.

Die Anlage dieses Wörterbuches ist ausgezeichnet.
Zentralblatt der Bauverwaltung, 1906, Nr. 39.

Eine Neuerung von allergrößter Bedeutung.
Wochenschrift für den öffentlichen Baudienst, 1906, Heft 17.

Die Bearbeiter haben ihre Aufgabe in **hervorragendem** Maße gelöst und eine längst schon tief empfundene Lücke trefflich ausgefüllt.
Zeitung des Vereins deutscher Eisenbahnverwaltungen, 1908, 8. Febr.

Das vorliegende Werk verdient eine begeisterte Aufnahme.
Wochenschrift des Architekten-Vereins Berlin, 1906, Nr. 22.

Ein deutsches Werk von fundamentaler Bedeutung.
Österreichische Polytechnische Zeitschrift, 1906, Nr. 7.

Ein anderes gleichartiges Nachschlagebuch ist **nicht vorhanden.**
Zeitschrift des Bayerischen Revisions-Vereins, 1908, 31. Januar.

Besonders bewundert habe ich an dem Band für Elektrotechnik die so gut wie absolute Vollständigkeit und die Korrektheit der Übersetzung. In dieser Hinsicht übertrifft das vorliegende Werk alles Bisherige bei weitem.
Professor Niethammer, Brünn.

Eine ausführliche Broschüre über die „I. T. W.“ steht Interessenten kostenfrei zur Verfügung. Sie gibt in knapper, aber anschaulicher Form Einblick in Arbeitsweise und Arbeitsstätte der „I. T. W.“, enthält Probebogen aus 3 Bänden, Probeseiten des alphabetischen Registers, zahlreiche Urteile der Presse u. a. m.

Verlag von R. Oldenbourg in München und Berlin.

www.ingramcontent.com/pod-product-compliance
Lightning Source LLC
Chambersburg PA
CBHW081543190326
41458CB00015B/5627